地盤と地盤震動

観測から数値解析まで

盛川　仁・山中浩明
［著］

朝倉書店

まえがき

地震と地震動に関する教科書を書く，という企画があって著者らがその担当ということになったのは，もう 15 年くらいも前の話でした。よくある話ですが，企画が先にありき，でしたから具体的な中身として何を書くのか，という基本的なところでいきなり頓挫してしまいました。なぜなら，地震や地震動に関する教科書は既に立派な成書が数多く出版されており，今更，著者らが何を書くのだ，ということが大きな問題だったからです。

地震や地震動に関する成書のうち理学的な見地から書かれたものは，地震とそれに伴う物理現象を知る上で非常に有用です。しかし，その知見をどのように実社会で使うかは，読者自身の力で内容を噛み砕いて理解したうえで具体的なイメージを作る必要があります。一方，工学的な見地から書かれたものは，なんとなくハンドブック的な内容になりがちで，式の使い方など便利だけれどもその理論的背景があまり丁寧に書かれていないと感じることがしばしばあります。

地震による被害を軽減する，と言葉で表現すると実に単純明快ですが，著者らは社会的な重要性が高いと考えてこれを目標に据えて研究や教育にかかわってきました。その過程で，地震とそれにともなう種々の現象の物理を正しく理解した上で地震防災や減災のための「次の一手」を考えることの重要性を痛感しています。便利な世の中になったおかげで，現象の物理的背景について十分な理解がなくとも，誰かが作った式やプログラムを使って「適当に」計算をするだけでなんだか尤もらしい結果も出てきますし，ある程度のことができたような気分になれます。しかし，それでは得られた結果が正しいかどうかを判断することさえもままなりません。

いつの頃からか，分かりやすいテキストとは数式が含まれない本である，という勘違いがまかり通るようになったように思うのですが，物理現象や解析手法などは数式で書いた方が簡潔で誤解のない記述ができることは明らかです。そのため，本書では地震による地震動とそれにかかわる現象の理論的背景が読者に正しく伝わるように，数式を用いて丁寧に説明することにつとめました。数式を減らすための努力を一切していないどころか，むしろ式展開の過程を紙数の許す限り詳しくとりいれています。そうは言っても，それほど難しい数学を必要とするような内容ではありませんから，大学学部レベルのごく基本的な数学の知識があれば十分に読みこなせるものと著者らは考えています。内容の一部には重複する記述も生じてしまいましたが，ひとつの話題のなかでの理解を妨げないように，話の流れが途切れないように構成した結果ですのでご容赦いただければ，と思います。

原稿がひととおり書きあがって，読み直してみたら地震そのものについてはほとんど触れていないことに改めて気がつきました。高校地学の教科書にも載っているような「断層とは何か」ということさえも書いていませんから，ずいぶん偏った内容になってしまっているかもしれません。これは，総花的にあれこれ盛り込むよりは著者らが得意な地盤震動に特化したほうが既刊の成書との違いも明確になるだけでなく，他の成書には書かれていないことが盛り込めると考えたためです。そのため，地震動に限らず微動も含めて，地盤がどのように揺れるのか，について，著者らのこれまでの経験をできる限り取り入れることで，理論的背景を理解しながら具体的にどのように手を動かせば地盤震動を取り扱うことができるか，ということを様々な観点から織り込んだつもりです。

著者らの意図が本書の中で実現しているかどうかは，読者諸賢からご意見をいただくより他に判断する術がありませんが，著者らなりの努力をしたつもりです。間違いや勘違い，推敲が不十分な記述もまだまだ少なからず残っている可能性があります。読者諸賢からのご意見を今後の改善に是非，取り入れさせていただきたいと考えています。

本書の執筆にあたっては，東京工業大学の飯山かほり博士，(公財) 鉄道総合技術研究所の坂井公俊博士，(一財) 電力中央研究所の中島正人博士に本書の内容の一部 (主として盛川が執筆した部分) に目を通していただき，多くの有用なご助言をいただきました。また，地震計の記録の時間領域における計器補正の項は岡山理科大学の西村敬一博士のノートを，等価線形化法 (SHAKE) のアルゴリズムは鳥取大学の香川敬生博士のメモをもとにさせていただきました。

著者らがぐずぐずしていて企画からあまりにも時間が経過してしまいました。もはや本書の完成は無理だろう，という瀕死の状態をなんとか克服して最後までたどり着くことができたのは 15 年もの間，辛抱強く付き合ってくださった朝倉書店編集部の力によるものです。また，同編集部には本書のために素敵なデザインの LaTeX のクラスファイルをアレンジしていただきました。これらの方々と，お名前をあげていませんがいつもいっしょに議論や観測に付き合ってくれている多くの方々，そして，日頃から著者らを支えてくれているそれぞれの家族に心から感謝します。

2019 年 5 月

著者しるす

目　　次

1

地盤と地震動

地表での地震の揺れは，震源での地層のずれ方や地球内部での地震波の伝わり方などによって地震ごとにそれぞれの場所で異なる。こうした複雑に変化する地震の揺れは，地震動もしくは地震波と呼ばれている。地表面の動きの総称と考える際には，揺れを地震動と呼び，波の伝播や種類など，揺れを波動として議論する場合には地震波と呼ぶことも多い。

地震波は，地球を伝わる弾性波であり，そのなかには，実体波と表面波がある。実体波は，地球内部を伝播し，P 波と S 波がある。図 1.1 に示すように，P 波は，波線に沿った粗密波であり，地表では上下方向に振動する。S 波は，せん断波であり，面内で振動する SV 波と面外 (図 1.1 の y 方向) で振動する SH 波がある。一方，表面波は，地表面に沿って伝播する波であり，レイリー波とラブ波がある。レイリー波は，面内で楕円軌道を描きながら伝播し，ラブ波は，面外に振動する。

地表の地震動は，P 波，S 波，表面波などさまざまな弾性波から構成されており，それらが異なる時刻に観測点に到達するので，地震動の特性も時刻によって異なることが多い。

1.1 地盤と基盤

一般に，地表の地震動の特性は，震源での地震波の放射特性と地下構造での地震波の増幅および減衰特性に支配されている。震源での放射特性は，震源断層での地層のずれの様式や断層面でのずれの空間的および時間的分布により特徴づけられる。一方，地下構造が地震波に及ぼす影響は，図 1.2 のように，震源から地表の観測点に至るまでに地震波が伝播する地下構造で地震波が反射および透過などを繰り返し，さらに減衰する効果である。

地球内部における地震波の伝播の影響は，地球が弾性体であると考えれば，第 2 章で述べるように波動方程式により記述される。波動方程式の解は，グリーン関数と呼ばれている (たとえば，斎藤[1])。震源である方向のインパルス力が働いた場合に，震源から地表までに地震波が伝播する地下構造の応答 (インパルス応答) に対応するものである。いま，震源の広がりを無視して，震源が点で近似でき，$s(t)$ という関数で表現される地震波が放射されるとすると考える。さらに，地盤が線形的な挙動をするとすれば，震源で発生する地震波に地下構造のグリーン関数 $g_r(t)$ を畳み込み積分することによって，地表の地震動を求めることができる。すなわち，地表の地震動 $o(t)$ は，

$$o(t) = \int_0^t s(t-\tau)g_r(\tau)d\tau \tag{1.1}$$

となる。

周波数領域では，畳み込み積分は，2 つの関数のスペクトルの積となる (4.1.2 項参照；たとえば，近藤[2])。したがって，地表で観測される地震動のスペクトル $O(\omega)$ は，震源スペクトル特性 $S(\omega)$ と地下構造のグリーン関数のスペクトル特性 $G_r(\omega)$ の積

$$O(\omega) = S(\omega)G_r(\omega) \tag{1.2}$$

で表現できる。強震動に影響を及ぼす地下構造は，地殻・マントルから地表付近の堆積地盤までさまざまな地層で構成されている。地殻・マントルに比べて，地表付近の堆積地盤では，物性の変化が著しい。そこで，地殻・マントル (伝播経路ともいう) での地震動の増幅特性 (減衰も含める) のスペクトル特性 $P(\omega)$ と堆積地盤での増幅特性のスペクトル特性 $G(\omega)$ を分離して考えて

$$O(\omega) = S(\omega)P(\omega)G(\omega) \tag{1.3}$$

と表わすことができる。地殻やマントルで変化する地

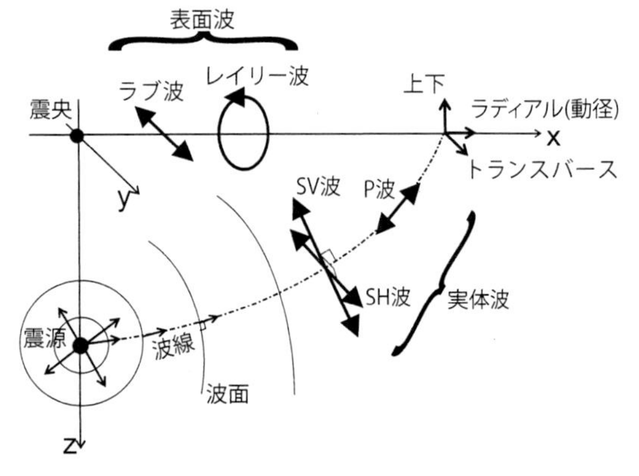

図 1.1　地震波の種類

震波の特性を伝播経路特性という。実際には，地震動は，地震計で観測されるので，地震計の伝達関数のスペクトルを $I(\omega)$ とすれば，

$$O(\omega) = S(\omega)P(\omega)G(\omega)I(\omega) \tag{1.4}$$

が地表で観測される地震記録のスペクトルとなる。$I(\omega)$ は，3.4 節で述べるように理論的に表現可能であるので，一般には，$I(\omega)$ を省略して式 (1.3) を用いる。震源，伝播経路，地盤の 3 つの要素が強震動を支配すると考えてよい。この考えに基づくと，それぞれの影響を別々に評価することが可能であり，地震動に関する問題を整理しやすくなるので，実際上の多くの問題で使われている考え方である。

上述のように，伝播経路も地盤も地震波が伝播する地下構造である。強震動の主成分のひとつは，S 波であり，S 波に及ぼすこれらの地下構造の影響が重要になる。図 1.2 に示すように，S 波速度 3 km/s 程度で定義される地震基盤の概念を用いて，地下構造は，伝播経路と地盤に区別されている。すなわち，地震基盤よりも浅い部分を地盤と考え，深い部分を伝播経路と考えることが多い。

地震工学の分野では，基盤とは，その地層より深い部分では S 波速度コントラストが小さく，地下構造がほぼ一様であるとみなすことができるような地層に対して使われている用語である。さらに，ある一定の広がりをもつ地域 (たとえば，関東平野など) で広くその存在が認められるような地層であることも基盤として望ましい特徴である。基盤と考えられる地層の S 波速度としては，過去においていくつか提案されてきた (たとえば，入倉[3])。1970 年代以前には，S 波速度 0.7 km/s 程度の地盤が基盤として定義されていた。その後，周期数秒のやや長周期地震動 (最近は「やや」を付けずに，単に長周期地震動ともいう) の耐震工学的重要性が高まり，S 波速度 0.7 km/s 層より深い地盤における地震波への影響を知る必要が生じた。同じ時期に断層モデルによる強震動評価の可能性も検討されはじめ，より震源に近い部分に基盤を考えた方が都合のよい場合もでてきた。こうした背景のもとで，S 波速度約 3 km/s，P 波速度約 5 km/s 程度を有する地殻の最上層をもって基盤と考える地震基盤の概念が提案された (たとえば，嶋ほか[4])。地震基盤の概念を用いることによって，ある広がりを有する地域での地震動を評価する際には，地震波が震源から地震基盤まで同じスペクトル特性をもって伝播し，地震基盤より上に存在する地盤の影響によって，各地点での地震動特性が変化すると考えることができる。こうした考え方は，地震動マイクロゾーニングで使われている。

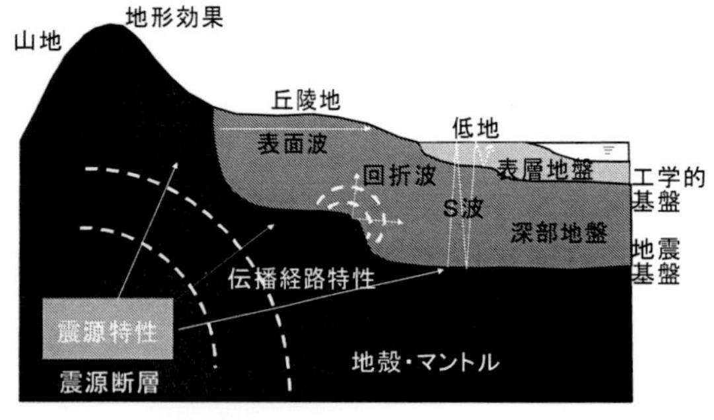

図 1.2　地震動特性に関わる震源や地下構造の影響の模式図

地震基盤のほかにも，S 波速度 0.4 km/s 程度の地層を工学的基盤として定義し，それより上の地層を表層地盤，それよりも深い地層を深部地盤と呼んでいる。2.6.1 項で述べるように，表層地盤では，強震時に地盤物性が変化する非線形性の影響も現われることが知られている。したがって，表層地盤での増幅特性の評価は，深部地盤の場合と異なる取り扱いがなされることも多い。このように，多様な地盤での増幅特性を評価するためには，地表から地震基盤までの地盤構造を知ることが第一歩となるのである。

表層地盤と深部地盤の地震動への影響を理解するために実際の地盤モデルで増幅特性を評価してみる。表 1.1 は，東京都新宿のある地点の地盤モデルである。表には，地表付近の低 S 波速度の地層からマントルまでの 1 次元 S 波速度分布が示されている。地盤の剛性に関係する S 波速度の変化が大きい境界面がいくつか認められる。たとえば，地層 1 と 2，5 と 6 などの境界面では，S 波速度のコントラストが 2 倍程度となっている。このモデルの場合には，地層 4 が工学的基盤に，地層 7 が地震基盤に対応していると考えられる。この地盤モデルに対する S 波の 1 次元線形増幅特性が図 1.3 に示されている。ここでの増幅特性は，最下層での入射 S 波スペクトルに対する地表の S 波のスペクトルの比で定義されている。図 1.3 には，複数の増幅特性のスペクトルが示されている。それらは，表 1.1 の地盤モデルで，半無限媒質と仮定する最下層を変えた場合の増幅特性を示している。たとえば，0.7 km/s と示された増幅特性は，計算での最下層を S 波速度 0.7 km/s を有する層とした場合の増幅特性であり，この地層よりも浅い深度にある地層の影響のみを示している。当然，この地盤モデルの増幅特性としては，S 波速度 4.4 km/s のマントルまで含めてすべての地層の影響を考慮することが望ましい。しかし，深部の地盤の物性を調べることは容易ではない。できれば，より浅い深度の地層の影響だけで対象地点の地盤増幅を近似できると地震動評価が容易になる。図 1.3 の増幅特性の場合には，周期約 1 秒以下であれば，周期 0.8 秒付近で卓越するピークは，

表 1.1 東京の地盤モデル例

地層番号	密度 [t/m^3]	S 波速度 [km/s]	厚さ [m]	深さ [m]
1	1.5	0.10	13	0
2	1.8	0.37	20	13
3	1.8	0.27	12	33
4	1.9	0.51	32	45
5	2.0	0.70	1430	77
6	2.3	1.50	800	1507
7	2.5	3.00	5000	2307
8	2.7	3.40	11000	7307
9	2.9	3.70	25000	18307
10	3.1	4.40	-	43307

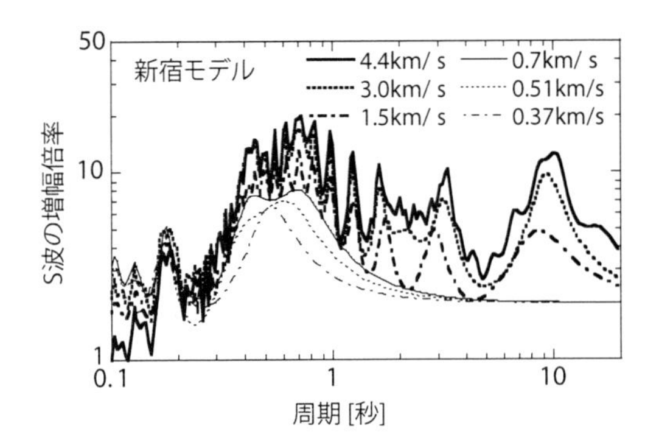

図 1.3 表 1.1 の地盤モデルの S 波の 1 次元増幅特性。各線は，最下層とする地層を変えた場合の増幅特性を示す。

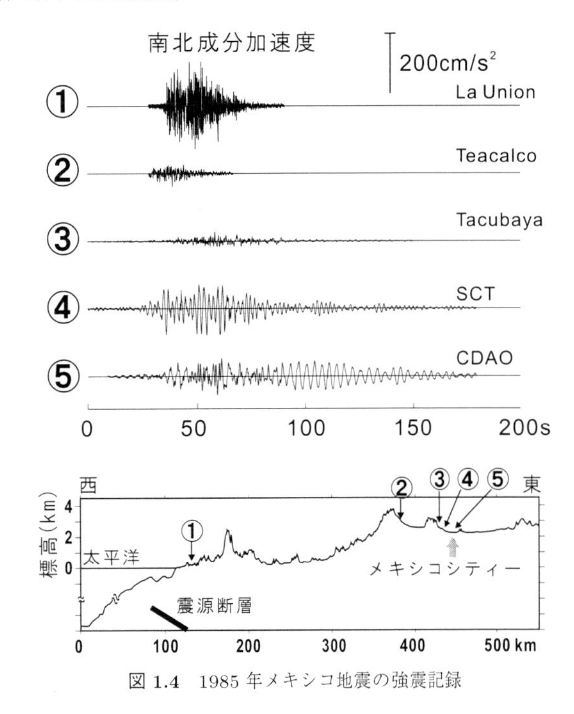

図 1.4 1985 年メキシコ地震の強震記録

表層地盤だけのモデルの増幅特性にも認められ，表層地盤が短周期の増幅特性を特徴づけているとしてよい。一方，周期 1 秒以上の長周期帯域では，表層地盤だけでは，卓越するピークを評価することができず，より深部の地盤を考慮する必要がある。地震基盤まで考えたモデルの増幅特性は，すべての地層の増幅特性とほぼ同じであり，長周期地震動の評価には，地震基盤までの地層の影響を考慮する必要があることがわかる。

1.2 異なる地盤条件で得られた地震記録

地震被害の分布は，地盤条件の差異によって説明されることが多い。とくに，わが国のように，堆積平野に都市圏が広がっている場合には，地盤条件による地震動特性の違いが古くから注目され，多くの研究がなされている。たとえば，1923 年関東大震災では，東京府の台地に比べて下町では木造家屋の被害が著しく，下町地域に存在する厚い沖積層による地震動の増幅効果の影響であると知られている[5)]。この他にも，わが国では，多くの被害地震で地盤の良否が被害に及ぼした事例は数多くあり，地盤と地震動の関係に関する研究は，地震防災科学の研究で重要なテーマとなっている。

地盤と地震動の関係に関する研究が世界的に活発になったのは，1985 年のメキシコ・ミチョアカン地震 (Mw8.0) 以降である。この地震では，震源から 300 km 以上も離れたメキシコシティーで建物に大きな被害が生じた。図 1.4 には，メキシコ地震で観測された強震記録が示されている。震源近傍では，短周期成分が卓越し，約 40 秒間継続する振幅の大きい部分がある。さらに，震源から離れた観測点では，振幅は小さくなる。メキシコシティーの観測点では，振幅が大きくなり，最大加速度や継続時間は，震源近傍の強震記録と同じ程度となっている。しかし，メキシコシティーの記録は，震源近傍の場合に比べて，より長い周期成分が主体になっていることがわかる。同地域の主要部には，軟弱な表層地盤が存在することが知られており，それによる地盤増幅の影響であると考えられている[6)]。このように，地震被害の原因として地盤増幅の影響が指摘されて以来，地盤増幅に関する研究が世界的に活発になった。

わが国では，1995 年兵庫県南部地震以降に全国を対象とした強震観測網である K-NET や KiK-net が展開され，公開を前提とした強震観測網が整備された。これ以降，多様な地震でのさまざまな地盤条件での強震記録が得られている。以下では，地盤による差異が明瞭に認められた地震記録をいくつか紹介する。

2003 年十勝沖地震では，震源から 200 km 離れた苫小牧の大型石油タンクでスロッシングによって火災被害が生じた。この地震の際に得られた強震記録が図 1.5 に示されている。この地震は，Mj8.0 と規模が大きい地震であり，震源に近い観測点の HKD112 の記録にも長周期成分が認められ，震源のスペクトル特性に長周期

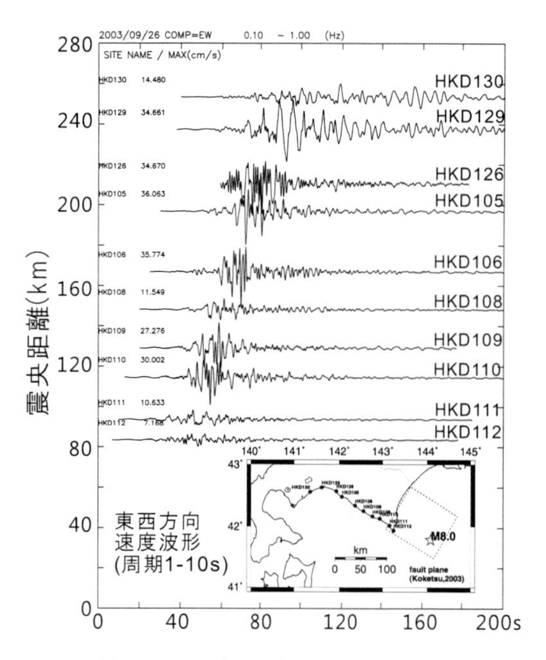

図 1.5　2003 年十勝沖地震による強震記録

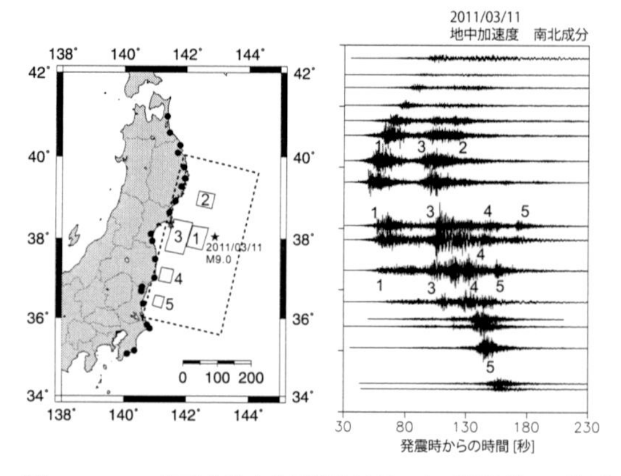

図 1.6　2011 年東北地方太平洋沖地震の太平洋沿岸での強震記録

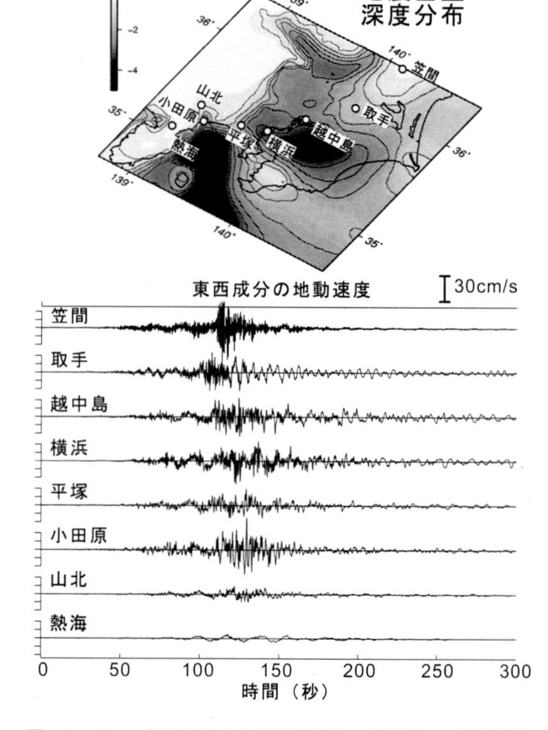

図 1.7　2011 年東北地方太平洋沖地震の首都圏での強震記録。各波形は，東西方向の速度記録を示す

成分が優勢に含まれていることがわかる。さらに，苫小牧 (HKD129) の記録には周期 10 秒程度の成分が長時間にわたって顕著に卓越してみられる。苫小牧の強震観測点は，勇払平野に位置しており，この長周期強震動は，平野の厚い堆積層による増幅効果の影響であると考えられている[7)]。この長周期強震動の卓越周期と石油タンクのスロッシングの固有周期が類似しており，原油の液面高が上昇し，火災の一因になったと考えられる。

2011 年東北地方太平洋沖地震 (Mj9.0) では，地震の規模が非常に大きいために日本の北海道から九州までの多くの強震観測点で強震記録が観測されている。図 1.6 には，東日本の太平洋沿岸の強震観測点で得られた強震記録を示している。東北地方太平洋沖地震の断層面は，長さ約 600 km，幅 200 km と大きいので，断層面には，周期の短い強震動を効果的に放射する強震動生成域が複数存在することが指摘されており[8)]，この地震の強震動の複雑さの原因となっている。たとえば，宮城県の観測点では，50 と 100 秒付近に振幅の大きい波群が 2 つある。この 2 つの波群は，北側の岩手県でも同様に認められる。これらの波群は，宮城県沖合の断層面にある 2 つの強震動生成域から生じた地震波であると考えられている。これらの波は，福島県や茨城県の観測点でも認められるが，より到着時間の遅い波群に比べて振幅は小さくなっている。茨城県の観測点では，時刻 150 秒付近の波群で最大の振幅になっている。この波群は，福島県沖合から南北に伝播しており，福島県沖の強震動生成域で生じた波群である。

東北地方太平洋沖地震では，関東平野でも大きな揺れが観測された。図 1.7 には，関東平野を縦断する線上の観測点での強震記録が示されている。図には，平野の地震基盤深度分布も示されている。平野の北端の笠間の観測点は，岩盤が地表付近にある地点であり，震源断層に近く，短周期成分が卓越している。この地点では，茨城県沖合の強震動生成域からの波群で大きな振幅になっている。関東平野の北部の取手では，長周期成分が出現し，揺れの継続時間が長くなっている。さらに，より南の越中島や横浜では，より長周期の成分が卓越している。これらの地点は，平野でも最も地震基盤深度が深い地域に位置している。一方，平野南西部の小

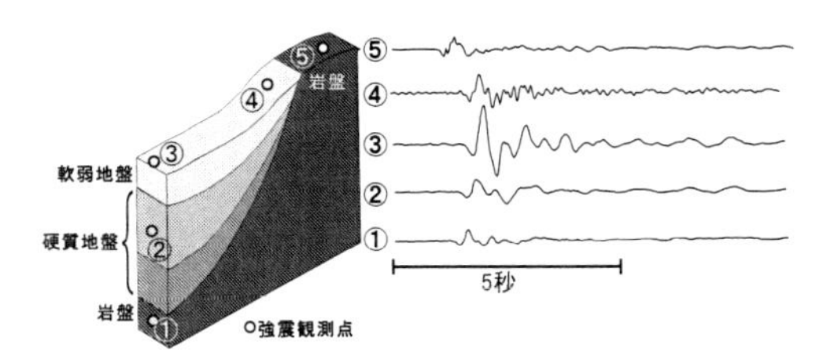

図 1.8　小田原のアレー観測の結果[9)]

田原では，卓越する周期は，横浜等に比べて短くなる。小田原とほぼ同じ震源距離と方位にある山北では，振幅が非常に小さく，小田原との地盤特性の違いによる差異が明確に理解できる。さらに，関東平野の外部の熱海では，短周期成分がほとんど認められず，震源の特性を反映した長周期成分が主体になっている。これは，堆積層が非常に薄く，その影響がほとんどないことによると考えられる。

今まで説明してきたように，平野の強震動は，複雑な特徴をもっている。地震動の増幅メカニズムを理解し，将来の地震による強震動を予測するために，さまざまな地盤での地震観測データに基づく科学的検討が行われている。地盤増幅は，岩盤での揺れに対して地盤での揺れはどの程度大きいかということであるので，地盤増幅メカニズムの解明のためには，1 地点の観測では不十分であり，岩盤と地盤での水平アレー観測や地下の岩盤地点まで達するボーリングでの鉛直アレー観測などが行われている。図 1.8 は，小田原周辺の足柄平野での強震動アレー観測と観測記録の例[9)] が示されている。地中や地表の岩盤観測点 (観測点①と⑤) での強震動は，単純な波形である。軟弱地盤上の観測点③は，振幅も大きく，後続する波も数多く認められ，結果として継続時間も長い。同じ平野部でも軟弱地盤が薄い観測点④では，より短周期の成分が多く含まれた波形になっている。このように，狭い範囲で地盤条件の異なる地点でのアレー観測による記録から地盤増幅の効果を定量的に評価することができる。

1.3　地盤増幅と不整形地盤構造

震源から発生した S 波は，いくつもの地層を通過して地表面に到達する。S 波速度が異なる地層の境界面を S 波が伝播すると，S 波の伝播方向は，スネルの法則に従って変わることになる。詳細は，2.3 節に述べられているが，図 1.9 のように，2 つの地層の S 波速度を V_1，V_2 とすれば，入射角 θ_2 と出射角 θ_1 の関係は，次のようになる。

$$\frac{\sin\theta_1}{V_1} = \frac{\sin\theta_2}{V_2} \tag{1.5}$$

一般的に，地表に近くなるほど，S 波速度は小さくなる

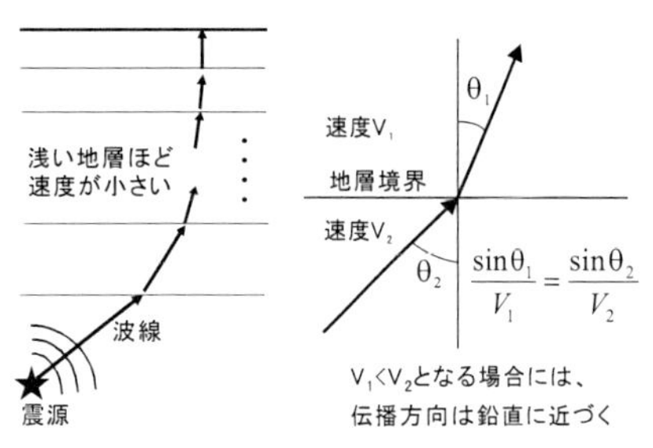

図 1.9　地震波の伝播とスネルの法則

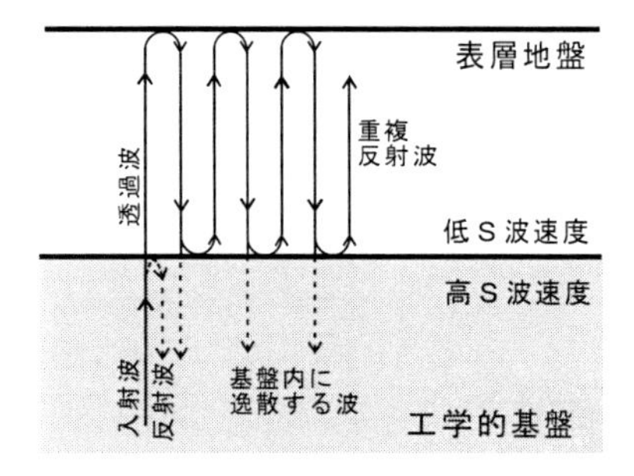

図 1.10　重複反射による地盤増幅

ので，図 1.9 に示すように，地中では斜めに伝播していた S 波は，境界面を通過するごとに出射角が小さくなり，地表面近くでは，S 波はほぼ鉛直に伝播することになる。したがって，地表面では S 波は水平に揺れることになる。

ここで，図 1.10 のように，表層地盤を鉛直に伝わる S 波の増幅効果を考える。表層地盤と工学的基盤から成る 2 層地盤モデルを考える。基盤と表層地盤の境界において，反射 S 波と透過 S 波が生じる。反射 S 波は，基盤を下向きに伝わり，このモデルでは二度と上方には伝播してこない。一方，境界を表層へと透過した S 波は，表層内を上方へと伝播する。2.3 節で述べるが，硬い基盤 (S 波速度は大きい) から軟らかい表層 (S 波速度は小さい) へ透過する場合には，透過波の振幅は大きくなる。境界面を透過した S 波は，地表面で反射し，下方へ戻っていく。表層を下向きに伝播していく S 波は，基盤と表層の境界面で再び透過波と反射波を生じる。反射波は，再び上昇していく。このようにして，基盤から表層に入射した S 波は，反射を繰り返して，長い間表層地盤内に留まることになる。重複する S 波は，増幅的に干渉し合い，地表の地震動の振幅を大きくする。こうした現象を重複反射といい，基本的な 1 次元地盤増幅のメカニズムである。重複反射による増幅特性の計算方法については，2.4.2 項で詳しく述べる。

図 1.10 に示した重複反射は，水平な境界面から成る成層地盤モデルで鉛直に伝播する S 波の増幅メカニズムである。堆積平野の地下構造は，断層や褶曲などの不規則な形状を有した盆地状の構造になっている。その

ために重複反射だけでは説明できない増幅現象が起こり，局所的に揺れが大きく，もしくは小さくなることも多い。

1995 年兵庫県南部地震では，被害が甚大で震度 VII が観測された地域が帯状となっていることが注目された。いわゆる「震災の帯」である。この「震災の帯」は，地下深部の堆積層の段差構造により生じた波動によるものと理解されている[10]。

図 1.11 は，神戸市東灘区付近の南北方向の地下構造の模式図である。この地域は，大阪平野の縁に位置しており，六甲山と平野境界で基盤が逆断層状に落ち込んでいる。震源断層は，段差構造の下にあると考えられ，山地と平野の境界には，ほぼ下方から S 波が伝播してくると考えてよい。図 1.11 の地下構造モデルの岩盤側にある A 地点では，S 波は地表面で反射するだけである。一方，堆積層部分に位置している B 点では，S 波は堆積層内で図 1.10 のように鉛直に重複反射する。岩盤と平野の境界の C 点では，岩盤から入射した波が回折して，堆積層内に伝播していく。しかも，波面が横になり，水平もしくは斜め方向に進む。この波が堆積層内を透過した S 波と重なり合って，山地と平野の境界から離れたところで揺れが大きくなる。これが，震災の帯ができた原因である。

神戸の例は，平野端部での S 波と 2 次的に生じる地震波による増幅であるが，地表の地震動には，表面波も主要な成分として含まれている。図 1.12 のような岩盤で囲まれた堆積平野の境界面に，表面波が伝播すると，境界面では S 波の場合と似た反射・透過波が生じることになる。平野側に透過する表面波は，S 波速度が小さい平野側へ伝播していくので，振幅は大きくなることは S 波の場合と同じである。平野での表面波は，堆積層の影響で実体波にはない分散性の影響を受けることになる。理論的背景については 2.5 節で述べるが，表面波の分散性とは，長い周期成分ほど伝播速度が速く，周期が短くなるにつれて伝播速度が小さくなる表面波特有の現象である。その結果，距離が長くなるほど，周期ごとの到着時間の差が大きくなり，平野の反対側に同

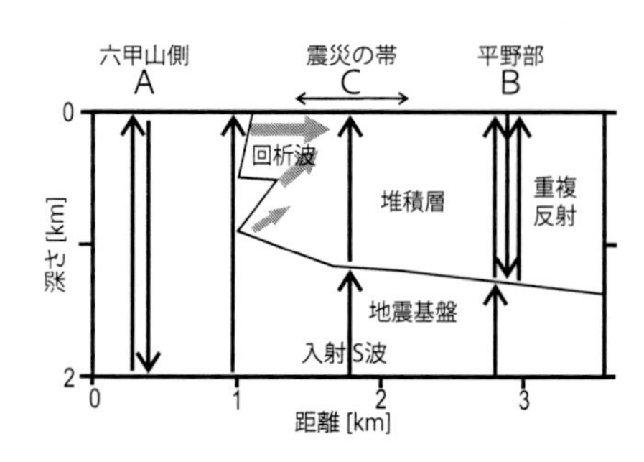

図 1.11　不整形地盤での増幅の例

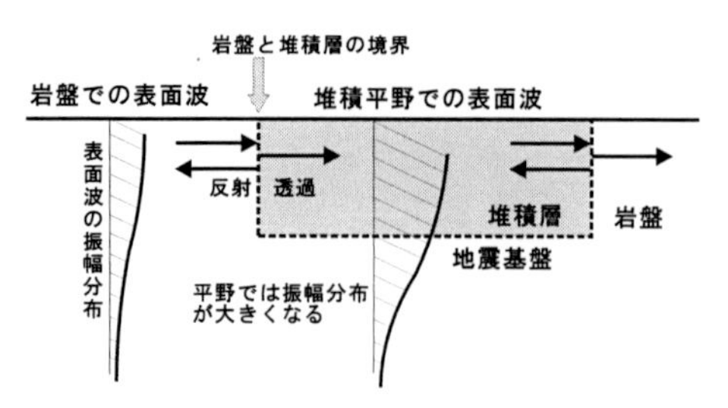

図 1.12　盆地へ入射する表面波の増幅

じような山地との境界があれば，そこでも表面波は反射して，平野部での地震動はさらに長く続くことになる。

実際の堆積平野は，3 次元的に不規則な地質構造をもっているので，3 次元的な伝播による効果で表面波の特徴は複雑化する。図 1.5 に示した苫小牧での長周期地震動の増幅もこうした堆積盆地の効果によると考えられている。大規模平野での長周期表面波の特徴には，複数の経路を伝わってきた表面波が重なって増長されるので，平野全体の地下構造が影響している。こうした表面波の増幅特性を評価するには，地震基盤に至るまでの深部地盤の 3 次元的な構造を解明し，その影響を評価しなければならない。

文　　献

1) 斎藤正徳：地震波動論，東京大学出版会，388–389, 2009.
2) 近藤次郎：フーリエ変換とその応用，培風館，46–48, 1981.
3) 入倉孝次郎：地震基盤，「地震動と地盤」，日本建築学会，93–101, 1981.
4) 嶋悦三・柳沢馬住・工藤一嘉・吉井敏尅・一ノ瀬洋一・瀬尾和大・山崎謙介・大保直人・山本喜俊・小口雄康・長能正武：東京の基盤構造，第 1 回，第 2 回夢の島爆破による地下深部探査，地震研究所彙報，東京大学，**51**, 1–11, 1976.
5) 金井清：地震工学，共立出版，128–130, 1975.
6) Kawase, H. and Aki, K., “A study on the response of a soft soil basin for incident S, P and Rayleigh waves with special reference to the long duration observed in Mexico City,” *Bull. Seismol. Soc. Am.* **79**(5), 1361–1382, 1989.
7) 太田外氣晴・座間信作：巨大地震と大規模構造物 —長周期地震動による被害と対策—，共立出版，2-14, 92–95, 2005.
8) Kurahashi, S. and Irikura, K., “Source model for generating strong ground motions during the 2011 off the Pacific coast of Tohoku Earthquake,” *Earth Planets Space*, **63**, 571–576, 2011.
9) 工藤一嘉：平野や盆地ではなぜ地震動が強くなるのか，サイスモ，5–8, 2002.
10) 川瀬博・松島信一・Graves, R.W.・Somerville, P.G.：「エッジ効果」に着目した単純な二次元盆地構造の三次元波動場解析—兵庫県南部地震の際の震災帯の成因—，地震，**50**, 431–449, 1998.

2

弾性体中を伝播する波動

一般に地震波動は弾性体内を伝播する弾性波として取り扱われる。そのため，地震波の物理的性質を表現するために弾性体の運動方程式を求めてその解を考えることになる。波動の性質を表わす運動方程式はしばしば波動方程式と呼ばれる。波動方程式に関連する理論である連続体力学や弾性波動論については，多くの優れた成書があり，今更のように筆者が何かを書き記すことはなさそうであるし，そもそも波動論を網羅しながら厳密かつ詳細な議論を展開することは筆者の能力をはるかに越えている。したがって，参考文献を列挙するにとどめることも考えたが，地震動の物理表現について何も述べないままに地震動の話をすすめるのはあまりにも唐突で無理がある。

そこで，いささか中途半端となることは避けられないものの，工学的にしばしば用いられる問題に限って簡単に紹介する。数学的な厳密さよりも，ある結論に至る理論的な道筋や考え方を重視したため，言葉足らずの表現も少なくない点はご容赦いただきたい。また，数式を用いないことが簡単であるとは限らないため，数式による表現を避けるための努力は一切していない。むしろその数式に至る式展開をできる限り読者が自分で追えることをめざした。

2.1　弾性体の運動方程式

弾性体を伝播する波動を取り扱うための理論は，連続体の力学とそこから導かれる波動方程式が重要である。そのため，連続体力学も弾性波動論も多くの優れた成書がある。本書では詳細にわたって述べることはできないので，参考までにいくつかの文献をあげておく。連続体力学と波動論を区別して並べることにはあまり意味はないが，前者については文献[1~3]などが，後者については文献[4~10]などが参考になるであろう。また，インターネット上にも多くの解説を見つけることができる[たとえば，11~13]。

以下に述べる波動方程式の誘導およびその解については，佐藤[5]および嶋[7]，篔[13]を特に参考にした。

2.1.1　応力・ひずみ関係

まず最初に，微小な弾性体の応力とひずみの関係について考える。弾性体の微小な領域についてその応力を図 2.1 に示すように定義する。ここで，σ_{mn} $(m, n = x, y, z)$ は n 軸に垂直な正の面における m 軸の正方向の応力を表わす。従って，σ_{mm} は m-方向の直応力，σ_{mn} $(m \neq n)$ は n 軸に垂直な面における m-方向のせん断応力である。図中の矢印は正の面における応力の正方向を示している。応力成分は 9 個あるが，平衡の条件より，

$$\sigma_{xy} = \sigma_{yx} \tag{2.1a}$$

$$\sigma_{xz} = \sigma_{zx} \tag{2.1b}$$

$$\sigma_{yz} = \sigma_{zy} \tag{2.1c}$$

であり，独立な応力の成分は 6 個となる[7]。

今，弾性体内の点 P (x, y, z) とその近傍の点 Q $(x + \Delta x, y + \Delta y, z + \Delta z)$ を考える。応力を受けて点 P が点 P′ $(x + u, y + v, z + w)$ へ，点 Q が点 Q′ $(x + u + \Delta u, y + v + \Delta v, z + w + \Delta w)$ へ移動したとする。ここで，$\boldsymbol{u} = (u, v, w)$ は変位ベクトルである。変位の各成分をテイラー展開すると，

$$u + \frac{\partial u}{\partial x}\Delta x + \frac{\partial u}{\partial y}\Delta y + \frac{\partial u}{\partial z}\Delta z + \cdots$$

$$v + \frac{\partial v}{\partial x}\Delta x + \frac{\partial v}{\partial y}\Delta y + \frac{\partial v}{\partial z}\Delta z + \cdots$$

$$w + \frac{\partial w}{\partial x}\Delta x + \frac{\partial w}{\partial y}\Delta y + \frac{\partial w}{\partial z}\Delta z + \cdots$$

となるので，高次の項を無視すると，

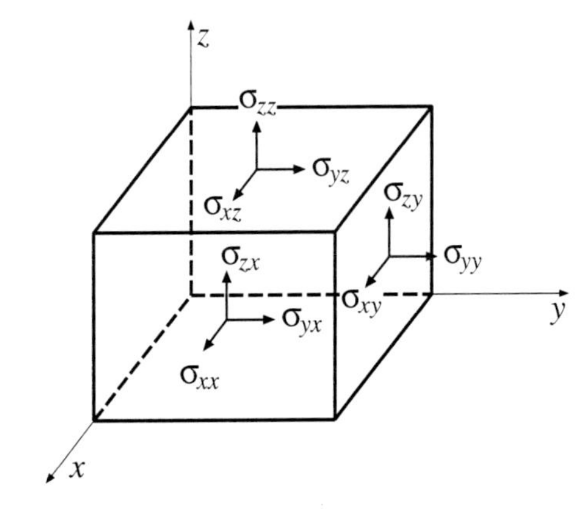

図 2.1　微小な弾性体の応力

$$\Delta u \approx \frac{\partial u}{\partial x}\Delta x + \frac{\partial u}{\partial y}\Delta y + \frac{\partial u}{\partial z}\Delta z \tag{2.2a}$$

$$\Delta v \approx \frac{\partial v}{\partial x}\Delta x + \frac{\partial v}{\partial y}\Delta y + \frac{\partial v}{\partial z}\Delta z \tag{2.2b}$$

$$\Delta w \approx \frac{\partial w}{\partial x}\Delta x + \frac{\partial w}{\partial y}\Delta y + \frac{\partial w}{\partial z}\Delta z \tag{2.2c}$$

となる。

ひずみを e で表わし，添字については，図 2.1 の応力と同様に定義すると，e_{mm} は m-方向の直ひずみ，e_{mn} $(m \neq n)$ は n 軸に垂直な正の面における m-方向のせん断ひずみである。このとき，

$$e_{xx} = \frac{\partial u}{\partial x} \tag{2.3a}$$

$$e_{yy} = \frac{\partial v}{\partial y} \tag{2.3b}$$

$$e_{zz} = \frac{\partial w}{\partial z} \tag{2.3c}$$

$$e_{yz} = \frac{1}{2}\left(\frac{\partial v}{\partial z} + \frac{\partial w}{\partial y}\right) = e_{zy} \tag{2.3d}$$

$$e_{zx} = \frac{1}{2}\left(\frac{\partial w}{\partial x} + \frac{\partial u}{\partial z}\right) = e_{xz} \tag{2.3e}$$

$$e_{xy} = \frac{1}{2}\left(\frac{\partial u}{\partial y} + \frac{\partial v}{\partial x}\right) = e_{yx} \tag{2.3f}$$

と表わせる。

ひずみが十分に小さければフックの法則が成立するので，

$$\begin{Bmatrix} \sigma_{xx} \\ \sigma_{yy} \\ \sigma_{zz} \\ \sigma_{yz} \\ \sigma_{zx} \\ \sigma_{xy} \end{Bmatrix} = \begin{pmatrix} c_{11} & c_{12} & \cdots & c_{16} \\ c_{21} & c_{22} & \cdots & \\ & & & \\ \vdots & & \ddots & \\ & & & \\ c_{61} & & \cdots & c_{66} \end{pmatrix} \begin{Bmatrix} e_{xx} \\ e_{yy} \\ e_{zz} \\ e_{yz} \\ e_{zx} \\ e_{xy} \end{Bmatrix} \tag{2.4}$$

となる。ここで，c_{mn} $(m, n = 1, \ldots, 6)$ は弾性定数である。等方性弾性体ならば，独立なパラメータは 2 つだけとなり，弾性定数行列を $\boldsymbol{C}$ とすると，

$$\boldsymbol{C} = \begin{bmatrix} \lambda + 2\mu & \lambda & \lambda & 0 & 0 & 0 \\ \lambda & \lambda + 2\mu & \lambda & 0 & 0 & 0 \\ \lambda & \lambda & \lambda + 2\mu & 0 & 0 & 0 \\ 0 & 0 & 0 & 2\mu & 0 & 0 \\ 0 & 0 & 0 & 0 & 2\mu & 0 \\ 0 & 0 & 0 & 0 & 0 & 2\mu \end{bmatrix} \tag{2.5}$$

となる。ここで，λ，μ は 2 つあわせてラメの定数 (Lamé's constants) と呼ばれる。以上より，等方性弾性体の応力とひずみの関係は以下のように表わされる。

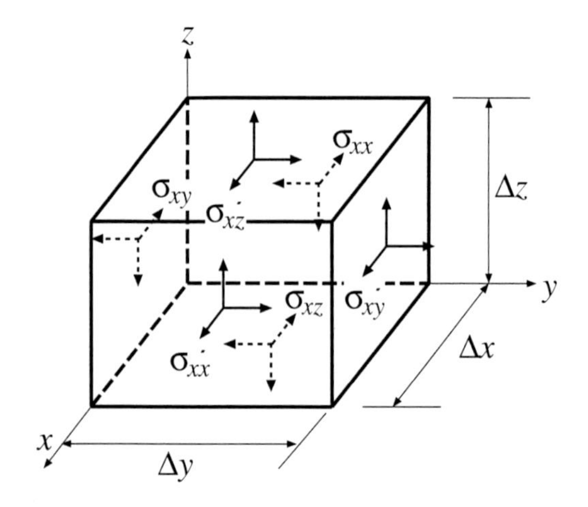

図 2.2　x-方向の応力。実線の矢印は正の面における正の方向の応力 (σ'_{xx}，σ'_{xy}，σ'_{xz})，破線の矢印は負の面における正の方向の応力 (σ_{xx}，σ_{xy}，σ_{xz}) を表わす。

$$\sigma_{xx} = \lambda\Delta + 2\mu e_{xx} \tag{2.6a}$$

$$\sigma_{yy} = \lambda\Delta + 2\mu e_{yy} \tag{2.6b}$$

$$\sigma_{zz} = \lambda\Delta + 2\mu e_{zz} \tag{2.6c}$$

$$\sigma_{yz} = 2\mu e_{yz} \tag{2.6d}$$

$$\sigma_{zx} = 2\mu e_{zx} \tag{2.6e}$$

$$\sigma_{xy} = 2\mu e_{xy} \tag{2.6f}$$

ここで，$\Delta = \nabla \cdot \boldsymbol{u} = e_{xx} + e_{yy} + e_{zz}$ で単位の体積の容積変化を表わす量で，dilatation(体積ひずみ，体積変化率などと呼ばれる) である。

なお，ラメの定数を用いると，弾性体に関する種々のパラメータは以下のように表わされる。

$$\text{ヤング率} : E = \frac{\mu(3\lambda + 2\mu)}{\lambda + \mu} \tag{2.7}$$

$$\text{剛性率} : G = \mu \tag{2.8}$$

$$\text{体積弾性率} : K = \lambda + \frac{2}{3}\mu \tag{2.9}$$

$$\text{ポアソン比} : \nu = \frac{\lambda}{2(\lambda + \mu)} \tag{2.10}$$

2.1.2　運 動 方 程 式

微小な弾性体について力の釣り合いから運動方程式を導く。図 2.2 を参考にして各断面での応力から x-方向に働く力を書き出すと，$(\sigma'_{xx} - \sigma_{xx})\Delta y\Delta z + (\sigma'_{xy} - \sigma_{xy})\Delta x\Delta z + (\sigma'_{xz} - \sigma_{xz})\Delta x\Delta y$ となる。ここで，微小な弾性体を考えているため，1 次の勾配を使って近似できるものと仮定すると，

$$\sigma'_{xx} \approx \left(\sigma_{xx} + \frac{\partial \sigma_{xx}}{\partial x}\Delta x\right) \tag{2.11a}$$

$$\sigma'_{xy} \approx \left(\sigma_{xy} + \frac{\partial \sigma_{xy}}{\partial y}\Delta y\right) \tag{2.11b}$$

$$\sigma'_{xz} \approx \left(\sigma_{xz} + \frac{\partial \sigma_{xz}}{\partial z}\Delta z\right) \tag{2.11c}$$

と表わされる。したがって，x-方向の合力は，$\left(\frac{\partial \sigma_{xx}}{\partial x} + \frac{\partial \sigma_{xy}}{\partial y} + \frac{\partial \sigma_{xz}}{\partial z}\right)\Delta x \Delta y \Delta z$ となる。「力はその方向の加速度と質量の積に等しい」というニュートンの法則(式 (3.1)) を思い出すと，

$$\rho \Delta x \Delta y \Delta z \frac{\partial^2 u}{\partial t^2} = \left(\frac{\partial \sigma_{xx}}{\partial x} + \frac{\partial \sigma_{xy}}{\partial y} + \frac{\partial \sigma_{xz}}{\partial z}\right)\Delta x \Delta y \Delta z$$

と書けるので，整理すると，

$$\rho \frac{\partial^2 u}{\partial t^2} = \frac{\partial \sigma_{xx}}{\partial x} + \frac{\partial \sigma_{xy}}{\partial y} + \frac{\partial \sigma_{xz}}{\partial z} = (\lambda + \mu)\frac{\partial \Delta}{\partial x} + \mu \nabla^2 u \tag{2.12}$$

が得られる。

y-，z-方向についても同様にして，

$$\rho \frac{\partial^2 v}{\partial t^2} = (\lambda + \mu)\frac{\partial \Delta}{\partial y} + \mu \nabla^2 v \tag{2.13}$$

$$\rho \frac{\partial^2 w}{\partial t^2} = (\lambda + \mu)\frac{\partial \Delta}{\partial z} + \mu \nabla^2 w \tag{2.14}$$

が得られる。ここで，

$$\Delta = \nabla \cdot \boldsymbol{u} = \frac{\partial u}{\partial x} + \frac{\partial v}{\partial y} + \frac{\partial w}{\partial z} \tag{2.15}$$

$$\nabla^2 = \frac{\partial^2}{\partial x^2} + \frac{\partial^2}{\partial y^2} + \frac{\partial^2}{\partial z^2} \tag{2.16}$$

である。

変位ベクトル $\boldsymbol{u} = (u, v, w)$ を用いてまとめると，

$$\rho \frac{\partial^2 \boldsymbol{u}}{\partial t^2} = (\lambda + \mu)\nabla(\nabla \cdot \boldsymbol{u}) + \mu \nabla^2 \boldsymbol{u} \tag{2.17}$$

となる。ベクトル三重積に関する公式，

$$\nabla \times (\nabla \times \boldsymbol{u}) = \nabla(\nabla \cdot \boldsymbol{u}) - \nabla^2 \boldsymbol{u} \tag{2.18}$$

を式 (2.17) の第 3 項に用いると，式 (2.17) は，

$$\rho \frac{\partial^2 \boldsymbol{u}}{\partial t^2} = (\lambda + 2\mu)\nabla(\nabla \cdot \boldsymbol{u}) - \mu \nabla \times (\nabla \times \boldsymbol{u}) \tag{2.19}$$

と書き改められる。

2.1.3 波動方程式

Helmholtz の定理によると，適当なベクトル場 $\boldsymbol{u}$ はスカラーポテンシャル ϕ とベクトルポテンシャル $\boldsymbol{\psi}$ を用いて，

$$\boldsymbol{u} = \nabla \phi + \nabla \times \boldsymbol{\psi} \tag{2.20}$$

と書き表わせることが知られている (たとえば，田治米[8])。右辺第 1 項は発散 (divergence) はあるが回転 (rotation) はないベクトル場，第 2 項は発散はないが回転はあるベクトル場に相当し[13]，それぞれの項に対応するポテンシャルが存在することを意味している。

スカラーポテンシャルおよびベクトルポテンシャルを用いてベクトル $\boldsymbol{u}$ を書き改める。式 (2.20) を式 (2.19) に代入して式 (2.18) の関係を用いると，

$$\nabla \left[(\lambda + 2\mu)\nabla^2 \phi - \rho \frac{\partial^2 \phi}{\partial t^2}\right] + \nabla \times \left[\mu \nabla^2 \boldsymbol{\psi} - \rho \frac{\partial^2 \boldsymbol{\psi}}{\partial t^2}\right] = 0 \tag{2.21}$$

が得られる。大括弧 [ ] のなかがそれぞれゼロであれば等式が成り立つので，

$$\frac{\partial^2 \phi}{\partial t^2} = \frac{\lambda + 2\mu}{\rho}\nabla^2 \phi, \quad \frac{\partial^2 \boldsymbol{\psi}}{\partial t^2} = \frac{\mu}{\rho}\nabla^2 \boldsymbol{\psi} \tag{2.22}$$

である。このような形をもつ双曲型の 2 階偏微分方程式を波動方程式と呼ぶ。右辺の係数が波動の伝播速度の 2 乗となり，それぞれ，

$$c_P = \alpha = \sqrt{\frac{\lambda + 2\mu}{\rho}}, \quad c_S = \beta = \sqrt{\frac{\mu}{\rho}} \tag{2.23}$$

である。以下では，式中の添字が多くてわかりにくくなる場合には，c_P，c_S の代わりに α および β を使うこととする。ラメの定数は正の数であるから，$c_P > c_S$ である。このことは異なる速度で伝播する波が存在することを意味しており，伝播速度が速い方の波を P 波，遅い方を S 波と呼ぶ。

P 波と S 波の変位を $\boldsymbol{u}_P$，$\boldsymbol{u}_S$ と書くと，ポテンシャルの定義より，

$$\boldsymbol{u}_P = \nabla \phi, \quad \boldsymbol{u}_S = \nabla \times \boldsymbol{\psi} \tag{2.24}$$

と書ける。式 (2.20) より，式 (2.24) の第 1 式は発散のみをもって回転をもたない，すなわち体積変化のみをもつ変位であることがわかる。従って，P 波は体積変化のみをもつ粗密波 (縦波) である。一方，式 (2.24) の第 2 式は回転のみをもって発散をもたない，すなわち体積変化をもたないせん断変形のみを伴う変位であり，S 波はせん断波 (横波) である。言い換えると，P 波は進行方向に平行に振動し，S 波は進行方向と直交方向に振動する波であると言える (図 2.3 参照)。

2.2 特別な場合の波動方程式

2.2.1 2 次元の波動方程式

前節までで，波動方程式が表現している波動がどのような性質をもっているのか，についておおよその見当をつけることができた。以下では少しずつ問題を簡単にして解の具体的な形を求める。

まず，y-方向に一様な場合を考える。このとき，$\frac{\partial}{\partial y} = 0$ とおけるので，式 (2.12)，(2.13)，(2.14) は，

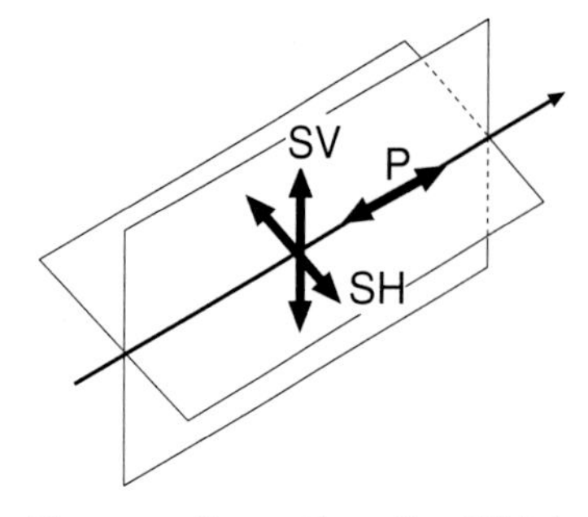

図 2.3 SH 波，SV 波，P 波の振動方向

$$\text{SV 波}: \rho\frac{\partial^2 u}{\partial t^2} = (\lambda+\mu)\frac{\partial \Delta}{\partial x} + \mu\nabla^2 u \quad (2.25)$$

$$\text{SH 波}: \rho\frac{\partial^2 v}{\partial t^2} = \mu\nabla^2 v \quad (2.26)$$

$$\text{P 波}: \rho\frac{\partial^2 w}{\partial t^2} = (\lambda+\mu)\frac{\partial \Delta}{\partial z} + \mu\nabla^2 w \quad (2.27)$$

となる。ここで，

$$\Delta = \frac{\partial u}{\partial x} + \frac{\partial w}{\partial z}, \quad \nabla^2 = \frac{\partial^2}{\partial x^2} + \frac{\partial^2}{\partial z^2} \quad (2.28)$$

である。これが，2 次元弾性体の運動方程式である。

SV 波や，SH 波という名称は，せん断波の振動面について示しており，図 2.3 に示すように，x-z に関する 2 次元平面内の面内での振動を SV 波，面外での振動を SH 波と呼んでいる。

ここで注目すべきことは，SH 波は v のみの式になっているが，SV 波と P 波の式は，u と w が入っていて，互いに連成しているという点である。このことは，2 次元問題を解く場合に，式の展開を複雑にしている。しかし，これもポテンシャルを用いると簡単な形にすることができる。

式 (2.20) において $\frac{\partial}{\partial y} = 0$ として，ベクトルポテンシャル $\boldsymbol{\psi}$ の y-方向の要素をスカラー ψ で表わすと，

$$u = \frac{\partial \phi}{\partial x} - \frac{\partial \psi}{\partial z}, \quad w = \frac{\partial \phi}{\partial z} + \frac{\partial \psi}{\partial x} \quad (2.29)$$

となり，ポテンシャル ϕ, ψ を用いて式 (2.25)，(2.27) を書き改めると，

$$\frac{\partial^2 \phi}{\partial t^2} = c_P^2\nabla^2\phi, \quad \frac{\partial^2 \psi}{\partial t^2} = c_S^2\nabla^2\psi \quad (2.30)$$

が得られる。これらの式を用いれば，1 次元の波動方程式の解を利用して 2 次元問題 (P-SV 波) の解を得ることができる。なお，y-方向の変位 v (SH 波) については式 (2.26) が他の変位成分と連成していないので個別に解くことができる。

2.2.2 1 次元の波動方程式

前項でもみたとおり，2 次元問題においても 1 次元の波動方程式の解が基本となるため 1 次元問題は重要である。3 次元弾性体の運動方程式 (2.17) において，y-方向に加えて x-方向にも一様とすると $\frac{\partial}{\partial x} = \frac{\partial}{\partial y} = 0$ となるので，式 (2.12)，(2.13)，(2.14) は，

$$\rho\frac{\partial^2 u}{\partial t^2} = \mu\frac{\partial^2 u}{\partial z^2} \quad (2.31a)$$

$$\rho\frac{\partial^2 v}{\partial t^2} = \mu\frac{\partial^2 v}{\partial z^2} \quad (2.31b)$$

$$\rho\frac{\partial^2 w}{\partial t^2} = (\lambda+2\mu)\frac{\partial^2 w}{\partial z^2} \quad (2.31c)$$

となり，1 次元弾性体の運動方程式が得られる。

P 波速度 c_P，S 波速度 c_S を用いると 1 次元の運動方程式は，次のように書き改められる。

$$\text{SV 波}: \frac{\partial^2 u}{\partial t^2} = \frac{\mu}{\rho}\frac{\partial^2 u}{\partial z^2} = c_S^2\frac{\partial^2 u}{\partial z^2} \quad (2.32a)$$

$$\text{SH 波}: \frac{\partial^2 v}{\partial t^2} = \frac{\mu}{\rho}\frac{\partial^2 v}{\partial z^2} = c_S^2\frac{\partial^2 v}{\partial z^2} \quad (2.32b)$$

$$\text{P 波}: \frac{\partial^2 w}{\partial t^2} = \frac{\lambda+2\mu}{\rho}\frac{\partial^2 w}{\partial z^2} = c_P^2\frac{\partial^2 w}{\partial z^2} \quad (2.32c)$$

2 次元問題の場合と違って，1 次元問題ではすべて同じ形式で表現されていることがわかる。すなわち，1 次元問題では成分間の連成は起こらない。

2.2.3 1 次元波動方程式の一般解

最も基本的な運動方程式である，1 次元波動方程式の一般解を考える。

$$u(t, z) = f_1(z - c_S t) + f_2(z + c_S t) \quad (2.33)$$

という解を仮定して，もとの運動方程式にこの式を代入する。1 次元問題では u, v, w のどの成分についても同じように扱えるが，ここでは，式 (2.32a) を使って，説明する。すなわち，

$$\frac{\partial^2 u}{\partial t^2} = c_S^2\frac{\partial^2 u}{\partial z^2} \quad (2.34)$$

に式 (2.33) を代入する。このとき，

$$\begin{aligned}(\text{左辺}) &= c_S^2\frac{\partial^2 f_1}{\partial t^2} + c_S^2\frac{\partial^2 f_2}{\partial t^2} = c_S^2\frac{\partial^2}{\partial t^2}(f_1 + f_2) \\ &= c_S^2\frac{\partial^2}{\partial z^2}(f_1 + f_2) = c_S^2\frac{\partial^2 u}{\partial z^2} = (\text{右辺}) \quad (2.35)\end{aligned}$$

となる。つまり，式 (2.33) は式 (2.32a) の解の 1 つであることがわかる。式 (2.35) の 1 行めから 2 行めへの変形は，関数 $u(t, z)$ では，z と t が同じ役割で関数の中にはいっているので，どちらの変数で微分したとしても，結果として出てくる微分形は同じ形の関数となる，ということを利用している。

この変形からわかることは，1 次元波動方程式の解は，非常に一般的な形で表現できてしまうということである。そして，この解が意味することは，$f_1(z)$, $f_2(z)$ という形のものが，c_S という速度でそれぞれ z の正の方向および負の方向へ，形をかえずに伝播することを示している。実は，このような現象を「波動」と呼んでいるのである。

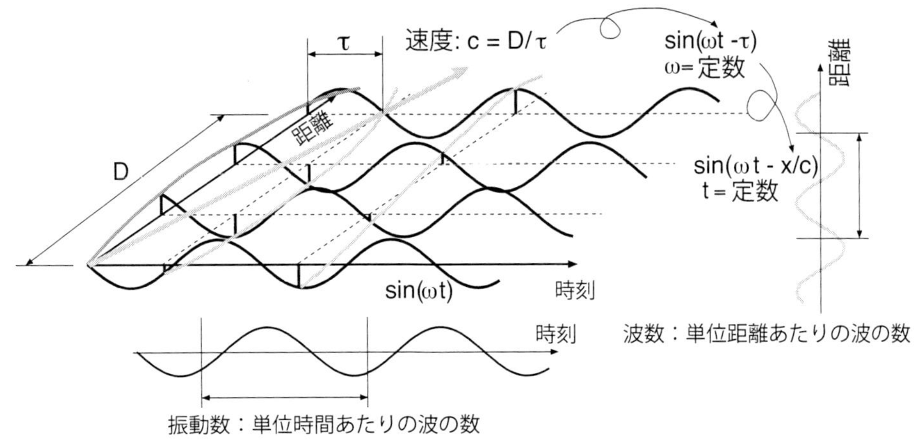

図 **2.4**　振動数と波数

2.2.4　変数分離法による 1 次元波動方程式の解

前項で示した波動方程式の解は，あまりにも一般的すぎて，何だかよくわからないけれども形が変わらずに移動していくものがあればそれを波動と呼ぶのだ，ということ以外に具体的なイメージを与えてくれない。もう少し，物理的なイメージが掴めるような解の関数形について考える。波動方程式の解は自由に決めてよい余地が大きいので，どんなふうにして解を求めてもよい。ここでは，よく使われる変数分離法を利用して解を誘導する。もとになる運動方程式としては上と同様に，式 (2.32a) を再び用いることとする。

一般解として変数分離の解を $u = T(t)Z(z)$ と仮定する。この式を運動方程式 (2.32a) に代入して整理すると，

$$\frac{1}{T}\frac{d^2T}{dt^2} = c_S^2 \frac{1}{Z}\frac{d^2Z}{dz^2} \tag{2.36}$$

となる。この式が成立するためには，左辺，右辺ともに t にも z にも無関係な定数でなくてはならない。この定数を $-\omega^2$ とおくと，式 (2.36) の左辺，右辺はそれぞれ，

$$\frac{d^2T}{dt^2} + \omega^2 T = 0, \quad \frac{d^2Z}{dz^2} + \frac{\omega^2}{c_S^2}Z = 0 \tag{2.37}$$

となる。これは，単なる 2 階の常微分方程式なので，簡単に解を求めることができる。ここで，

$$\frac{\omega}{c_S} = \zeta \tag{2.38}$$

とおくと，式 (2.37) の特解はそれぞれ，

$$T(t) = \exp[\pm i\omega t], \quad Z(z) = \exp[\pm i\zeta z] \tag{2.39}$$

となる。ここで，ω，ζ はそれぞれ，振動数，波数という。以上より，もとの方程式 (2.32a) の特解は，

$$u(t, z) = \exp[i(\zeta z \pm \omega t)], \exp[-i(\zeta z \pm \omega t)] \tag{2.40}$$

となり，一般解は任意の定数を係数とするこれらの基本解の線形結合によって表わすことができる。

2.2.5　振動数と波数

やや話が本筋からはずれるが，式 (2.39) で出てきた振動数と波数について補足的な説明をしておく。振動数 ω は，時間軸上で波形を見たときに，単位時間あたりにいくつの波が含まれているか，という量を，波数 ζ は，空間軸上で波形を見たときに，単位距離あたりにいくつの波が含まれているか，を表わす量であると言える。振動数 ω が波の数がいくつか，ということを表わすという意味では，2π で割った数 ($f = \omega/(2\pi)$) のほうが物理的に理解しやすいのであるが，数式を扱う上では 2π で割らない方が便利なので，以下では必要に応じて f と ω を使い分けることにする。なお，振動数 f と波数 ζ の逆数はそれぞれ，周期，波長である。

図 2.4 に示すように，波が一方向に伝播していて，D だけ離れた位置に到達するのに τ だけ時間がかかったとする。振動数と波数は図中に示されるように定義することができる。なお，このときの伝播速度は，

$$c = \frac{D}{\tau} \tag{2.41}$$

となるが，図 2.5 に見られるように，振動数，波数，伝播速度は互いに独立ではなく，常に式 (2.38) の関係が成立することが幾何学的に理解されよう。図 2.5 では，振動数 ω を 2π で割った値を f で，ζ を k として表示している。

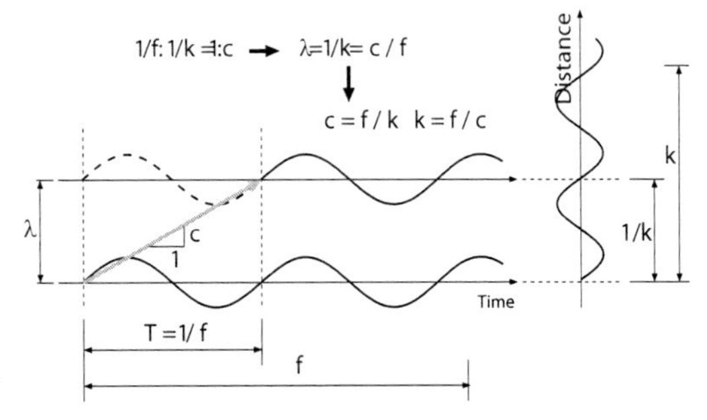

図 **2.5**　振動数，波数，伝播速度の関係

2.3 境界での反射・屈折

2.3.1 Snell の 法 則

異なる媒質が境界を接しているような場合には，波動は境界において屈折あるいは反射をするので，その進路が変わる。どのように進路が変わるかということは，以下に述べる Snell の法則によって与えられる。

図 2.6 において，c_1，c_2 をそれぞれ媒質 1 および媒質 2 を伝播する波の速さとすると，

$$\overline{\mathrm{AB}}\sin\theta_2 = c_2, \quad \overline{\mathrm{BC}}\sin\theta_1 = c_1 \tag{2.42}$$

である。このとき $\overline{\mathrm{AB}} = \overline{\mathrm{BC}}$ であるから，1.3 節における式 (1.5)，すなわち，

$$\frac{c_1}{\sin\theta_1} = \frac{c_2}{\sin\theta_2} \tag{2.43}$$

が成立する。これを Snell の法則という。また，図 2.6 の媒質 1 の上向きの矢印のように他の媒質へ入っていく波を屈折波と呼び，屈折せずにもとの媒質の側へ反射する波を反射波と呼ぶ。ここで，θ_2 を入射角，θ_1 を屈折 (出射) 角といい，反射波は，入射波と同じ角度で反射する。

図 2.6 のように波が媒質 2 の下方から入射する場合，$c_2 > c_1$ であれば，必ず，屈折波が存在する。しかし，$c_2 < c_1$ の場合には，必ずしも屈折波が存在するとは限らない。これは，屈折角 θ_1 が 90 度より大きくなる場合には，そのような屈折波は存在し得ないことが原因である。屈折角が 90 度になるのは，

$$\frac{c_1}{\sin 90^\circ} = \frac{c_2}{\sin\theta_2} \tag{2.44}$$

となる場合である。つまり，入射角 θ_2 が

$$\sin\theta_2 = \frac{c_2}{c_1} \qquad (c_1 > c_2) \tag{2.45}$$

を満足する角度よりも大きくなると，屈折波は存在しない。このような特別な角度を臨界角といい，屈折波が存在しないような現象を全反射と呼ぶ。

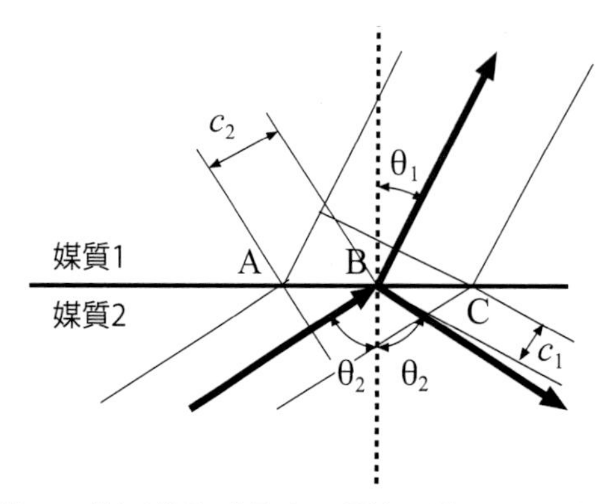

図 2.6　異なる媒質の境界面での屈折，反射 (Snell の法則)

このことは，定性的には固い地盤 (通常は，c が大きい) から軟らかい地盤 (通常は，c が小さい) へは波が入射するが，逆に，軟らかい地盤から固い地盤へは通り抜けない波が存在する場合がある，ということを意味している。従って，地表に近いほど軟らかいという，通常の地盤では，地表付近に入ってきた波が地表面で反射して地下へ向かって戻っていくとき，地下へ抜けていかずに地表付近に「たまってしまう」場合があるということを示唆している。

たいていの場合，現実の地盤は，地表面へ近づくほど軟らかくなる。そこで，具体的な計算例を通して，この問題を考えてみる。図 2.7 のように媒質 1 と媒質 2 の速度がそれぞれ，200 m/s と 3 km/s であるとして，媒質 2 へほとんど真横から波が入射した，という極端な例について計算してみよう。簡単のために $\theta_2 \approx 90$ 度として計算する。このときの θ_1 を求めると，

$$\sin\theta_1 = \frac{c_1}{c_2}\sin\theta_2 = \frac{200}{3000}\sin 90^\circ = \frac{1}{15} \tag{2.46}$$

となり，$\theta_1 \approx 3.82^\circ$ となる。ほとんど横から入った波でも，軟らかい地盤へ入射すると，ほとんど鉛直真下から伝播してきたように見えるのである。媒質 1 と媒質 2 の速度が，この計算例のように極端に違う場合は，必ずしも現実的ではないかもしれないが，深い地盤から浅い方に向かって，すこしずつ速度が遅くなっていく場合でも，一番深いところと表層の速度がこの計算例のような値であれば，その結果は大きくは変わらないものとなる。従って，地盤の応答解析を行うときに，鉛直下方から入射する 1 次元問題として扱うというのは，第 1 近似としてはけっして悪くない方法なのである。

ところで，この計算例で，媒質 1 の上面が自由表面 (地表面) であるとすると，媒質 2 から屈折して入射した波は，地表面で全反射し，再び，媒質 2 に向かう。媒質 1 から媒質 2 への入射角は上で計算した 3.82° であるから，式 (2.45) で求められる臨界角である。よって，媒質 2 との境界では全反射し，いちど表層に入射した波はそのまま表層に「たまってしまう」ことになる。

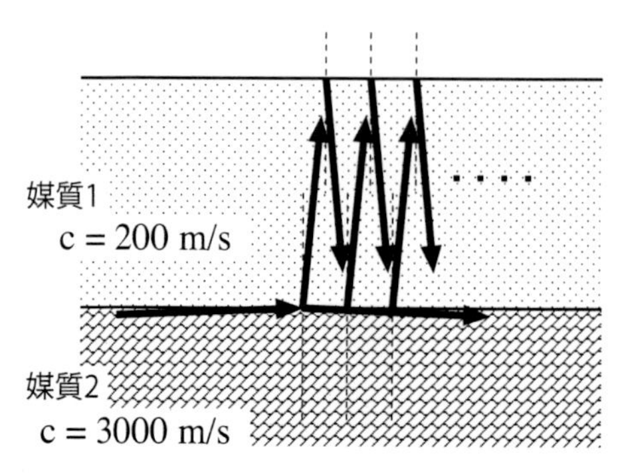

図 2.7　Snell の法則の計算のための例題

2.3.2　境界面への垂直入射

図 2.8 のような異なる媒質の境界面に波が入射した場合，反射波および屈折波の振幅がどのようになるか，について議論する (ここでは図中の破線および y 軸については無視する)。鉛直軸は上向きを正とし，境界面で $z=0$ となるようにとる。図中の c，ρ はそれぞれ波の伝播速度，媒質の密度を表わし，添字は媒質の番号に対応する。

1 次元問題を考える場合は，SV 波でも SH 波でも P 波でも式の形は同じであるので，以下では，SH 波に関する式 (2.32b) を用いて議論を進める。すなわち，

$$\frac{\partial^2 v}{\partial t^2} = c^2 \frac{\partial^2 v}{\partial z^2} \tag{2.47}$$

を考える。なお，必要に応じてパラメータを読み替えることで SV 波や P 波についてもこの項で述べられた議論をそのまま適用することができる。

この方程式を満足する解は，式 (2.40) に示されているが，このうち，次式を入射波とする。

$$v_2 = A_2 \exp[i\zeta_2 z - i\omega t] \tag{2.48}$$

ここで，

$$\zeta_2 = \frac{\omega}{c_2}, \quad c_2 = \sqrt{\frac{\mu_2}{\rho_2}} \tag{2.49}$$

である。このとき，媒質 2 を下向きに伝播する反射波と媒質 1 を上向きに伝播する透過波はそれぞれ以下のように表わされる。

$$v_2' = A_2' \exp[-i\zeta_2 z - i\omega t] \tag{2.50a}$$

$$v_1 = A_1 \exp[i\zeta_1 z - i\omega t] \tag{2.50b}$$

境界面 ($z=0$) での変位とせん断応力の連続条件は，それぞれ

$$(v_2 + v_2')\big|_{z=0} = v_1\big|_{z=0} \tag{2.51a}$$

$$\left\{\mu_2 \frac{\partial}{\partial z}(v_2 + v_2')\right\}\bigg|_{z=0} = \left\{\mu_1 \frac{\partial v_1}{\partial z}\right\}\bigg|_{z=0} \tag{2.51b}$$

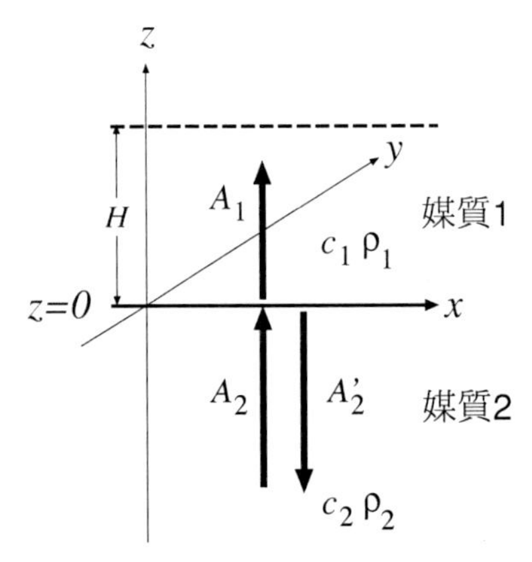

図 2.8　境界面での反射波，透過波

となるので，これらに式 (2.48)，(2.50a)，(2.50b) を代入して整理すると，

$$A_2 + A_2' = A_1 \tag{2.52a}$$

$$\mu_2 A_2 \zeta_2 - \mu_2 A_2' \zeta_2 = \mu_1 A_1 \zeta_1 \tag{2.52b}$$

となる。これら 2 つの式から A_2 の関数として A_2' と A_1 を表現すると，

$$A_2' = \frac{\mu_2\zeta_2 - \mu_1\zeta_1}{\mu_2\zeta_2 + \mu_1\zeta_1} A_2, \quad A_1 = \frac{2\mu_2\zeta_2}{\mu_2\zeta_2 + \mu_1\zeta_1} A_2 \tag{2.53}$$

となる。ここで，$k=1,2$ として，$\zeta_k = \frac{\omega}{c_k}$，$\mu_k = c_k^2 \rho_k$ を使うと，$\mu_k \zeta_k = c_k \rho_k \omega$ と書けるので，A_2'，A_1 は以下のように書き改められる。

$$A_2' = RA_2, \quad A_1 = TA_2 \tag{2.54}$$

ここで，

$$R = \frac{1 - \dfrac{c_1\rho_1}{c_2\rho_2}}{1 + \dfrac{c_1\rho_1}{c_2\rho_2}} \tag{2.55a}$$

$$T = \frac{2}{1 + \dfrac{c_1\rho_1}{c_2\rho_2}} = R + 1 \tag{2.55b}$$

である。R および T はそれぞれ反射係数，透過係数と呼ばれる。式 (2.55a)，(2.55b) より，R，T は $(c_1\rho_1)/(c_2\rho_2)$ のみの関数であることがわかる。$c_k\rho_k$ を音響インピーダンスといい，地盤の「固さ」の指標となる。また，$(c_1\rho_1)/(c_2\rho_2)$ は音響インピーダンス比といい，2 つの媒質の「固さ」の違いを表わす。

図 2.9 に，音響インピーダンス比に対する反射係数と透過係数を示す。図より，$(c_1\rho_1)/(c_2\rho_2) = 1$ のとき $R=0, T=1$ となるので，c または ρ が異なっていても音響インピーダンスが同じであれば，反射はおこらずにすべて透過することがわかる。また，$(c_1\rho_1)/(c_2\rho_2) < 1$ のとき，すなわち「固い」地盤から「軟らかい」地盤に波が入射するとき，$T > 1$ となって透過波の振幅は入射波の振幅より大きくなる。

$z=0$ の境界が自由表面で，媒質 1 が空気のような場合には $c_1\rho_1 \ll c_2\rho_2$ であるから，$c_1\rho_1 \approx 0$ とおい

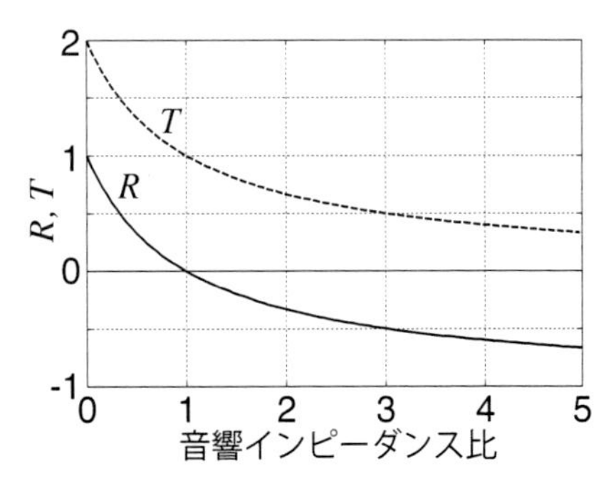

図 2.9　反射係数，透過係数

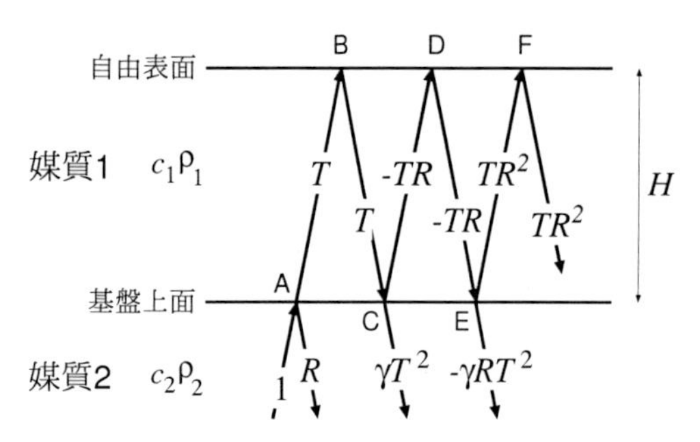

図 2.10　反射波と透過波

て差し支えない。このとき，音響インピーダンス比は 0 となり，$R=1, T=2$ となる。これは，入射波が全反射して ($R=1$)，地表面での振幅が入射波の振幅の 2 倍になる ($T=2$) ことを意味している。このことは，自由表面ではせん断応力が 0 となる，という境界条件から直接求めることもできる。すなわち，式 (2.51b) の右辺が 0 になるので，式 (2.52b) の右辺を 0 とおいて，

$$A_2' = A_2, \quad A_1 = 2A_2 \tag{2.56}$$

が得られる。

2.3.3　1/4 波長則

図 2.10 に示すような 2 層構造を考え，鉛直下方から振幅 1 の波が入射したとする。ただし，図中では，説明の都合上，波線を少し傾けている。今，音響インピーダンス比を，

$$\gamma = \frac{c_1\rho_1}{c_2\rho_2} \tag{2.57}$$

とおくと，媒質 2 から媒質 1 へ波が入射するときの反射，透過係数は，

$$R = \frac{1-\gamma}{1+\gamma}, \quad T = \frac{2}{1+\gamma} \tag{2.58}$$

となり，逆に媒質 1 から媒質 2 へ入射するときは，

$$R' = \frac{1-1/\gamma}{1+1/\gamma} = -R, \quad T' = \frac{2}{1+1/\gamma} = \gamma T \tag{2.59}$$

となる。媒質 2 のほうが「固い」とすると，$\gamma < 1$ である。

点 A では，透過波の振幅は $T > 1$ となり，反射波の振幅は $R < 1$ となる。地表面の点 B での振幅は $2T$ である。点 B で全反射した波は点 C で再び反射，透過するが，このときの反射係数は負の値であるから位相が反転するということを意味する。この反射波は再び点 D で全反射し，点 E で反射するときに振幅を R 倍にして再び位相を反転させて点 F に向かう。このように 2 つの媒質の境界面で位相が反転しながら，振幅が R (<1) 倍になって少しずつ振幅が減衰していく。

波が媒質 1 を往復するのに要する時間は，$2H/c_1$ によって与えられるが，点 C や E において位相が反転するので，2 往復する間にちょうど同じ波が入射されれば，その位相がぴったり一致して振幅が大きくなることが予想される。すなわち，周期 $4H/c_1$ の波が連続的に入射する場合，その周期成分の波は非常に振幅が大きくなることを意味している。また，周期が $4H/c_1$ の奇数分の 1 (1/3, 1/5, $\cdots$) の場合にも同様のことが言える。

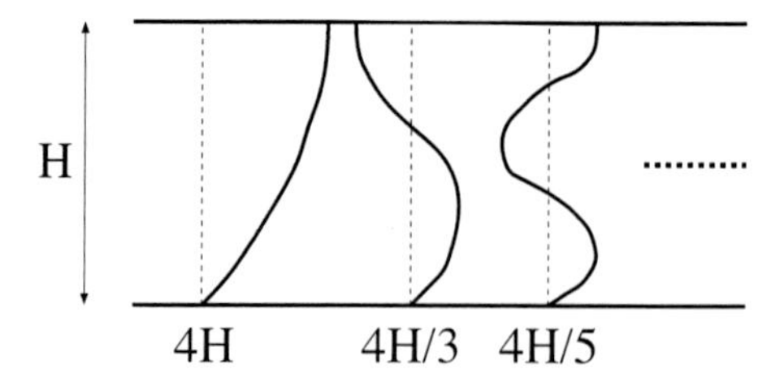

図 2.11　振幅が大きくなる波の波長

逆に，周期が $2H/c_1$ の波は位相がちょうど反対であるために互いにその振幅を打ち消しあってあまり大きな振幅にはならない。周期が $2H/c_1$ の整数分の 1 (1/2, 1/3, $\cdots$) の場合にも振幅が大きくならない。

このように，振幅が特に大きくなったりあるいは小さくなる波の周期は波の速度と層の厚さのみによって規定されており，地盤に固有の性質である。特に，振幅が大きくなる周期は工学的に重要であるため，地盤の固有周期または卓越周期と呼ばれている。固有周期の中でもっとも長い周期をもつ波の波長は $4H$ となり，層厚の 4 倍である。このような卓越周期と表層の層厚の関係を 1/4 波長則と呼ぶ。振幅が大きくなる波の波長は，図 2.11 のように基盤の上面で節，自由表面で腹となるような形状の波形を考えるとわかりやすい。

基盤の上に堆積層がある，というような簡単な 2 層構造について，1/4 波長則がどのようにして成立するかを述べてきたが，実際には複数の層によって地盤は構成されており，このように単純ではない。しかし，複雑な構成の地盤であっても，平均的なせん断波の伝播速度を用いて 1/4 波長則を適用すると，あまり複雑な計算をすることなく，概略の地盤の卓越周期を推定することができて便利である。地盤の振動特性などを大まかに知りたいときには有用な方法と言える。ただし，卓越周期の推定精度は地盤を構成する各層間の音響インピーダンス比に依存する。

簡単な計算例として図 2.13 に示す 2 層構造を考えると，卓越周期は，

$$\frac{100\ [\mathrm{m}] \times 4}{100\ [\mathrm{m/s}]} = 4\ [\mathrm{s}] \tag{2.60}$$

と求められる。また，その奇数分の 1 の周期，4/3 [s]，4/5 [s]，$\cdots$ などでも振幅が大きくなる。なお，位相が反対になって振幅が大きくならないことが予想される周期は，$2H/(ck)$ $(k=1,2,3,\ldots)$ であるから，2 [s]，1

[s], 2/3 [s], 1/2 [s], $\cdots$ である。地表面での応答の周波数特性がこのような性質をもつことは後述の図 2.16 に示す応答倍率に見られるとおりであるが，1/4 波長則を用いれば図 2.16 の山と谷の位置は複雑な計算をすることなく求められることがわかるであろう。

2.4　水平成層地盤内を伝播する波動

2.4.1　問 題 設 定

実際の地盤は，たいていの場合，いくつもの地層からなっている。これを成層構造と呼ぶ。以下では簡単のために，各層が水平かつ平行に広がっている水平成層構造だけを考えることにする。そのうえで，水平成層構造内を反射・屈折を繰り返しながら伝播する波の性質について考える。

以下では，最も簡単な SH 波の鉛直入射問題を取り扱う。P 波や SV 波の場合でも鉛直入射であれば，パラメータを適切に読み替えるだけで本節で得られる結果と同じ結果をそのまま使うことができる。

これから述べる手法は，一見，複雑そうに見えるが，内容は単に変位とせん断応力に関する関係式を行列を用いて組み立てて，層境界での境界条件を満足するように条件を与えているだけである。なお，このようにして地盤の応答を求める手法のことを発案者の名前をとって Haskell のマトリクス法と呼んだり，あるいは 1 次元重複反射法と呼んでいる[14)]。行列で計算ができるということは，計算機にとっては，非常に効率の良い計算が可能であるということを意味している。そのため，もはや古典といってもよいこの手法は，今日でもしばしば地盤の地震応答解析において利用されている。なお，Haskell は P-SV 波についての 2 次元重複反射[15)]や 2.5 節で述べる表面波の解析[16)]についても行列を用いた計算法を示しており，現在も広く用いられている。

図 2.12 に示すような n 層からなる水平成層に SH 波が鉛直下方から入射する問題を考える。このとき，第 k 層の厚さを H_k，せん断波速度を c_k とする。また，境界面についても上から順に第 0 境界，第 1 境界，... とする。水平成層を扱うにあたっては，まず最初に，上から k 番目の層に着目して考える。第 k 層についての SH 波の運動方程式は，式 (2.47) を使えばよいので，

$$\frac{\partial^2 v_k}{\partial t^2} = c_k^2 \frac{\partial^2 v_k}{\partial z_k^2} \tag{2.61}$$

となる。ここで，v_k，c_k はそれぞれ，第 k 層での変位およびせん断波速度である。このとき，式 (2.40) で見たように一般解は，

$$v_k = A_k \exp[i(\zeta_k z_k - \omega t)] + B_k \exp[i(-\zeta_k z_k - \omega t)] \tag{2.62}$$

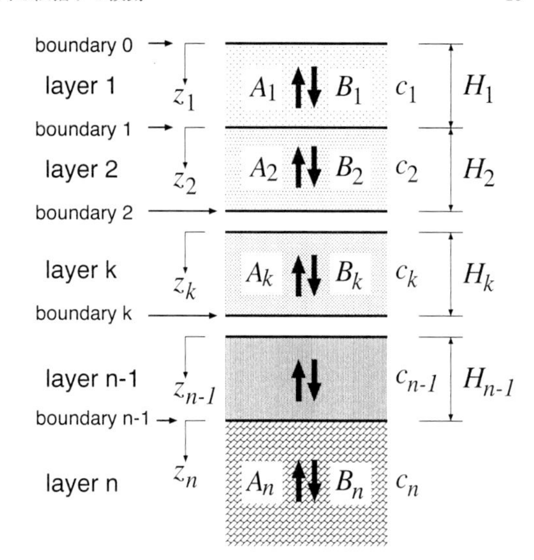

図 2.12　水平成層構造のモデル

で表わされる。ここで，ωt の符合は時間が進む方向だけを選んでいる。A_k，B_k はそれぞれ，第 k 層での上昇波と下降波の振幅を表わす。また，$\zeta_k = \omega / c_k$ である。このとき，第 k 層でのせん断応力は，

$$\tau_k = \mu_k \frac{\partial}{\partial z_k} v_k = i\mu_k \zeta_k \{A_k \exp[i\zeta_k z_k] - B_k \exp[-i\zeta_k z_k]\} \cdot \exp[-i\omega t] \tag{2.63}$$

となる。ここで，$\exp[-i\omega t]$ は，変位 v_k にもせん断応力 τ_k にも共通して出てくるので，外へ出してしまうことができる。本当は，いつも $\exp[-i\omega t]$ がかかっているのであるが，見た目が煩わしいので，これ以降は書くのをやめにして，z に関わる項だけを書くこととする。

2.4.2　1 次元重複反射法

第 k 層での変位とせん断応力の式が求められたので，これらをまとめて書くことにする。式 (2.62), (2.63) を用いて変位とせん断応力をまとめて行列表示すると，

$$\begin{Bmatrix} v_k \\ \tau_k \end{Bmatrix} = \begin{bmatrix} \exp[i\zeta_k z_k] & \exp[-i\zeta_k z_k] \\ i\mu_k \zeta_k \exp[i\zeta_k z_k] & -i\mu_k \zeta_k \exp[-i\zeta_k z_k] \end{bmatrix} \begin{Bmatrix} A_k \\ B_k \end{Bmatrix} \tag{2.64}$$

となる。

最終的な目標は，地表面 (第 0 境界) での変位 v_1 を基盤面での入射波の振幅 A_n を用いて表現することである。これによって，入射波に対して地表面でどれだけ，振幅が大きくなるか (または，小さくなるか) という工学的な命題に答えることができるからである。

最終目標へたどり着くためには，いくつかの準備が必要となる。特に，境界条件の扱いがこの問題を解く

すべてである，といっても過言ではない。簡単に言えば，「第 k 層の下面 (第 k 境界) での変位とせん断応力は，第 $k+1$ 層の上面 (第 k 境界) での変位とせん断力と等しい」，すなわち，連続の条件を満足すればよいという物理的要請に従うだけである。式で書くと，

$$\begin{Bmatrix} v_{k+1,z_{k+1}=0} \\ \tau_{k+1,z_{k+1}=0} \end{Bmatrix} = \begin{Bmatrix} v_{k,z_k=H_k} \\ \tau_{k,z_k=H_k} \end{Bmatrix} \tag{2.65}$$

となる。

このような境界条件を表現するために，まず最初に，A_k，B_k を消去して，第 k 層の上面 (第 $k-1$ 境界) での変位とせん断応力から，第 k 層内の任意の位置での変位とせん断応力を求める式を誘導する。

第 k 層上面 $z_k = 0$ では，

$$\begin{Bmatrix} v_{k,z_k=0} \\ \tau_{k,z_k=0} \end{Bmatrix} = \begin{bmatrix} 1 & 1 \\ i\mu_k\zeta_k & -i\mu_k\zeta_k \end{bmatrix} \begin{Bmatrix} A_k \\ B_k \end{Bmatrix} \tag{2.66}$$

この式を，A_k，B_k について解くと，

$$\begin{aligned} \begin{Bmatrix} A_k \\ B_k \end{Bmatrix} &= \begin{bmatrix} 1 & 1 \\ i\mu_k\zeta_k & -i\mu_k\zeta_k \end{bmatrix}^{-1} \begin{Bmatrix} v_{k,z_k=0} \\ \tau_{k,z_k=0} \end{Bmatrix} \\ &= \begin{bmatrix} \frac{1}{2} & \frac{1}{2i\mu_k\zeta_k} \\ \frac{1}{2} & -\frac{1}{2i\mu_k\zeta_k} \end{bmatrix} \begin{Bmatrix} v_{k,z_k=0} \\ \tau_{k,z_k=0} \end{Bmatrix} \end{aligned} \tag{2.67}$$

が得られる。

式 (2.64) に式 (2.67) を代入すると，

$$\begin{Bmatrix} v_k \\ \tau_k \end{Bmatrix} = \begin{bmatrix} \cos(\zeta_k z_k) & \frac{\sin(\zeta_k z_k)}{\mu_k\zeta_k} \\ -\mu_k\zeta_k \sin(\zeta_k z_k) & \cos(\zeta_k z_k) \end{bmatrix} \begin{Bmatrix} v_{k,z_k=0} \\ \tau_{k,z_k=0} \end{Bmatrix} \tag{2.68}$$

となる。以上で，第 k 層の上面 (第 $k-1$ 境界) での変位とせん断応力から，第 k 層内の任意の深さでの変位とせん断応力を求める式が得られた。

次は，境界での連続の条件を考える。そのために，第 k 層の下面 (第 k 境界) での変位とせん断波をその層の上面の値を使って表現しておく。これは，式 (2.68) の z_k に H_k を代入することで簡単に得られる。

$$\begin{Bmatrix} v_{k,z_k=H_k} \\ \tau_{k,z_k=H_k} \end{Bmatrix} = \begin{bmatrix} \cos(\zeta_k H_k) & \frac{\sin(\zeta_k H_k)}{\mu_k\zeta_k} \\ -\mu_k\zeta_k \sin(\zeta_k H_k) & \cos(\zeta_k H_k) \end{bmatrix} \cdot \begin{Bmatrix} v_{k,z_k=0} \\ \tau_{k,z_k=0} \end{Bmatrix} \tag{2.69}$$

ここで，行列の中身がごちゃごちゃして，ややこしいので，簡単のために，

$$\begin{bmatrix} \cos(\zeta_k H_k) & \frac{\sin(\zeta_k H_k)}{\mu_k\zeta_k} \\ -\mu_k\zeta_k \sin(\zeta_k H_k) & \cos(\zeta_k H_k) \end{bmatrix} \equiv \Big[T_k\Big] \tag{2.70}$$

と書くことにする。

さて，これで準備が終わったので，先ほどの境界条件を表わす式 (2.65) を思い出してほしい。境界条件の番号を少しずらして，第 k 層と第 $k-1$ 層の境界 (第 $k-1$ 境界) について，もう一度，境界条件を書き直してみる。

$$\begin{Bmatrix} v_{k,z_k=0} \\ \tau_{k,z_k=0} \end{Bmatrix} = \begin{Bmatrix} v_{k-1,z_{k-1}=H_{k-1}} \\ \tau_{k-1,z_{k-1}=H_{k-1}} \end{Bmatrix} \tag{2.71}$$

となるが，ここで，右辺は式 (2.68) と (2.70) を用いて変形できる。つまり，

$$\begin{Bmatrix} v_{k,z_k=0} \\ \tau_{k,z_k=0} \end{Bmatrix} = \Big[T_{k-1}\Big] \begin{Bmatrix} v_{k-1,z_{k-1}=0} \\ \tau_{k-1,z_{k-1}=0} \end{Bmatrix} \tag{2.72}$$

となる。このように書くと，一番最後のベクトルは，境界条件から第 $k-2$ 層の下面での変位とせん断応力を用いて書き直されることに気が付くであろう。行列 $[T_{k-2}]$ を用いて第 $k-2$ 層の上面での変位とせん断応力を使ってさらに式を書き直すと，

$$\begin{Bmatrix} v_{k,z_k=0} \\ \tau_{k,z_k=0} \end{Bmatrix} = \Big[T_{k-1}\Big]\Big[T_{k-2}\Big] \begin{Bmatrix} v_{k-2,z_{k-2}=0} \\ \tau_{k-2,z_{k-2}=0} \end{Bmatrix} \tag{2.73}$$

となる。次々にこのような変形を繰り返していくと，最後は，地表面での変位とせん断応力の関数が得られる。すなわち，以下の関係式が得られる。

$$\begin{Bmatrix} v_{k,z_k=0} \\ \tau_{k,z_k=0} \end{Bmatrix} = \Big[R_{k-1}\Big] \begin{Bmatrix} v_{1,z_1=0} \\ \tau_{1,z_1=0} \end{Bmatrix} \tag{2.74}$$

ただし，

$$\Big[R_{k-1}\Big] \equiv \Big[T_{k-1}\Big]\Big[T_{k-2}\Big]\cdots\Big[T_1\Big] \tag{2.75}$$

とした。

これで，地表面 (第 0 境界) での変位とせん断応力から，第 k 層内の上面 (第 $k-1$ 境界) での変位とせん断応力を求めることができるようになった。これに，式 (2.68) を使えば，任意の深さでの変位やせん断応力も求めることができる。

もう少し，境界条件について検討を加えておく。これまでは，地盤内の媒質が互いに接している境界のみを議論してきたが，地表面と，半無限の最下層では少し別の扱いが必要である。まず，地表面では，せん断応力が 0 であるから，$\tau_{1,z_1=0} = 0$ となる。従って，式 (2.74) は，

$$\begin{Bmatrix} v_{k,z_k=0} \\ \tau_{k,z_k=0} \end{Bmatrix} = \Big[R_{k-1}\Big] \begin{Bmatrix} v_{1,z_1=0} \\ 0 \end{Bmatrix} \tag{2.76}$$

となって，地表面で観測された $v_{1,z_1=0}$ の値のみを用いて，第 k 層上面での変位とせん断応力を定めることができる。

一方，半無限の最下層では，$k \equiv n$ として，式 (2.67) を用いて，

$$\begin{Bmatrix} A_n \\ B_n \end{Bmatrix} = \frac{1}{2} \begin{bmatrix} 1 & -\frac{i}{\mu_n\zeta_n} \\ 1 & \frac{i}{\mu_n\zeta_n} \end{bmatrix} \begin{Bmatrix} v_{n,z_n=0} \\ \tau_{n,z_n=0} \end{Bmatrix} \tag{2.77}$$

と表わせる。ここで，$[R_{n-1}]$ の (i,j)-要素を $[R_{n-1}]_{ij}$

と表わすことにすると，

$$\begin{Bmatrix} v_{n,z_n=0} \\ \tau_{n,z_n=0} \end{Bmatrix} = \left[R_{n-1}\right] \begin{Bmatrix} v_{1,z_1=0} \\ 0 \end{Bmatrix} \tag{2.78}$$

であることを利用して，

$$v_{n,z_n=0} = \left[R_{n-1}\right]_{11} \cdot v_{1,z_1=0} \tag{2.79a}$$

$$\tau_{n,z_n=0} = \left[R_{n-1}\right]_{21} \cdot v_{1,z_1=0} \tag{2.79b}$$

となる。これより入射波の振幅は，

$$A_n = \frac{v_{1,z_1=0}}{2} \left\{ \left[R_{n-1}\right]_{11} - i\frac{\left[R_{n-1}\right]_{21}}{\mu_n \zeta_n} \right\} \tag{2.80}$$

となる。この式は，地表面での記録を用いて入射波の振幅が求められるということを意味している。

逆に入射波の振幅 A_n が既知の場合には，地表面での変位 $v_{1,z_1=0}$ を求めることができる。こうして求められた，地表面での変位を使えば，任意の深さでの変位とせん断応力を知ることができる。

$A_n = 1$ としたときの $v_{1,z_1=0}$ の絶対値 $U_1(\omega)$ は，振動数 ω の関数であるから，入射波に対する地表面での振幅の倍率を表わしている。これを周波数応答関数と呼ぶが，地盤がどのような震動特性をもっているか，という地盤に特有の性質を表現するのに適した関数である。おそらく，我々が，工学的にもっとも興味がある問題の 1 つは，目の前にある地盤がどのような周波数応答関数をもつか，という点であるといえるので，この関数は非常に重要な意味をもつ。

式 (2.80) において，$A_n = 1$ として，$v_{1,z_1=0}$ について書き改めると，周波数応答関数は，

$$U_1(\omega) = \frac{2}{\sqrt{[R_{n-1}]_{11}{}^2 + \left(\frac{[R_{n-1}]_{21}}{\mu_n \zeta_n}\right)^2}} \tag{2.81}$$

となる。

これで，所期の目標を達成することができた。

特別な場合として $n = 2$ の 2 層地盤の場合について，具体的な計算結果を示しておく。伝達行列 $[R_{n-1}]$ は，

$$[R_1] = [T_1] = \begin{bmatrix} \cos(\zeta_1 H_1) & \frac{\sin(\zeta_1 H_1)}{\mu_1 \zeta_1} \\ -\mu_1 \zeta_1 \sin(\zeta_1 H_1) & \cos(\zeta_1 H_1) \end{bmatrix} \tag{2.82}$$

となる。式 (2.81) に代入すると，周波数応答関数は，

$$U_1(\omega) = \frac{2\mu_2 \zeta_2}{\sqrt{\mu_2^2 \zeta_2^2 \cos^2(\zeta_1 H_1) + \mu_1^2 \zeta_1^2 \sin^2(\zeta_1 H_1)}} \tag{2.83}$$

である。

2.4.3　計　算　例

簡単な 2 層構造の場合について，計算例を示す。例題として，図 2.13 に示すような半無限弾性体の上に軟らかい堆積層がのっている，という実際の地盤でもよく見かけるような例をとりあげ，この地盤に鉛直下方から図 2.14 に示す波が入射するものとする。図 2.14 には入射波の周波数特性もあわせて示している。なお，図 2.13 の c_S，ρ はそれぞれせん断波速度，密度である。h は次節で議論する減衰定数で，本節の計算では用いない。

このときの地表面での応答波形およびその周波数特性は，Haskell のマトリクス法を用いて計算すると，図 2.15 のようになる。この図中には入射波も重ねて描いている。さらに，入射波に対する地表面での応答倍率，すなわち周波数応答関数を求めると，図 2.16 が得られる。

図 2.16 をみると，最も低周波数 (長周期) 側で，応答が大きくなる周波数は 0.25 Hz = 4 秒であることがわかる。この値は，2.3.3 項で述べた 1/4 波長則に従って計算された卓越周期と一致していることがわかる (式 (2.60) 参照)。

なお，図 2.16 において，0.25 Hz よりも高周波数側にも多くのピークが見られるが，低周波数側から順に，0.25 = 1/4 Hz，0.75 = 3/4 Hz，1.25 = 5/4 Hz,

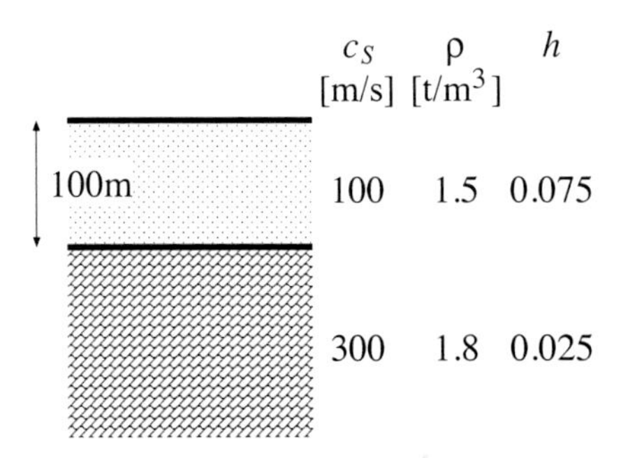

図 2.13　例題の設定

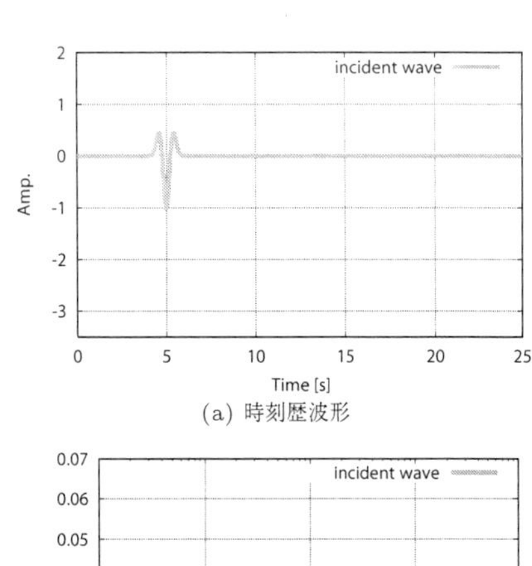

(a) 時刻歴波形

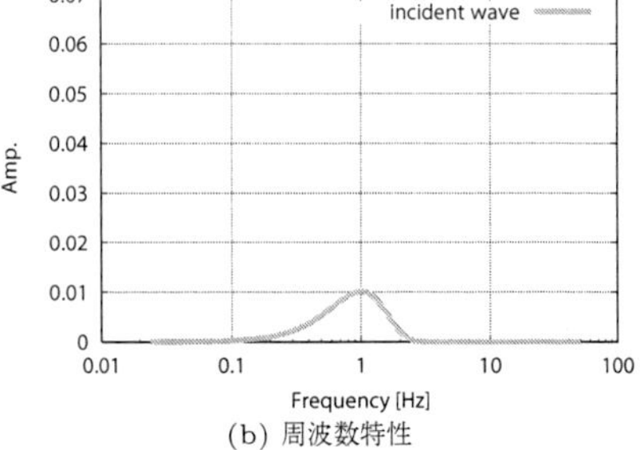

(b) 周波数特性

図 2.14　入射波

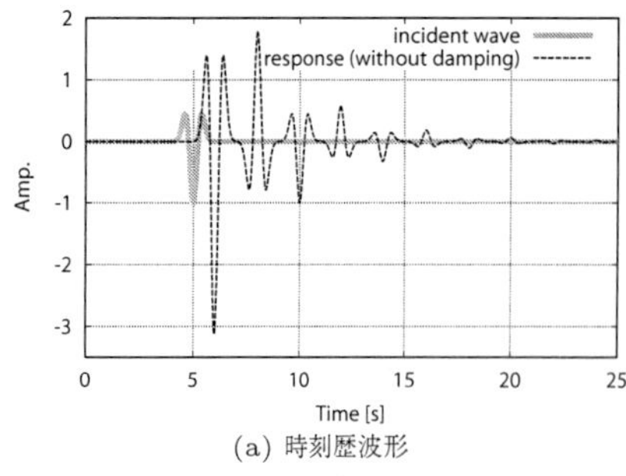

(a) 時刻歴波形

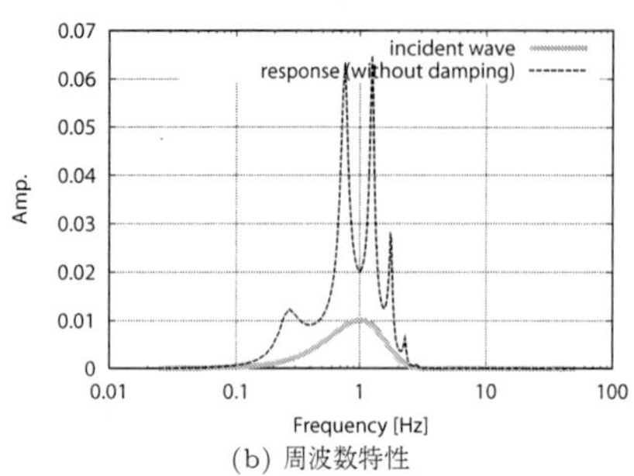

(b) 周波数特性

図 **2.15** 地表面での応答

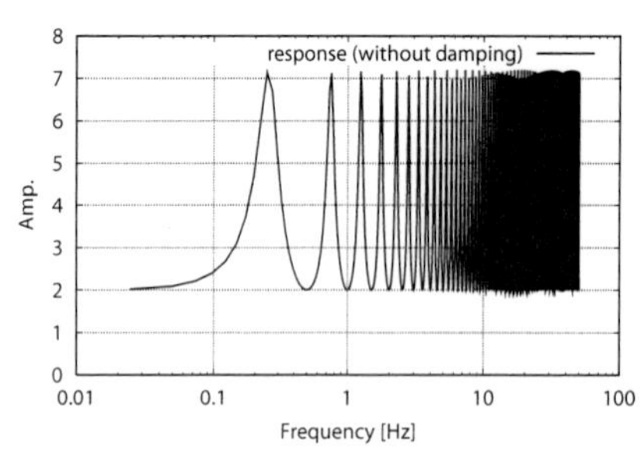

図 **2.16** 地表面の応答の入射波に対する応答倍率

$1.75 = 7/4$ Hz，$\cdots$ という具合いに並んでおり，いずれも，1/4 波長則から求められる固有周期に対応している。また，谷になる周波数も，0.5 Hz (= 2 s)，1 Hz (= 1 s)，1.5 Hz (= 2/3 s)，2 Hz (= 1/2 s)，$\cdots$ となっており，2.3.3 項で予想した結果と一致している。

また，図 2.15(a) の時刻歴波形を見ると，入射波と相似な波形が位相を反転させ，また振幅を次第に小さくしながら繰り返し現われていることがわかる。これは，図 2.10 において指摘したことに対応している。

2.4.4 斜め下方入射の場合

鉛直下方から波が入射する場合は，SH 波，SV 波，P 波のいずれについても同じ形の方程式を扱うため，パラメータを適切に読み替えれば同じ結果を使うことができる。参考のために，SH 波のパラメータに対応する P 波のパラメータを表 2.1 に示す。

斜め下方入射の場合については，本章の範囲を超えるので詳しくは述べないが，SH 波については，鉛直下方入射とまったく同じ式の展開ができるので，触れておく。図 2.12 のような水平成層構造に斜め下方から SH 波が入射された場合を考える。そのとき，第 k 層の運動方程式は，

表 **2.1** SH 波と P 波のパラメータの対応関係

	SH 波	P 波
変位成分	v	ω
弾性定数	μ	$\lambda + 2\mu$
応力	σ_{yz}	σ_{zz}

$$\frac{\partial^2 v_k}{\partial t^2} = c_k^2 \left(\frac{\partial^2 v_k}{\partial x^2} + \frac{\partial^2 v_k}{\partial z_k^2} \right) \tag{2.84}$$

となる。この方程式の一般解は，

$$v_k = A_k \exp[i(\xi x + \zeta_k z_k - i\omega t)] + B_k \exp[i(\xi x - \zeta_k z_k - i\omega t)] \tag{2.85}$$

によって与えられる。ここで，(ξ, ζ) は波数ベクトルで，$\sqrt{\xi^2 + \zeta^2} = \omega / c_k$ である。このとき，第 k 層のせん断応力は，

$$\tau_k = \mu_k \frac{\partial}{\partial z_k} v_k = i\mu_k \zeta_k \{A_k \exp[i\zeta_k z_k] - B_k \exp[-i\zeta_k z_k]\} \cdot \exp[i\xi x - i\omega t] \tag{2.86}$$

となる。ここで，$\exp[i(\xi x - \omega t)]$ は，変位 v_k にもせん断応力 τ_k にも共通して出現するので，外へ出してしまっても計算上は差し支えない。したがって，$\exp[i(\xi x - \omega t)]$ を式から追い出すと，このあとの式の展開は，2.4.2 項とまったく同じになる。

一方，P 波や SV 波の斜め入射の場合は，式 (2.25), (2.27) からわかる通り，P 波と SV 波が互いに連成しているため，境界において P-SV 変換波が存在する。そのため，波としては P 波と SV 波を同時に取り扱う必要があり，4×4 の行列を用いなくてはならない。伝達行列などの具体的な表現等が必要な場合は，佐藤[5] や Haskel[15] などに詳しいのでこれらを参照されたい。

2.4.5 減 衰 の 導 入

これまでの議論では，水平成層地盤に入射された波が反射，屈折を繰り返す，という問題を取り扱ってきただけで，ひとたび入射された波は永遠に反射，屈折を繰り返し続ける。しかし，実際の地盤では，地盤の内部減衰や散乱による減衰などが存在し，地盤のなかを伝播する波は，その減衰に応じてある程度の回数の反射，屈折を繰り返すとそのエネルギーを失ってしまう。特に，高周波の振動は減衰が大きいため ，高周波の振動が大きく増幅されることは，現実にはあまりおこらない。

従って，図 2.16 のように，応答倍率が反射係数と透過係数のみから決定されて，どのような周波数帯域であってもそのピークが一定であるというのは現実的ではない。実際，減衰の効果を考慮しないで地盤の応答計

算を行うと，特に高周波数領域において過剰な応答を計算してしまうことになる。

そこで，これまでに議論してきた Haskell のマトリクス法に減衰を導入する，という話題を取り扱う。減衰を表現するためには，種々の方法が提案されているが，以下では，Haskell のマトリクス法に採り入れやすい表現方法として複素剛性について述べる。

これまで，実定数として取り扱ってきた地盤の剛性率 $\mu = \rho c^2$ を

$$\mu^* = \mu(1 + 2ih) \tag{2.87}$$

と表現する。h は減衰定数，$i = \sqrt{-1}$ である。

$\mu = \rho c^2$ であるから，速度 c も複素数となり，複素速度 c^* は，

$$c^* = \sqrt{\frac{\mu^*}{\rho}} = \sqrt{\frac{\mu(1+2ih)}{\rho}} \approx c(1+ih) \tag{2.88}$$

となる。最後の近似は，根号のなかを h についてマクローリン展開して h は十分に小さいと仮定した上で h の 2 次以上の項を 0 と置くことで得られる。さらに，波数も複素数となって，複素波数 ζ^* は以下のようになる。

$$\zeta^* = \frac{\omega}{c^*} = \frac{\omega}{c(1+ih)} \approx \zeta(1-ih) \tag{2.89}$$

簡単のために，空間 1 次元の波動伝播に対して，時間項を省略して複素波数を導入すると，

$$\exp[-i\zeta^* z] = \exp[-i\zeta z] \cdot \exp[-h\zeta z] \tag{2.90}$$

となって，$\exp[-h\zeta z]$ の項によって距離 z とともに指数関数的な振幅の減衰が表現されている。地震波の減衰は Q 値を使って表わすことが多いが，$h \approx 1/(2Q)$ であること，および，$\zeta = \omega/c = 2\pi f/c$ なる関係を利用すると，減衰項は，

$$\exp[-h\zeta z] = \exp\left[-\frac{\pi f z}{Qc}\right] \tag{2.91}$$

となり，これは，Q 値の定義に一致する。

以上より，剛性率を複素数に置き換えるだけで，近似的ではあるが，簡単に減衰を導入できることがわかる。このような減衰の表現は非常に便利であるため，実際の地盤の応答計算でもしばしば用いられる考え方である。

2.4.3 項において用いた例題を使って，減衰を導入した場合の計算例を示す。図 2.13 の地盤に鉛直下方から図 2.14 に示す波が入射する，という問題を再び考える。このとき，各層における減衰定数を与えて減衰の影響を考慮する。地表面での応答を図 2.17 に，周波数応答関数を図 2.18 に示す。これらの図中には 2.4.3 項で示した減衰を考慮しない場合の結果もあわせて描いている。これらの図を見ると，地表面での波形の継続時間も短くなっており，周波数特性をみても高周波数側で振動が減衰して応答があまり大きくなっていないことがわかる。

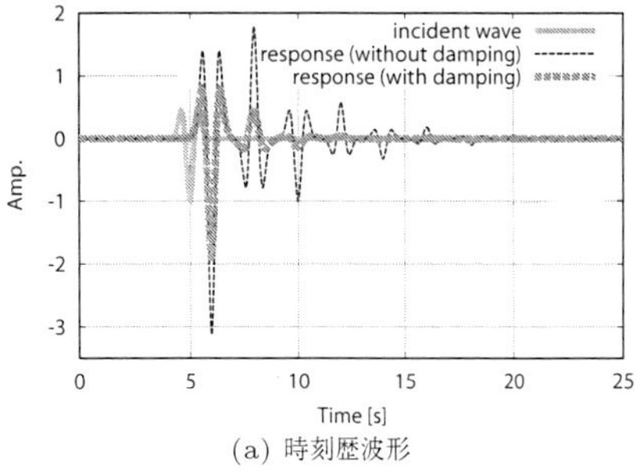

(a) 時刻歴波形

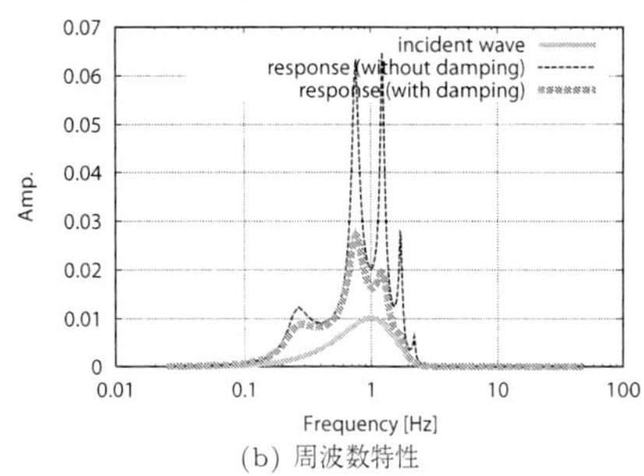

(b) 周波数特性

図 2.17 地表面での応答

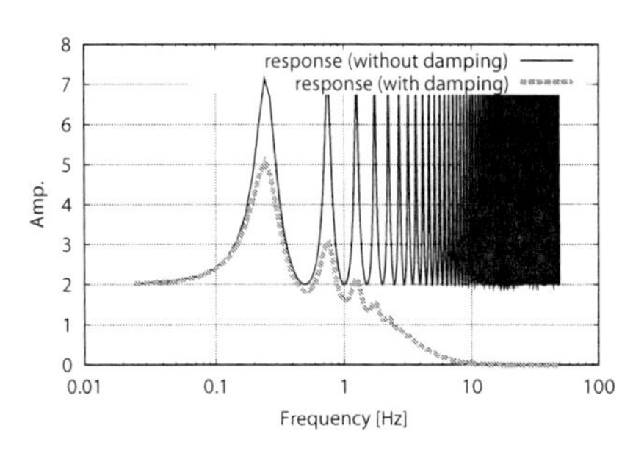

図 2.18 地表面の応答の入射波に対する応答倍率

2.5 表面波の伝播

2.5.1 2 層地盤を伝播する Love 波

図 2.8 では異なる 2 つの媒質が $z = 0$ なる境界で接する場合の反射，屈折を扱った。ここでは図 2.8 の破線で示した位置までしか媒質 1 が存在しない場合を考える。すなわち，図 2.10 と同じく半無限に続く媒質 2 の上に厚さ H の媒質 1 がのっているような問題における SH 波の伝播の一般的問題について佐藤[5] にしたがって述べる。記号は図 2.8, 2.10 において定義したものをそのまま用いる。ただし，以下では $c_1 < c_2$ とする。

2 次元の SH 波に関する運動方程式である式 (2.26) に戻って，2 つの媒質についてそれぞれ波動方程式を書くと，

$$\nabla^2 v_1 = \frac{1}{c_1}\frac{\partial^2 v_1}{\partial t^2}, \quad \nabla^2 v_2 = \frac{1}{c_2}\frac{\partial^2 v_2}{\partial t^2} \tag{2.92}$$

となる。$z = H$ は自由表面であるため，xz-平面上の y-方向のせん断応力 σ_{yz_1} は 0 である。すなわち，

$$\sigma_{yz_1} = \mu_1 \frac{\partial v_1}{\partial z} = 0 \tag{2.93}$$

である。また，$z=0$ では変位と応力が連続であるから，

$$v_1 = v_2 \tag{2.94a}$$

$$\sigma_{yz_1} = \mu_1 \frac{\partial v_1}{\partial z} = \sigma_{yz_2} = \mu_2 \frac{\partial v_2}{\partial z} \tag{2.94b}$$

となる。ここで，σ の添字の z_1 および z_2 はそれぞれ媒質 1 および 2 のせん断力であることを表わしており，μ はそれぞれ下付き文字で表わす媒質のラメの定数である。さらに，$z=-\infty$ において $v_2=0$，$\sigma_{yz_2}=0$ なる境界条件を考える。

以上の条件を満足する解として，

$$v_1 = V_1(z)\exp[i\xi x - i\xi ct] \tag{2.95a}$$

$$v_2 = V_2(z)\exp[i\xi x - i\xi ct] \tag{2.95b}$$

を仮定し，式 (2.92) に代入すると，

$$\frac{d^2V_1}{dz^2} + \left(\frac{c^2}{c_1^2} - 1\right)\xi^2 V_1 = 0 \tag{2.96a}$$

$$\frac{d^2V_2}{dz^2} + \left(\frac{c^2}{c_2^2} - 1\right)\xi^2 V_2 = 0 \tag{2.96b}$$

が得られる。これらは $V_1(z)$，$V_2(z)$ に関する 2 階の常微分方程式であるから簡単に解けて，境界条件 (2.93)，(2.94a)，(2.94b) から得られる条件

$$\left.\frac{dV_1}{dz}\right|_{z=H} = 0 \tag{2.97a}$$

$$V_1|_{z=0} = V_2|_{z=0} \tag{2.97b}$$

$$\left.\frac{dV_1}{dz}\right|_{z=0} = \frac{\mu_2}{\mu_1}\left.\frac{dV_2}{dz}\right|_{z=0} \tag{2.97c}$$

を満足する解は，

$$V_1(z) = C\cos\left\{\sqrt{\frac{c^2}{c_1^2} - 1}\xi(z-H)\right\} \tag{2.98a}$$

$$V_2(z) = C\cos\left\{\sqrt{\frac{c^2}{c_1^2} - 1}\xi H\right\}\cdot\exp\left[\sqrt{1-\frac{c^2}{c_2^2}}\xi z\right] \tag{2.98b}$$

となる。ここで，C は適当な積分定数，c は式 (2.97c) を満たすために，

$$\tan\left\{\sqrt{\frac{c^2}{c_1^2} - 1}\xi H\right\} = \frac{\mu_2}{\mu_1}\frac{\sqrt{1-c^2/c_2^2}}{\sqrt{c^2/c_1^2-1}} \tag{2.99}$$

を満足する値でなくてはならない。

このような解によって与えられる波を Love 波と呼び，表面波の代表的な例である。式 (2.99) は Love 波の特性方程式である。式 (2.98a)，(2.98b)，(2.99) よりただちに Love 波に関するいくつかの性質を知ることができる。

まず，式 (2.98a)，(2.98b) が実数となるためには c は $c_1 < c < c_2$ でなくてはならない。これは，媒質 1 および 2 のせん断波速度 c_1，c_2 のいずれとも異なる速度で伝播する波が存在することを示している。この伝播速度 c のことを位相速度と呼ぶ。次に，式 (2.98b) より，振幅 $V_2(z)$ は境界面から遠くなると指数関数的に急速に小さくなることがわかる。一方，式 (2.98a) より，表層 (媒質 1) 内の振幅 $V_1(z)$ は余弦関数であるため，Love 波は表層とその周辺にエネルギーが集中していることを示している。

さらに，c は ξ の関数である。これは速度が振動数 ω によって異なることを意味している。これを分散性と呼ぶ。また，c は特性方程式 (2.99) を満足しなくてはならないが，左辺が正接関数であるため，その解は無数に存在する。最も小さな ω をもつ c の解を基本モードと呼び，$n\pi$ ごとに現われる分岐は高次モードと呼ばれる。$c_1 < c < c_2$ であるから c を振動数 ω (または周期 T) に対して描いた曲線 (分散曲線と呼ぶ) は，c_1 より小さい領域と c_2 より大きい領域には存在しない。従って，大雑把な言い方をすると，c の最小値は表層のせん断波速度に，c の最大値は地下の最も固い基盤層のせん断波速度に対応することになる。

2.5.2　水平成層地盤を伝播する Love 波

水平成層地盤を伝播する Love 波の特性方程式を求めるためには，2.4.2 項と同様に層境界での境界条件を満足するように波動方程式の解の係数に関する関係式を求めればよい。2.4.2 項では実体波のみを考えていたため，SH 波の 1 次元問題として解いたが，Love 波を扱う場合は SH 波の 2 次元問題として解く。以下では Haskell[16] に従って Love 波の特性方程式を求める。

図 2.12 に示す成層構造を考える。z 軸の方向は 2.5.1 項とは反対向きにとっている。また，パラメータは図 2.12 において定義したとおりである。

第 k 層における y 方向の変位を v_k，せん断応力を σ_{yz_k} とすると，

$$\begin{aligned} v_k &= \exp[i(\omega t - \zeta x)] \\ &\cdot\{A_k\exp[i\zeta r_{\beta_k} z_k] + B_k\exp[-i\zeta r_{\beta_k} z_k]\} \end{aligned} \tag{2.100a}$$

$$\begin{aligned} \sigma_{yz_k} &= \mu_k \tfrac{\partial v}{\partial z} = i\zeta\mu_k r_{\beta_k}\exp[i(\omega t - \zeta x)] \\ &\cdot\{A_k\exp[i\zeta r_{\beta_k} z_k] - B_k\exp[-i\zeta r_{\beta_k} z_k]\} \end{aligned} \tag{2.100b}$$

となる。ここで，μ_k はラメの定数，ζ は波数，ω は振動数で，

$$r_{\beta_k} = \begin{cases} \sqrt{(c/c_k)^2 - 1} & c > c_k \\ -i\sqrt{1-(c/c_k)^2} & c < c_k \end{cases} \tag{2.101}$$

である。

第 $k-1$ 境界面 (第 k 層の上面) での変位と応力は $\dot{v}$ を v の時間微分 (y 方向の速度) として，$z_k = 0$ とすれば，

$$\left.\frac{\dot{v}}{c}\right|_{k-1} = i\zeta(A_k + B_k) \tag{2.102a}$$

$$\sigma_{yz}|_{k-1} = i\zeta\mu_k r_{\beta_k}(A_k - B_k) \tag{2.102b}$$

と表わせる。ここで左辺の $\dot{v}$ と σ に層番号を表わす添字がついていないのは，境界面 $k-1$ を挟んで上下の媒質について成立する式であるため，層番号をつけずに境界面の番号だけを示すためである。また，第 k 境界面 (第 k 層の下面) における変位と応力は，$z_k = H_k$ として，

$$\left.\frac{\dot{v}}{c}\right|_{k} = (A_k + B_k)i\zeta\cos Q_k - (A_k - B_k)\zeta\sin Q_k \tag{2.103a}$$

$$\begin{aligned}\sigma_{yz}|_k = &-(A_k + B_k)\zeta\mu_k r_{\beta_k}\sin Q_k \\ &+ (A_k - B_k)i\zeta\mu_k r_{\beta_k}\cos Q_k\end{aligned} \tag{2.103b}$$

となる。ここで，$Q_k = \zeta r_{\beta_k} H_k$ である。

式 (2.102a)～(2.103b) から A_k と B_k を消去すると，

$$\left.\frac{\dot{v}}{c}\right|_{k} = \left(\left.\frac{\dot{v}}{c}\right|_{k-1}\right)\cdot\cos Q_k + \sigma_{yz}|_{k-1}\frac{i\sin Q_k}{\mu_k r_{\beta_k}} \tag{2.104a}$$

$$\sigma_{yz}|_k = \left(\left.\frac{\dot{v}}{c}\right|_{k-1}\right)\cdot i\mu_k r_{\beta_k}\sin Q_k + \sigma_{yz}|_{k-1}\cos Q_k \tag{2.104b}$$

が得られる。これを行列で表示するために，以下のような行列 $\boldsymbol{a}_k$ を定義する。

$$\boldsymbol{a}_k = \begin{bmatrix} \cos Q_k & \dfrac{i\sin Q_k}{\mu_k r_{\beta_k}} \\ i\mu_k r_{\beta_k}\sin Q_k & \cos Q_k \end{bmatrix} \tag{2.105}$$

$\boldsymbol{A} \equiv \boldsymbol{a}_{n-1}\boldsymbol{a}_{n-2}\cdots\boldsymbol{a}_1$ とすると自由表面 (第 0 境界) と一番下の半無限層の上面 (第 $n-1$ 境界) における速度とせん断応力は自由表面におけるそれらを用いて，

$$\left.\frac{\dot{v}}{c}\right|_{n-1} = A_{11}\left.\frac{\dot{v}}{c}\right|_0 + A_{12}\sigma_{yz}|_0 \tag{2.106a}$$

$$\sigma_{yz}|_{n-1} = A_{21}\left.\frac{\dot{v}}{c}\right|_0 + A_{22}\sigma_{yz}|_0 \tag{2.106b}$$

と書ける。A_{jk} は $\boldsymbol{A}$ の jk 要素である。

式 (2.102a), (2.102b) において $k = n$ とおいて上式の左辺に代入すると，

$$A_k + B_k = \frac{A_{11}}{i\zeta}\left.\frac{\dot{v}}{c}\right|_0 + \frac{A_{12}}{i\zeta}\sigma_{yz}|_0 \tag{2.107a}$$

$$A_k - B_k = \frac{A_{21}}{i\zeta\mu_n r_{\beta_n}}\left.\frac{\dot{v}}{c}\right|_0 + \frac{A_{22}}{(i\zeta\mu_n r_{\beta_n})}\sigma_{yz}|_0 \tag{2.107b}$$

となる。自由表面でのせん断応力はゼロで第 n 層の上昇波は存在しないため，$\sigma_{yz}|_0 = 0$, $A_n = 0$ を式 (2.107a), (2.107b) に代入すると，

$$A_{21} = -\mu_n r_{\beta_n} A_{11} \tag{2.108}$$

が得られ，これが水平成層地盤を伝播する Love 波の特性方程式である。式 (2.108) を満足する位相速度 c と振動数 ω の組合せを求めれば Love 波の分散曲線を得ることができる。

2 層地盤の場合，$\boldsymbol{A} = \boldsymbol{a}_1$ であるから，

$$\tan Q_1 = -i\frac{\mu_2 r_{\beta_2}}{\mu_1 r_{\beta_1}} \tag{2.109}$$

となり，式 (2.99) が得られる。

2.5.3 水平成層地盤を伝播する Rayleigh 波

水平成層構造を伝播する P-SV 波について，Love 波と同様に考えると，別の表面波である Rayleigh 波の特性方程式が得られる。前項と同様に Haskell[16) にしたがって図 2.12 に示す成層地盤を伝播する Rayleigh 波の特性方程式を導く。パラメータは図 2.12 に示す通りであるが，第 k 層における P 波速度，S 波速度，密度およびラメの定数をそれぞれ α_k, β_k, ρ_k および μ_k, λ_k とする。また，以下の変数を定義しておく。

$$r_{\alpha_k} = \begin{cases} \sqrt{(c/\alpha_k)^2 - 1} & c > \alpha_k \\ -i\sqrt{1 - (c/\alpha_k)^2} & c < \alpha_k \end{cases} \tag{2.110a}$$

$$r_{\beta_k} = \begin{cases} \sqrt{(c/\beta_k)^2 - 1} & c > \beta_k \\ -i\sqrt{1 - (c/\beta_k)^2} & c < \beta_k \end{cases} \tag{2.110b}$$

$$\gamma_k = 2(\beta_k/c)^2 \tag{2.110c}$$

式 (2.20) で定義したポテンシャルを 2 次元問題に適用して得られる波動方程式 (2.30) の ϕ, ψ に関する第 k 層における解は，以下のようになる。

$$\begin{aligned}\phi_k = \exp[i(\omega t - \zeta x)]\{&A_k^{\phi}\exp[i\zeta r_{\alpha_k} z] \\ &+ B_k^{\phi}\exp[-i\zeta r_{\alpha_k} z]\}\end{aligned} \tag{2.111a}$$

$$\begin{aligned}\psi_k = \exp[i(\omega t - \zeta x)]\{&A_k^{\psi}\exp[i\zeta r_{\beta_k} z] \\ &+ B_k^{\psi}\exp[-i\zeta r_{\beta_k} z]\}\end{aligned} \tag{2.111b}$$

式 (2.29) を用いてポテンシャルから変位を求め，その時間微分 $\dot{u}$, $\dot{w}$ は，

$$\begin{aligned}\dot{u}_k/c = &-(\alpha_k/c)^2[(B_k^{\phi} + A_k^{\phi})\cos\zeta r_{\alpha_m} z \\ &- i(B_k^{\phi} - A_k^{\phi})\sin\zeta r_{\alpha_k} z] \\ &- \gamma_k r_{\beta_k}[(B_k^{\psi} - A_k^{\psi})\cos\zeta r_{\beta_k} z \\ &- i(B_k^{\psi} + A_k^{\psi})\sin\zeta r_{\beta_k} z]\end{aligned} \tag{2.112a}$$

$$\begin{aligned}\dot{w}_k/c = &-(\alpha_k/c)^2 r_{\alpha_k}[-i(B_k^{\phi} + A_k^{\phi})\sin\zeta r_{\alpha_k} z \\ &+ (B_k^{\phi} - A_k^{\phi})\cos\zeta r_{\alpha_k} z] \\ &+ \gamma_k[-i(B_k^{\psi} - A_k^{\psi})\sin\zeta r_{\beta_k} z \\ &+ (B_k^{\psi} + A_k^{\psi})\cos\zeta r_{\beta_k} z]\end{aligned} \tag{2.112b}$$

となり，変位の空間微分に剛性をかけて得られる直応力

σ およびせん断応力 τ は以下のようになる。

$$\begin{aligned}\sigma_k = &-\rho_k\alpha_k^2(\gamma_k-1)[(B_k^\phi+A_k^\phi)\cos\zeta r_{\alpha_k}z\\ &-i(B_k^\phi-A_k^\phi)\sin\zeta r_{\alpha_k}z]\\ &-\rho_k c^2\gamma_k^2 r_{\beta_k}[(B_k^\psi-A_k^\psi)\cos\zeta r_{\beta_k}z\\ &-i(B_k^\psi+A_k^\psi)\sin\zeta r_{\beta_k}z]\end{aligned} \quad (2.113a)$$

$$\begin{aligned}\tau_k = &-\rho_k\alpha_k^2\gamma_k r_{\alpha_k}[-i(B_k^\phi+A_k^\phi)\sin\zeta r_{\alpha m}z\\ &+(B_k^\phi-A_k^\phi)\cos\zeta r_{\alpha_k}z]\\ &-\rho_k c^2\gamma_k(\gamma_k-1)[-i(B_k^\psi-A_k^\psi)\sin\zeta r_{\beta_k}z\\ &+(B_k^\psi+A_k^\psi)\cos\zeta r_{\beta_k}z]\end{aligned} \quad (2.113b)$$

Love 波と同様に第 k 層の上面 (第 $k-1$ 境界) および下面 (第 k 境界) では，それぞれ $z=0$，$z=H_k$ とおいて，以下の関係式を得る。

$$\begin{bmatrix}\dot{u}_{k-1}/c\\ \dot{w}_{k-1}/c\\ \sigma_{k-1}\\ \tau_{k-1}\end{bmatrix} = \boldsymbol{E}_k\begin{bmatrix}B_k^\phi+A_k^\phi\\ B_k^\phi-A_k^\phi\\ B_k^\psi-A_k^\psi\\ B_k^\psi+A_k^\psi\end{bmatrix} \quad (2.114)$$

ただし，

$$\boldsymbol{E}_k = \begin{bmatrix}-(\alpha_k/c)^2 & 0 & -\gamma_k r_{\beta_k} & 0\\ 0 & -(\alpha_k/c)^2 r_{\alpha_k} & 0 & \gamma_k\\ -\rho_k\alpha_k^2(\gamma_k-1) & 0 & -\rho_k c^2\gamma_k r_{\beta_k} & 0\\ 0 & \rho_k\alpha_k^2\gamma_k r_{\alpha_k} & 0 & -\rho_k c^2\gamma_k(\gamma_k-1)\end{bmatrix} \quad (2.115)$$

である。ここで, 右辺の 1 行め左上の $-(\alpha_k/c)^2$ が (1,1)-要素, 1 行め右下の $\rho_k\alpha_k^2\gamma_k r_{\alpha_k}$ が (4,2)-要素, 2 行め左上の $-\gamma_k r_{\beta_k}$ が (1,3)-要素, 2 行め右下の $-\rho_k c^2\gamma_k(\gamma_k-1)$ が (4,4)-要素である。また,

$$\begin{bmatrix}\dot{u}_k/c\\ \dot{w}_k/c\\ \sigma_k\\ \tau_k\end{bmatrix} = \boldsymbol{D}_k\begin{bmatrix}B_k^\phi+A_k^\phi\\ B_k^\phi-A_k^\phi\\ B_k^\psi-A_k^\psi\\ B_k^\psi+A_k^\psi\end{bmatrix} \quad (2.116)$$

で,

$$\boldsymbol{D}_k = \begin{bmatrix}-(\alpha_k/c)^2\cos P_k & i(\alpha_k/c)^2\sin P_k & -\gamma_k r_{\beta_k}\cos Q_k & i\gamma_k r_{\beta_k}\sin Q_k\\ i(\alpha_k/c)^2 r_{\alpha_k}\sin P_k & -(\alpha_k/c)^2 r_{\alpha_k}\cos P_k & -i\gamma_k\sin Q_k & \gamma_k\cos Q_k\\ -\rho_k\alpha_k^2(\gamma_k-1)\cos P_k & i\rho_k\alpha_k^2(\gamma_k-1)\sin P_k & -\rho_k c^2\gamma_k r_{\beta k}\cos Q_k & i\rho_k c^2\gamma_k^2 r_{\beta k}\sin Q_k\\ -i\rho_k\alpha_k^2\gamma_k r_{\alpha_k}\sin P_k & \rho_k\alpha_k^2\gamma_k r_{\alpha_k}\cos P_k & i\rho_k c^2\gamma_k(\gamma_k-1)\sin Q_k & -\rho_k c^2\gamma_k(\gamma_k-1)\cos Q_k\end{bmatrix} \quad (2.117)$$

である。行列の要素の配置は式 (2.115) と同じであり,

$$P_k = \zeta r_{\alpha_k}H_k, \quad Q_k = \zeta r_{\beta_k}H_k \quad (2.118)$$

とした。

式 (2.114), (2.116) より右辺のベクトルを消去すると,

$$\begin{bmatrix}\dot{u}_k/c\\ \dot{w}_k/c\\ \sigma_k\\ \tau_k\end{bmatrix} = \boldsymbol{D}_k\boldsymbol{E}_k^{-1}\begin{bmatrix}\dot{u}_{k-1}/c\\ \dot{w}_{k-1}/c\\ \sigma_{k-1}\\ \tau_{k-1}\end{bmatrix} \quad (2.119)$$

となる。

$\boldsymbol{a}_k = \boldsymbol{D}_k\boldsymbol{E}_k^{-1}$ とすると，自由境界面 (第 0 境界) と最下層の半無限弾性体上面 (第 $n-1$ 境界) における速度と応力の関係は,

$$\begin{bmatrix}\dot{u}_{n-1}/c\\ \dot{w}_{n-1}/c\\ \sigma_{n-1}\\ \tau_{n-1}\end{bmatrix} = \boldsymbol{a}_{n-1}\boldsymbol{a}_{n-2}\cdots\boldsymbol{a}_1\begin{bmatrix}\dot{u}_0/c\\ \dot{w}_0/c\\ \sigma_0\\ \tau_0\end{bmatrix} \quad (2.120)$$

となる。以上より, 第 n 層では, 式 (2.114) を式 (2.120) に代入して,

$$\begin{bmatrix}B_n^\phi+A_n^\phi\\ B_n^\phi-A_n^\phi\\ B_n^\psi-A_n^\psi\\ B_n^\psi+A_n^\psi\end{bmatrix} = \boldsymbol{E}_n^{-1}\boldsymbol{a}_{n-1}\boldsymbol{a}_{n-2}\cdots\boldsymbol{a}_1\begin{bmatrix}\dot{u}_0/c\\ \dot{w}_0/c\\ \sigma_0\\ \tau_0\end{bmatrix} \quad (2.121)$$

が得られる。

境界条件より，$\sigma_0=\tau_0=0$，$A_n^\phi=A_n^\psi=0$ であるので, $\boldsymbol{E}_n^{-1}\boldsymbol{a}_{n-1}\boldsymbol{a}_{n-1}\cdots\boldsymbol{a}_1$ を行列 $\boldsymbol{J}$ とすると式 (2.121) は,

$$\begin{bmatrix}B_n^\phi\\ B_n^\phi\\ B_n^\psi\\ B_n^\psi\end{bmatrix} = \boldsymbol{J}\begin{bmatrix}\dot{u}_0/c\\ \dot{w}_0/c\\ 0\\ 0\end{bmatrix} \quad (2.122)$$

と書ける。ここで,

$$B_n^\phi = J_{11}\dot{u}_0/c + J_{12}\dot{w}_0/c \quad (2.123a)$$

$$B_n^\phi = J_{21}\dot{u}_0/c + J_{22}\dot{w}_0/c \quad (2.123b)$$

$$B_n^\psi = J_{31}\dot{u}_0/c + J_{32}\dot{w}_0/c \quad (2.123c)$$

$$B_n^\psi = J_{41}\dot{u}_0/c + J_{42}\dot{w}_0/c \quad (2.123d)$$

である。B_n^ϕ と B_n^ψ を消去すると,

$$\frac{\dot{u}_0}{\dot{w}_0} = \frac{J_{22}-J_{12}}{J_{11}-J_{21}} = \frac{J_{42}-J_{32}}{J_{31}-J_{41}} \quad (2.124)$$

となる。これが Rayleigh 波の特性方程式である。すなわち，上式の $\boldsymbol{J}$ の各要素には，未知数である f と c が含まれており，式 (2.124) を満たす振動数 f と位相速度 c の関係を求めれば位相速度の分散曲線を得ることができる。

以上のことからわかるとおり，表面波の位相速度，す

なわち分散曲線は地盤の速度構造に依存する物理量である。したがって，ある特定の場所における分散曲線をなんらかの方法で求めることができればそれを満足する地盤の速度構造を推定することが可能となる。ただし，分散曲線そのものが多くの分岐をもつうえ，速度構造と分散曲線は線形関係ではないため分散曲線を満足する速度構造は無限に考えられることには注意しなくてはならない。

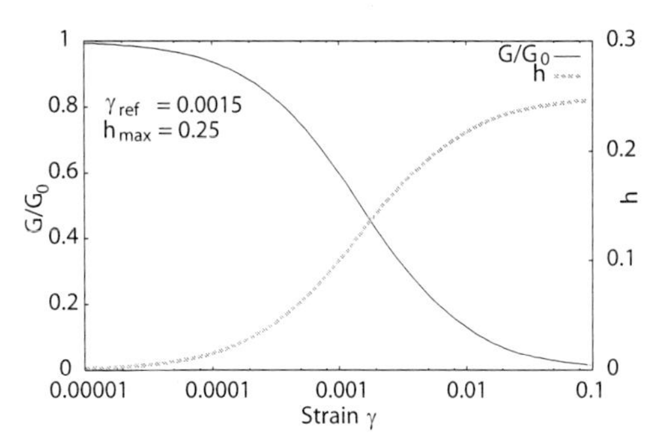

図 2.19 G–γ 曲線，h–γ 曲線の例

2.6 等価線形化法

2.6.1 地盤の非線形性

ここまでの議論では，何も断らなかったが，すべて応答が線形であることを仮定していた。そのため，入射波の振幅が 2 倍になれば応答は 2 倍になるし，半分の入力に対しては半分の応答になる。しかし，実際の強震時の応答をみると，必ずしも地盤の応答特性は入射波に対して線形であるとは限らない，ということが明らかになってきた。

地盤は砂や粘土などの粒子で構成されているが，一般に表層部は未固結なので，大きな地震動を受けて，ひずみが大きくなると粒子間の結合が壊れると考えられている。その結果，地盤が軟らかくなり，また，地震波が伝達しにくくなる。前者は，剛性が小さくなって波の伝播速度が小さくなるということに対応し，後者は減衰が大きくなるということに対応する。このように入力される地震動の大きさ，すなわち地盤ひずみの大きさによって地盤の物性が変わって，その結果，線形応答とは異なる応答を示すことを非線形応答と呼ぶ。

そこで，地盤の非線形特性を表わすために，剛性の低下と減衰定数の増加を導入することを試みる。これらの特性を表現するために，しばしば，G–γ 曲線および，h–γ 曲線が用いられる。前者はひずみと剛性の低下 (初期剛性 G_0 に対する剛性の比) を表す関数，後者はひずみと減衰定数の関係を表す関数である。典型的な例を図 2.19 に示す。

しかし，これらの関数を用いるにしても，地盤の非線形性を考慮した厳密な計算を行うには，有限要素法などの大掛かりな計算が必要となり，決して容易ではない。非常に簡便な近似法として，プログラム SHAKE に代表される等価線形化法がしばしば用いられている。SHAKE はカリフォルニア大学バークレイ校 (UCB) の Schnabel らによって 1972 年に発表された手法である[17]。Haskell のマトリクス法をうまく活用するなど，電子計算機で計算するのに適したアルゴリズムで，かつ，この手法の発表当時の非力な計算機を用いて，まがりなりにも非線形性を取り入れているという画期的な手法として世界中に広く受け入れられた。蛇足ではあるが，何がどのように等価線形なのか，よくわからない部分もあるが，名前の付け方も絶妙であったことは，普及を促進する意味で重要な要素であったかもしれない。

その後，SHAKE は減衰の取り扱いに多少の改良などがあったものの，考え方が単純で計算が簡単，プログラムのソースコードが広く流布しているなどの理由で，現在でも広く利用されている代表的な「非線形」解析法である。

2.6.2 SHAKE のアルゴリズムの概要

以下では，SHAKE の考え方とアルゴリズムについて述べるが，最初に，解析の流れがどのようになっているかを述べておく。入力地震動，地盤の初期剛性，初期減衰が与えられているとすると，以下のような手順にしたがって解析を行う。

- 設定した地盤の剛性，減衰で線形地盤応答解析を行う。
- 各層の中間におけるひずみ波形を計算し，最大ひずみを求める。
- 最大ひずみに適当な定数 (通常は 0.65) をかけて有効ひずみを求める。
- 有効ひずみに応じて G–γ 曲線，h–γ 曲線から新しい剛性，減衰を定める。
- 新しく設定された剛性，減衰がひとつ前のステップのそれらとほとんど同じになれば (設定された許容範囲内であれば)，計算を終了する。そうでなければ，最初から計算をやり直す。多くの場合，許容範囲は 5%以内とする。

この計算手続きを図 2.20 に整理して示した。剛性と減衰を変化させながら収束計算を行うことになっているが，この計算が収束するという数学的な保証はなされていないため，実際の数値計算では計算が発散しないように計算の状態を監視しておくことが必要である。また，最大ひずみに対して適当な係数をかけて有効ひずみを求め，これをもとに新しい剛性や減衰を決定しなくては

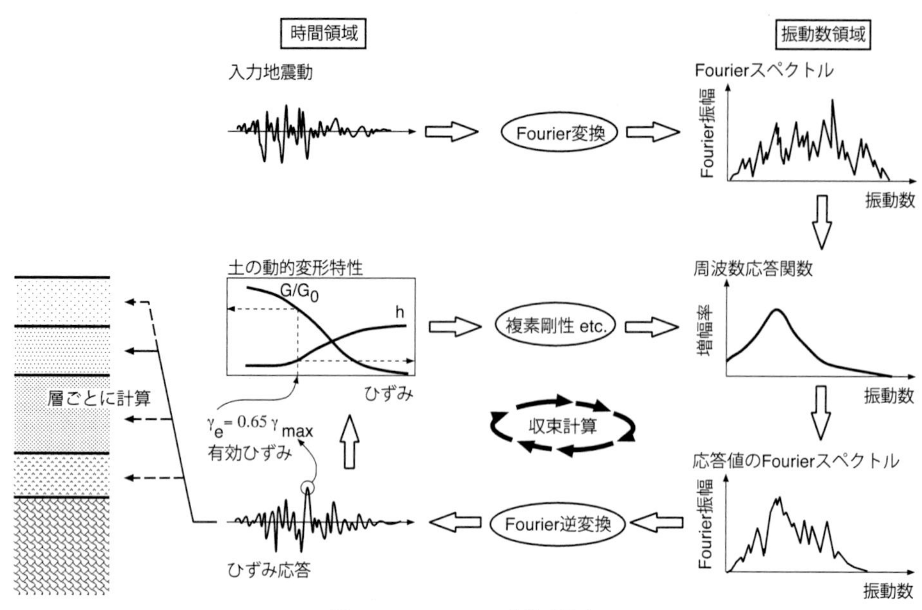

図 **2.20**　SHAKE の計算手続き

ならない。この係数がなぜ 0.65 なのか，という点について必ずしも物理的な背景が与えられているわけではないことにも注意を要する。

SHAKE は，その計算手順を見て直ちに理解される通り，地盤の応答計算の部分については Haskell のマトリクス法がそのまま使え，剛性と減衰を変えながら計算するだけなので，計算そのものは非常に簡単である。しかし，本当は時々刻々と変化するひずみを有効ひずみという一定値で代表させて全時間，全周波数，ひとつの層全体で一律のひずみを使っているため，地盤ひずみが小さい領域に限って近似的に成立する。しかし，どのくらい小さいひずみならば近似が妥当であるか，また，大ひずみになることが予想される強震時の非線形性を表現したい，という当初の目的に対して本質的に無理な仮定を導入していることにも注意しておくべきであろう。

等価線形化法は，これまでに述べてきたように，物理的にやや解釈がしにくかったり，パラメータの設定に任意性があるなどの問題があることは事実であるが，非常に簡便な計算法である，という点はこの手法の揺るぎない長所であると言える。従って，この手法の適用限界と問題点を正しく理解した上で利用することこそが重要であろう。

2.6.3　非線形応答特性のモデル化

等価線形化法に限らず，地盤の非線形応答を議論するためには，非線形応答特性をどのようにして与えるかは非常に重要な問題である。これは，本来は対象とする場所の地盤材料を用いて土質試験を行って個別に決定すべきものである。しかし，いつでも試験ができるとはかぎらないし，適切な資料が得られるわけではない。実際，土質試験をやらないことも多い。そこで，適当な実験式か数学モデルがあれば便利であるため，さまざまな式が提案されてきた。代表的な実験式として Hardin-Drnevich (H-D) モデルが[18]，数学モデルとしては双曲線モデル[19] と Ramberg-Osgood (R-O) モデル[20] がよく用いられる。SHAKE の考え方を理解する上ではどのような関数を採用するか，はあまり重要ではないので，以下では，最も簡単そうな H-D モデルを使って議論を進める。実際の問題に適用する際には，どのようなモデルを適用すべきか，十分に検討すべきであることは言うまでもない。

H-D モデルでは，基準ひずみ γ_{ref} と最大減衰 h_{max} の 2 変数で特性が規定される。すなわち，

$$\frac{G}{G_0} = \frac{1}{1+\gamma/\gamma_{ref}}, \quad \frac{h}{h_{max}} = \frac{\gamma/\gamma_{ref}}{1+\gamma/\gamma_{ref}} \qquad (2.125)$$

のように表わされる。図 2.19 に $\gamma_{ref} = 0.0015$, $h_{max} = 0.25$ の場合の H-D モデルの形を示した。式 (2.125) からもわかるとおり，基準ひずみ γ_{ref} は，剛性が初期剛性 G_0 の半分，減衰が最大減衰 h_{max} の半分となるひずみ量を表わしている。H-D モデルでは，ひずみの小さい領域で減衰がほとんど 0 となってしまうため，解析にあたっては減衰の下限値を別途設定するなどの工夫を行う場合もある。例えば，図 2.19 の h は履歴減衰と解釈し，履歴モデルがどのようなものであったとしてもひずみゼロでの減衰はゼロとしたうえで，これとは別に散逸減衰の効果を付加する，という考え方を取ることもできるであろう。

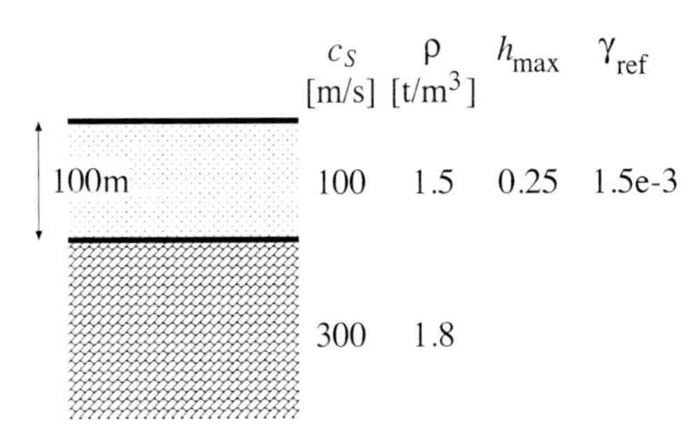

図 2.21 例題の設定

2.6.4 SHAKE の計算法

等価線形化法では，各層の中央における最大ひずみを計算しなくてはならない。これは，その層を代表する最大ひずみとして利用され，それをもとに有効ひずみが決定される。そこで，Haskell のマトリクス法を用いてひずみ波形を計算する。2.4.2 項において述べたように第 k 層における変位と応力は，式 (2.69) によって表わされる関係を満足する。式 (2.69) において，$z_k = H_k$ のかわりに $z_k = H_k/2$ を用いると，

$$\begin{Bmatrix} v_{k,z_k=\frac{H_k}{2}} \\ \tau_{k,z_k=\frac{H_k}{2}} \end{Bmatrix} = \begin{bmatrix} \cos(\frac{\zeta_k H_k}{2}) & \frac{\sin(\frac{\zeta_k H_k}{2})}{\mu_k \zeta_k} \\ -\mu_k \zeta_k \sin(\frac{\zeta_k H_k}{2}) & \cos(\frac{\zeta_k H_k}{2}) \end{bmatrix} \cdot \begin{Bmatrix} v_{k,z_k=0} \\ \tau_{k,z_k=0} \end{Bmatrix} \tag{2.126a}$$

$$\begin{Bmatrix} v_{k,z_k=H_k} \\ \tau_{k,z_k=H_k} \end{Bmatrix} = \begin{bmatrix} \cos(\frac{\zeta_k H_k}{2}) & \frac{\sin(\frac{\zeta_k H_k}{2})}{\mu_k \zeta_k} \\ -\mu_k \zeta_k \sin(\frac{\zeta_k H_k}{2}) & \cos(\frac{\zeta_k H_k}{2}) \end{bmatrix} \cdot \begin{Bmatrix} v_{k,z_k=\frac{H_k}{2}} \\ \tau_{k,z_k=\frac{H_k}{2}} \end{Bmatrix} \tag{2.126b}$$

が得られる。これらの式を用いて層厚を半分にしてひとつの層について 2 回ずつ計算することで，層の上面の地震動から層の中央部と最下面での地震動が得られる。

層中央部での応力に注目すると，

$$\tau_{k,z_k=\frac{H_k}{2}} = -\mu_k \zeta_k \sin\left(\frac{\zeta_k H_k}{2}\right) v_{k,z_k=0} + \cos\left(\frac{\zeta_k H_k}{2}\right) \tau_{k,z_k=0} \tag{2.127}$$

であるから，その場所でのひずみ $\gamma_{k,z_k=\frac{H_k}{2}}$ は，応力を剛性で割ることで求められ，以下のようになる。

$$\gamma_{k,z_k=\frac{H_k}{2}} = -\zeta_k \sin\left(\frac{\zeta_k H_k}{2}\right) v_{k,z_k=0} + \frac{\cos(\frac{\zeta_k H_k}{2})\tau_{k,z_k=0}}{\mu_k} \tag{2.128}$$

Haskell のマトリクス法により，地表での変位 ($v_{1,z_k=0}$) と応力 ($\tau_{1,z_k=0} = 0$) が求められていれば，式 (2.128) によって，第 1 層の中央でのひずみを求めることができる。さらに，式 (2.126b) を使って，第 1 層の下面での変位と応力を求め，これを連続の条件から第 2 層の上面での変位と応力とすれば，同様にして第 2 層の中央でのひずみを求められる。以下，同様にして，下の層に向かって繰り返していけば，各層の中央部でのひずみを求めることができる。

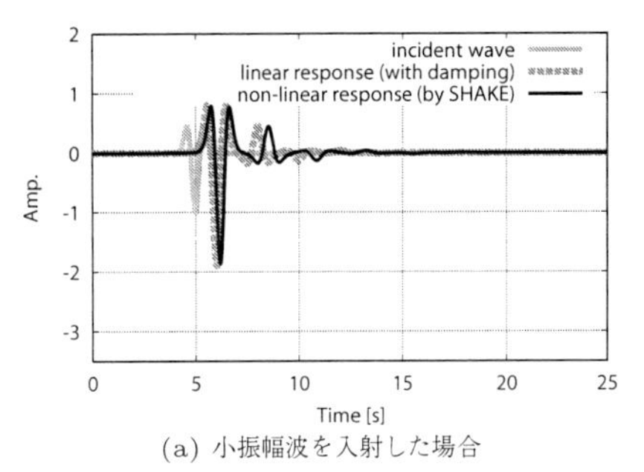

(a) 小振幅波を入射した場合

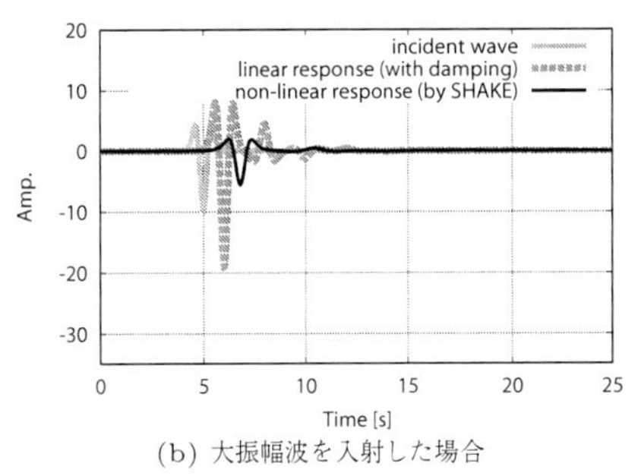

(b) 大振幅波を入射した場合

図 2.22 地表面での応答の時刻歴波形

2.6.5 計　算　例

2.4.3 項で扱った例題と似たような問題として，図 2.21 に示す地盤に鉛直下方から波が入射した場合の地表面での応答を SHAKE を用いて計算した結果について示す。等価線形化法を用いると，地表面での応答が入力地震動の振幅に対して線形ではないので，入射波として，図 2.14 に示す波形とともに，振幅を 10 倍にしたものについても検討する。図 2.22 に入射波とともに地表面での応答波形を示す。2 つの図は縦軸のスケールが 10 倍異なることに注意されたい。また，比較のために，Haskell のマトリクス法に複素剛性を使って減衰を導入した場合の地表面での応答波形もあわせて描いている。この波形は，図 2.13 のモデルを使って計算したものである。

入射波の振幅が小さい場合，線形計算による結果と SHAKE による計算結果はそれほど大きくは異ならない。位相が微妙に違うものの振幅はほぼ同じである。しかし，入射波の振幅を 10 倍にすると，2 つの計算方法による結果の違いは顕著になる。線形計算による結果は，小振幅の入射波と大振幅の入射波で振幅がちょうど 10 倍になっているが，SHAKE による計算結果は，大振幅の入射波の場合，応答の方が入射波より小さくなっ

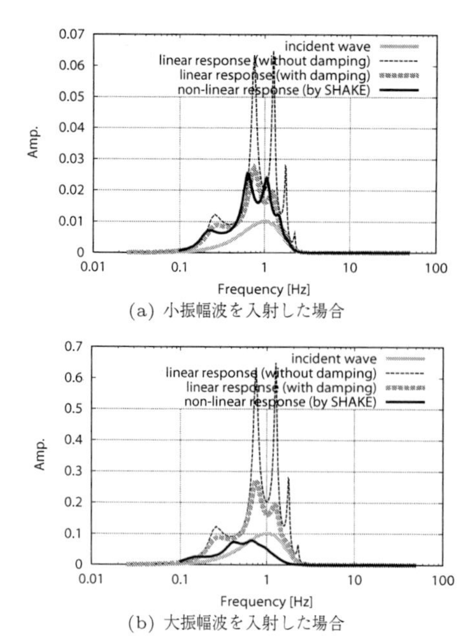

(a) 小振幅波を入射した場合

(b) 大振幅波を入射した場合

図 2.23　地表面での応答の周波数特性

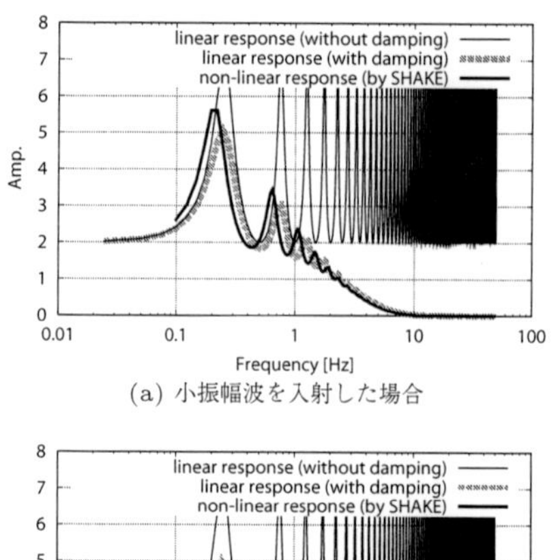

(a) 小振幅波を入射した場合

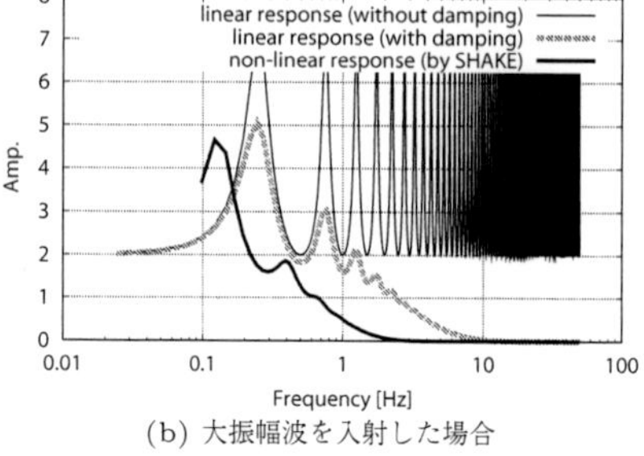

(b) 大振幅波を入射した場合

図 2.24　地表面での応答の周波数応答関数

ており，剛性の低下や減衰の増加が顕著に現われていることがわかる。

地表面での応答を周波数領域で見ると図 2.23 のようになる。この図には，入射波のスペクトルおよび減衰を考慮しない場合と考慮した場合の線形解析の結果も描かれている。これらを比較すると，SHAKE だけが，入射波の卓越振動数である 1 Hz 前後の応答が小振幅入射の場合と大振幅入射の場合で大きく異なっていることがわかる。これらの応答について，周波数応答関数を図 2.24 に示す。周波数応答関数を見ると，小振幅波を入射した場合には，減衰がある線形演算結果と SHAKE の結果はあまり大きな違いがないにもかかわらず，大振幅波の入射時には SHAKE の結果は，非線形化により卓越振動数が低周波数側に移動するとともに，高周波数側の応答値も著しく小さくなっていることがわかる。

2.6.6　SHAKE の問題点

これまで述べてきた通り，SHAKE は非常に簡便に利用することができるが，その仮定には常に配慮すべきである。なぜなら答えは出てくるけれども，なんだかおかしな結果になっている場合があるからである。吉田[21,22] は SHAKE を扱う上で配慮すべき点について詳しく述べている。それによると，SHAKE については以下のような問題点が指摘されている。

- 有効ひずみは最大ひずみの 65%でよいのか？
- 大きなひずみのときに，せん断応力を過大評価してしまう。その結果，最大加速度も過大評価になる。
- 短周期領域で振幅を過小評価してしまう。

なぜ，このような問題が生じるかについての物理的考察は吉田[21,22] に詳しい。非常に興味深い指摘がされているため，SHAKE を使う前に一読されることを勧める。

SHAKE が抱える問題を解決するために，種々の方法が提案されているが，以下では，そのうちのいくつかを紹介する。一つは，杉戸ほか[23] による FDEL (エフデル)，もう一つは吉田・末富[24] による DYNEQ (ダイネック) である。

SHAKE の短周期領域での過小評価という問題点を改善するために，FDEL は，

$$\gamma_{eff}(\omega) = \alpha\gamma_{max}\frac{F(\omega)}{F_{max}} \tag{2.129}$$

として振動数に依存する有効ひずみを与えている[23]。ここで，$F(\omega)$ はひずみ波形のフーリエスペクトル，F_{max} はその最大値である。また，原論文では α は SHAKE と同じ 0.65 としている。振動数に依存する有効ひずみを導入すると，自動的に剛性，減衰の両方が振動数に依存することになる。減衰が振動数に依存することは，散乱減衰のようなものを考えれば物理的におかしいことではない。しかし，剛性が振動数に依存するということは位相速度が周波数成分ごとに異なる，ということになり，分散性を導入したことに相当する。これは，せん断波，すなわち，周波数によらず伝播速度が等しいはずの実体波を扱っているという事実に対して，物理的な矛盾をもち込むことになってしまう。また，FDEL は大地震に関しては適用性が低い，という問題もある。これは，$\gamma_{eff} = \alpha\gamma_{max}$ を用いた等価線形化法では，$\alpha < 1$ のとき，ひずみが大きいところ (大地震のとき) ではせ

ん断応力が過大評価され，その結果，最大加速度も過大評価される。FDELはその定式化から，本質的には，SHAKEより大きい最大加速度を与えようとする手法であるので，SHAKEよりもさらに過大評価になってしまう。

一方，物理的な理解と矛盾せずにSHAKEの問題点を解決するために，DYNEQが提案されている[24]。DYNEQでは係数αをパラメータとしない。大ひずみ時の最大加速度をあわせるためには，αの値を変えてはならず，$\alpha = 1$である必要がある。挙動の周波数依存性を周波数領域に落とすという考え方に基づき，ひずみ振幅の周波数依存性を考慮している。ひずみ波形から振幅とそのときの周期を調べ，周期によって有効ひずみの取り方を変えているのである。

文　献

1) 井上達雄：弾性力学の基礎，日刊工業新聞社，1979.

2) 徳岡辰雄：有理連続体力学の基礎，共立出版，1999.

3) 田村武：連続体力学入門，朝倉書店，2000.

4) Achenbach, J.D., *Wave Propagation in Elastic Solids*, North-Holland, Amsterdam, 1975.

5) 佐藤泰夫：弾性波動論，岩波書店，1978.

6) Aki, K. and Richards, P.G., *Quantitative Seismology —Theory and Methods*, Volume I and II, W.H. Freeman and Company, New York, 1980.

7) 嶋悦三：わかりやすい地震学，鹿島出版会，1989.

8) 田治米鏡二：弾性波動論の基本，槇書店，1994.

9) Pujol, J., *Elastic Wave Propagation and Generation in Seismology*, Cambridge University Press, Cambridge, 2003.

10) 斎藤正徳：地震波動論，東京大学出版会，2009.

11) 物理のかぎしっぽ, http://hooktail.sub.jp/ (最終閲覧日：2018年12月31日)

12) 木下繁夫・大竹政和 (監修)：強震動の基礎，ウェッブテキスト2000版, 防災科学技術研究所, http://www.kyoshin.bosai.go.jp/kyoshin/gk/publication/ (最終閲覧日：2018年12月31日)

13) 筧楽麿：弾性体の変位は波として伝わり，その波にはP波とS波の2種類がある，2003年度地球惑星科学基礎I演習 資料，http://www2.kobe-u.ac.jp/˜kakehi/kiso1_enshu/elastic_eq.pdf (最終閲覧日：2018年12月31日)

14) Haskell, N.A., "Crustal refrection of plane SH waves," *J. Geophy. Res.*, **65**(12), 4147–4150, 1960.

15) Haskell, N.A., "Crustal refrection of plane P and SV waves," *J. Geophy. Res.*, **67**(12), 4751–4768, 1962.

16) Haskell, N.A., "Dispersion of surface waves on multilayered media," *Bull. Seismol. Soc. Am.*, **43**(1), 17–34, 1953.

17) Schnabel, P.B., Lysmer, J., and Seed, H.B., *SHAKE: a computer program for earthquake response analysis of horizontal layered sites*, Report No. USB/EERC-72/12, Earthquake Engineering Research Center, University of California, Berkeley, 1972.

18) Hardin, B.O. and Drnevich, V.P., "Shear modulus and damping in soils: design equations and curves," *J. Soil Mech. and Found. Div.*, Proc. ASCE, **98**(7), 667–692, 1972.

19) Konder, R.L., "Hyperbolic stress-strain response: cohesive soils," *J. Soil Mech. and Found. Div.*, Proc. ASCE, **89**, 115–143, 1963.

20) Jennings, P.C., "Periodic response of a general yielding structure," *J. Eng. Mech. Div.*, Proc. ASCE, **90**(2), 131–166, 1964.

21) 吉田望：地盤の地震応答解析，第10章，鹿島出版会，2010.

22) 吉田望：DYNEQ Version 3.36 マニュアル，2015. https://www.kiso.co.jp/yoshida/download/dyneq-J.zip (最終閲覧日：2018年12月31日)

23) 杉戸真太・会田尚義・増田民夫：周波数特性を考慮した等価ひずみによる地盤の地震応答解析法に関する一考察，土木学会論文集，No.943/III-27, 49–58, 1994.

24) 吉田望・末富岩雄：DYNEQ: 等価線形法に基づく水平成層地盤の地震応答解析プログラム，佐藤工業 (株) 技術研究所報，61–70, 1996.

3

地盤震動の観測

「彼れを知りて己を知れば、百戦して殆うからず。彼れを知らずして己を知れば，一勝一負す。彼れを知らず己を知らざれば、戦う毎に必らず殆うし。」

とは，孫子の兵法において総説の第三，謀攻篇の第五項に見られる有名な記述である。地震対策をするためにはまずは地震について知ることが重要であることは論を待たない。そのため近代以降，日本では長い年月をかけて地震観測が行われてきた。

地震観測を行うための基本的道具はもちろん地震計であるが，地盤震動の観測に孫子の兵法をあてはめて考えれば，「彼れ＝地盤震動」を知る前にまずは「己＝地震計」について知ることが重要である，ということになる。要するに，何も考えないで地震計を買ってきてそれを地面の上に置いただけでは，とてもまともな記録は取れない，ボロ敗けする，というのが孫子の教えである。地盤震動とはどういうものか，そしてそれを記録する地震観測システムはどのようなものなのか，ということを正しく知ってはじめてまっとうな記録が得られる，ということを意味している。

地盤震動のことを何もわかっていなくても観測システムについてきちんと理解していれば勝率5割というのが孫子の考えであるが，筆者の経験からもたいへん納得できるところである。実際，未知の場所で観測するとき，その場所での地震動や微動の性質については予備知識がないのが普通であり，だからこそ観測をしようとするのである。きちんと観測システムを使いこなすことができればそれなりの結果が得られるものである。

孫子が指摘する重要度を鑑みると，己を知ることを先に扱うべきであるが，すぐに片付きそうな「彼れ＝地盤震動」について先に述べる。ここで扱うのは実体波とか表面波といった波動の物理的性質の話ではなく (これは既に第2章で扱った)，計測対象としての震動がどういう性質をもっているのか，すなわち，地盤震動の周波数特性と振幅レベルの話題に限る。

それと記録に残されるのは地盤震動だけではない，ということを忘れてはならない。観測システムの回路から混入してくるノイズについてもあわせて触れる。

地震観測そのものを取り扱った成書は弾性波動論に関するそれとは比べるべくもないが，まったくないわけでもない。Kulhánek[1] や Havskov and Alguacil[2] などが参考になるであろう。

3.1 地盤震動の振幅レベルと周波数特性

地盤震動と一言で言っても，自然界にはさまざまな種類の震動が存在する。地震による地震動にも体に感じる (有感) ものからまったく感じないものまである。非常に強い揺れを強震動，弱い揺れを弱震動と呼ぶこともあるが，強震動と弱震動の境目がどのような地震動であるか，という定義は曖昧である。また，地震がなくても常に地盤は体にはまったく感じない小さな震動をしており，これを微動と呼んでいる。微動にも，周期が1秒よりも長い周期帯で励起されている脈動と，1秒よりも短い周期帯の短周期微動を区別する場合がある。一般に，前者は海の波などの自然現象が震源であり，後者は自動車などの移動などが震源で種々の人間活動に由来する微動であると考えられている。震源の特性により周期1秒から10秒程度が脈動が卓越する周期帯域であるが，これを特に「やや長周期領域」と呼ぶ場合がある。

大きな地震動から微動までの振幅レベルと周波数帯域のおおまかな範囲を図3.1に示す。図は，トリパタイトと呼ばれる3つの異なる縦軸を含む図になっている。水平軸は振動数で，縦軸は水平，右下がり，右上がりの3つの線から構成されている。水平線は速度を，右下がりの線は加速度を，右上がりの線は変位を表わしている。これは，両対数軸上では加速度と速度，速度と変位はそれぞれ互いに傾きが45度ずつ異なることを利用している。例えば，図中の1.5Hzあたりで速度が 10^{-2} [m/s] (=1 [kine]) の点は，加速度では 10^{-1} [m/s^2] (=10 [Gal])，変位では 10^{-3} [m] (= 1 [mm]) に相当する，というようにひとつの点で，加速度，速度，変位を一度に読みとることができる。

なお，ここで単位について少しふれておく。kine = cm/s で，速度を表わす単位として地震動の世界では伝統的に用いられてきた。SI単位系へ移行してからは kine は単位として認められていないが，古い文献など

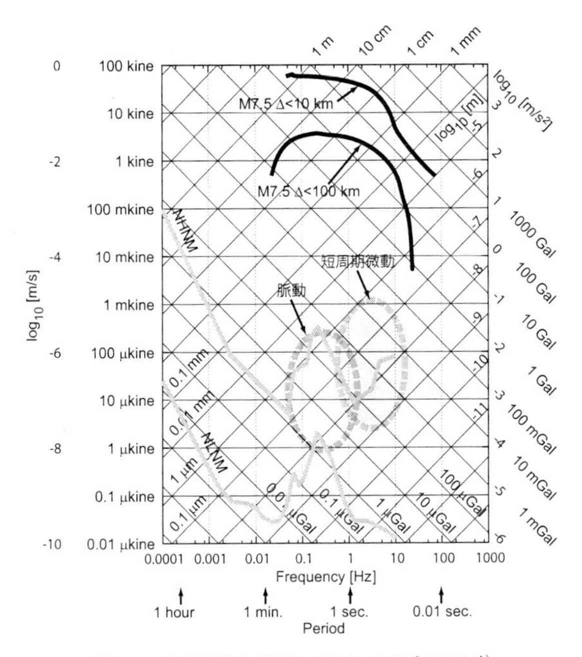

図 3.1　地盤震動の振幅レベルとノイズモデル[4)]

では kine と書かれているものもあるため，図 3.1 には両方を示している。以降で，断りなく kine を使っている場合は，cm/s または 10^{-2} m/s と読み替えられたい。また，Gal = cm/s^2 で，重力加速度や振動の加速度を表わす単位として用いられてきた。SI 単位系には Gal は定義されていないが，日本国内では計量法 (平成四年五月二十日法律第五十一号) の第五条第二項の規定に基づいて定める計量単位令 (平成四年十一月十八日政令第三百五十七号) 第五条に規定する計量単位 (別表第六 「特殊の計量」の十) において「重力加速度又は地震に係る振動加速度の計量」として「ガル」および「ミリガル」が規定されている。またその記号は計量単位規則 (平成四年十一月三十日通商産業省令第八十号) 第二条第三項 (別表第四) に定められており，Gal および mGal と標記することになっている。昔は，gal と標記することが多かったが，現在は法律で Gal と規定されている。また，計量法によると Gal はたとえ振動加速度を表わす場合でも地震以外には使ってはいけないことになっている。重力加速度に使う場合は，重力異常の議論が mGal のオーダーで行われることが多いため，Gal だけではなく mGal も規定されているものと想像される。

図 3.1 には，短周期微動および脈動の範囲がそれぞれ楕円で，M7.5 クラスの地震による地震動のレベルが曲線で示されている。ふたつの曲線は，上側が震央距離が 10 km 程度以内の震源近傍における地震動，下側が 100 km 以内までの地震動のおよその包絡線を表わしている[3)]。近年は震源近傍においてより大きな記録も得られているが，震源近傍で最大加速度 1 G 程度，最大速度が 100 kine というのは妥当なレベルであると考えられる。

さらに，図中には，new low-noise model (NLNM) と new high-noise model (NHNM) もあわせて示されている[4, 5)]。これらの線は広帯域地震観測ネットワークの記録のなかで地震ではない部分から求められた震動のレベルを用いて決められたものである。ここで言うノイズとは地震動以外の震動という意味で，アンビエントノイズと呼ばれることもある。これは単に微動と理解しておいて差支えない。次節で取り扱うサーキットノイズとは別の意味で用いられているので注意が必要である。本書では紛らわしいので微動のことはノイズとは呼ばずにそのまま「微動」と呼び必要に応じて「短周期微動」や「脈動」,「やや長周期微動」という術語も用いる。したがって，説明なくノイズという場合は微動以外のもの，例えばサーキットノイズなどを意味するものとする。

都市から非常に離れていて人工的な震動による直接的な影響をほとんど受けていないと考えられる極めて条件の良い場所では NLNM あたりの微動レベル，都市に近い地震観測点では昼間の微動レベルは NHNM あたりまで大きくなる，と考えるとイメージしやすいであろう。NLNM は 1 Hz より高周波数側ではその振幅レベルが大きく落ち込んでいるのに対して NHNM では同じ周波数帯域でレベルが大きくもち上がっている。これは，1 Hz より高周波数の領域での微動，すなわち「短周期微動」が人工的な震動源によって生じていることを示唆するものといえる。

堆積層上で行われる微動探査では NLNM のように短周期微動の振幅レベルが極めて低い静かな環境で観測をすることはほとんどない。むしろ，道路の近くで観測するような場合には，振動数によっては NHNM のレベルよりもはるかに大きな振幅の震動が記録されることも少なくない。図 3.1 に示した短周期微動と脈動レベルの範囲は，筆者のこれまでの経験だけを頼りに描いたものである。小堀[6)] にも似たような図が掲載されているが，微動の速度レベルが図 3.1 よりも 1～2 桁ほど大きく描かれている。どういうデータを参考にして描かれたのかよくわからないためなんとも言えないが，加速度レベルについてはあまり大きな違いはないのでトリパタイト上に描かれているにもかかわらず，速度レベルについてあまり意識されていないのかもしれない。

数 km に及ぶ堆積層の下の深い位置に地震基盤があるような地盤において，地震基盤までの速度構造をきちんと知りたい場合には，やや長周期領域の 10 秒程度ま

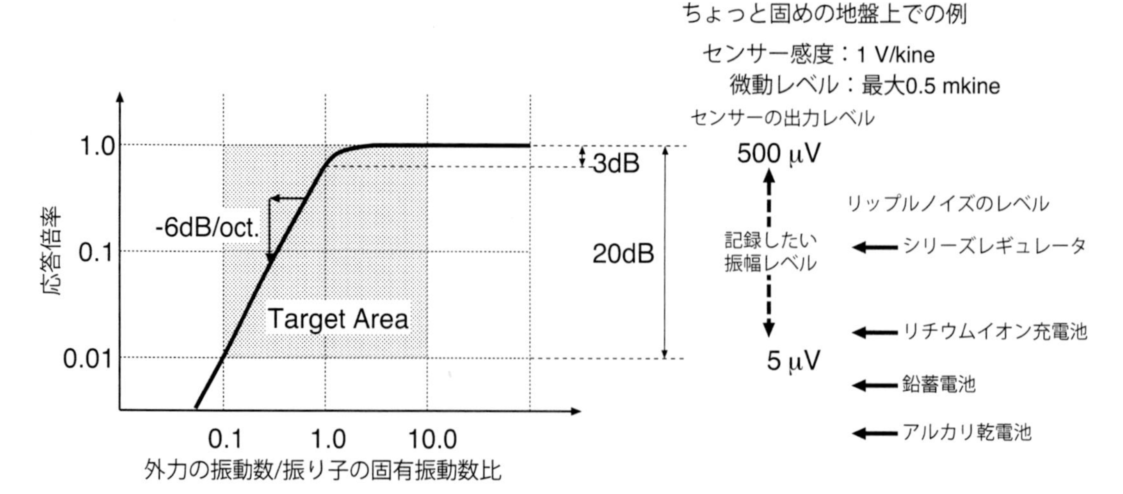

図 3.2　動コイル型速度計の感度特性と微動を観測したときのおよその出力電圧。右端の矢印は電源回路がもつリップルノイズのレベル

で安定して微動を測定できることが期待される。図 3.1 の NHNM を見るとわかるとおり，周期 10 秒あたりの脈動は微動としては大きい振幅をもっているが，それでもその振幅は高々 100 μkine ほどであり，非常に小さい振幅である。そのうえ，小型の地震計を使って都市内で観測する場合，センサーの感度が長周期領域で著しく悪くなることに加えて，短周期微動のレベルは NHNM に比べてはるかに大きなレベルとなって，観測記録全体の分解能が短周期微動に支配されてしまう，ということになりがちである。

もちろん，どのような記録が得られるかは観測に用いる地震計の感度や固有周期に依存する。一例として，1 V/kine の感度をもつ固有周期 1 秒の動コイル型速度計を用いた場合を考えてみる。この場合，10 秒で NLNM と NHNM の真ん中あたりの振幅レベルである 10^{-7} m/s (= 10 μkine) を測定するためには 10 μV の出力電圧を正確に計測できなくてはならない。しかも，後に詳しく述べるが，地震計の固有周期よりも長周期側ではその感度は非常に悪く，例えば，1 秒計の場合は 10 秒ではその感度は 1/100 である。従って，このような条件のもとでは 10 秒の脈動に対する地震計の出力電圧はわずかに 0.1 μV しかないことになる。

図 3.2 に動コイル型速度計の感度特性と，1 V/kine の感度で固有周波数 1 Hz の振り子をもつ動コイル型速度計を使ってちょっと固めの堆積層のうえで微動を観測した場合のだいたいの出力電圧レベルを模式的に示している。横軸はセンサーの固有周波数に対する入力震動の周波数の比で表わされているが，センサーの固有周波数が 1 Hz なら書かれている数字をそのまま周波数として読むことができる。この図の例では，だいたい NHNM に相当するくらいの短周期微動と脈動レベルが陰をつけた範囲として想定されていることになる。微動観測としては悪い条件ではないが，非常に微小な信号を扱わなくてはならない，ということがよくわかるであろう。右端に矢印で書かれているのは直流電源および電源回路がもつリップルノイズのレベルを電源の種類ごとに示している。このことについては，次項で詳しく議論する。

一方，強震動は震源近傍では 1 G 前後の加速度を記録することは少なくない。図 3.1 からわかるとおり，微動と強震動では最大で 10^8 倍 (= 160 dB)，最小でも 10^4 倍 (= 80 dB) もの振幅レベルの差がある。先の例で挙げた感度が 1 V/kine の速度計であれば，強震動では実に 100 V もの出力となる。もちろん，高感度の地震計では 100 V も出力する前に地震計が壊れるので，これほど大きな出力は得られない。しかし，数 μV から 100 V まで 8 桁分のダイナミックレンジを得ることが容易でないことは直ちに理解されるであろう。もし，このような広大なダイナミックレンジをもつ地震計が実現したとしても，これを記録するデジタルデータロガーの分解能が 24 bit であれば，そのダイナミックレンジはせいぜい 140 dB にすぎず，微動から強震動までを 1 台でカバーすることは到底不可能である。16 bit のデータロガーならば (ダイナミックレンジは 90 dB 程度)，かなり振幅の大きな微動とかなり遠くの地震による強震動を同時にカバーするのが精一杯ということになる。

3.2 サーキットノイズ

前節より，微動のような微小な地盤震動と強震動を測定するにあたって，地震計には極めて高い分解能と感度，広大なダイナミックレンジが要求されることがわかった。それでは，地震計がこれらの要求性能を満足していれば，あとは頑張って測ればよいのか，というとそういうわけでもない。

まず，測定のためにはなんらかの形でアクティブな回路を入れて信号を増幅したり，デジタルデータとして記録するためにアナログ/デジタル変換器 (A/D コンバータ，または ADC) を通したりしなくてはならない。デジタルデータロガーに記録するためにはアンチエイリアスフィルタも必要となる。フィルタはパッシブな素子 (いわゆる CRL，すなわちコンデンサ，抵抗，コイル) のみで作ることも可能であるが，その場合は急峻なスロープのフィルタは構成できないため必要に応じてアクティブな素子 (トランジスタや IC など) でフィルタを構成しなくてはならない。

また，地震計，特に動コイル型の場合，コイルのインピーダンスが高く，出力インピーダンスも高いことが一般的である。そのため，地震計の出力を受けるアクティブ回路は地震計の出力インピーダンスに対して十分に高い入力インピーダンスをもっていなくては我々が期待するような動作をしてくれない。もしも，地震計の出力を受ける回路の入力インピーダンスが低い場合には回路全体が地震計が出力する電圧変動に引きずられてしまうだけでなく，地震計の減衰特性がアクティブ回路の入力インピーダンスの影響を受けて地震計が理論的な想定とは異なる挙動をしてしまうことになる。ところが，高い入力インピーダンスをもつ増幅回路は一般にはノイズの影響を受けやすく S/N (signal-to-noise ratio) を高めることが困難であるというトレードオフをもつ。

微小な信号を扱う場合，アクティブ回路は 1/f ノイズと呼ばれるノイズの影響を強く受ける。これは，横軸に振動数，縦軸にノイズレベルをとって両対数軸上で 1/f ノイズを表示すると低周波数側に向かってほぼ一直線に増加するノイズである。このときの直線の傾きはデバイスによってさまざまである。しかも，地震計の感度が悪い長周期になればなるほど 1/f ノイズは大きくなるため，長周期成分ほど記録の S/N を確保することが困難となる。1/f ノイズは電子デバイスの中を通過する電子の数が極めて少ないことによって生じると考えられ，回路の消費電力を節約すればするほど 1/f ノイズのレベルが高くなる。微小な信号を取り扱えるよう高い S/N を維持するためには回路に湯水のように電流を流してやらなくてはならない。

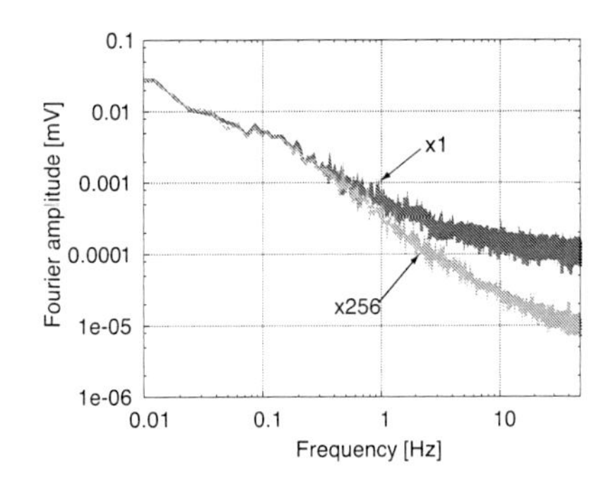

図 3.3 入力を短絡して得られた記録のフーリエスペクトル。ゲイン 1 倍と 256 倍について示している。ゲイン 1 倍の高周波数側でのノイズは ADC の量子化ノイズの影響と考えられる。

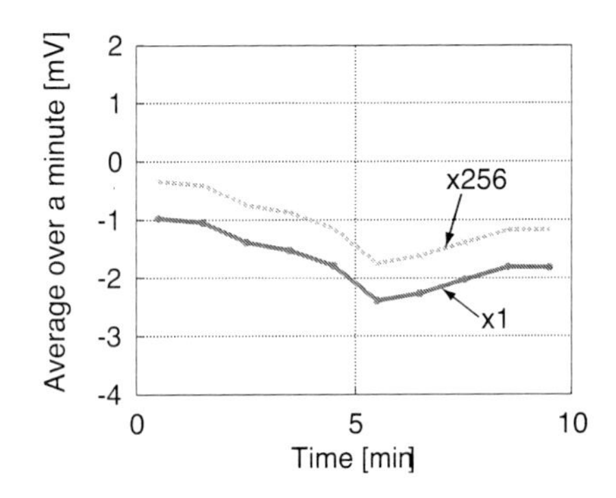

図 3.4 図 3.3 と同じ条件下でのサーキットノイズの時刻歴波形 (振幅) の 1 分ごとの平均の時間変動。時間の経過と共に大きなドリフトが生じていることがわかる。

アクティブ回路の入力端子をショート (短絡) して記録をとればサーキットノイズを簡単に調べることができる。あるデータロガーのサーキットノイズを記録したものを図 3.3 に示す。図には入力を短絡して 256 倍のゲイン (利得) を掛けたものとそのまま (1 倍) のものの両方について，入力換算したうえでその電圧値のフーリエ振幅を描いている。入力換算とは，256 倍のゲインを掛けた記録の電圧値を 256 で割って入力された信号の電圧値に換算する，という意味である。また，フーリエ振幅スペクトルはその定義ではフーリエ係数の絶対値を求めてから解析区間長の時間を掛けるべきものであるが，ここでは継続時間を掛けないでフーリエ係数の絶対値をそのまま描いている。縦軸の単位を見れば継続時間を掛けているかどうかわかるため，以降ではどのような定義に基づくフーリエ振幅かは特に明記しない。

図 3.3 を見ると，当たり前のことであるが，同じデータロガー内の近接する回路で記録をとっているため，サーキットノイズはゲインによらずほとんど同じである。解析区間長が約 82 秒であることを考慮する必要があるが，やや長周期領域の 0.1 Hz で 5 μV のオーダーの 1/f ノ

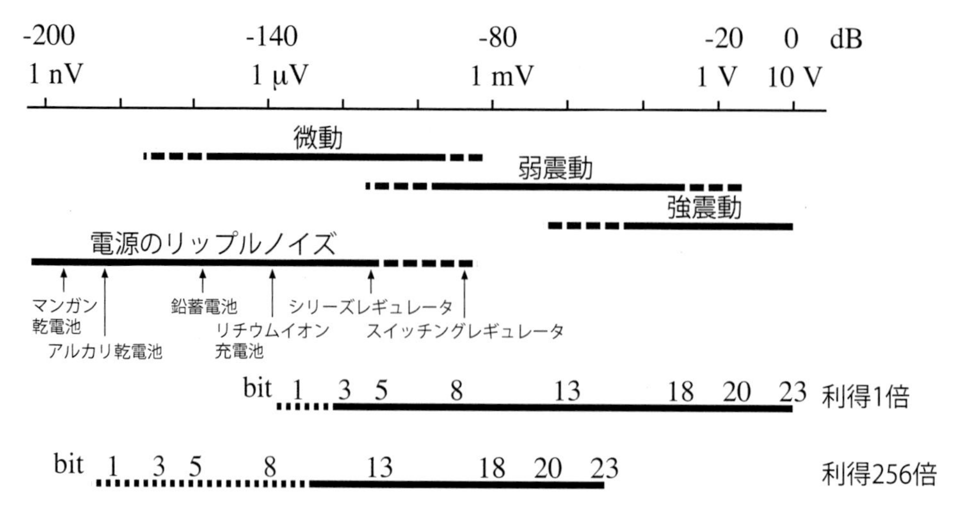

図 3.5 1 V/kine の速度計で振動を計測した場合のおよその出力電圧値。それとあわせて電源のリップルノイズのレベル，ゲイン 1 倍と 256 倍の場合について入力電圧が ±10 V の ADC の分解能を示す。

イズが記録されていることがわかる。これは，センサーによっては脈動レベルの出力電圧とほぼ同じくらいのオーダーの振幅レベルのノイズである。このことから，条件によってはとても脈動を観測することはできない場合があることがわかるであろう。なお，ゲインが 1 倍のものは高周波数側でノイズレベルが一定になっているが，これは A/D の際の量子化ノイズの影響であると考えられる。

電子 (アクティブ) デバイスは温度によってその動作特性が大きく変わる。電子デバイスが動作を始めると電力を消費することで自らの温度が高くなっていき，温度変化にともなって動作特性が少しずつ変化するのである。S/N の高いデバイスほど電流を多く消費するため温度変化も大きくなる。せっかく S/N が高いデバイスを使っても温度変化によって信号が揺らいでしまうのである。図 3.3 で示したものと同じデータロガーにおいて，図 3.3 と同様に入力を短絡して 10 分ほど記録をとって，その時刻歴波形すなわち，サーキットノイズの振幅を 1 分ごとに平均してプロットしたものを図 3.4 に示す。電源を入れて回路を起動した直後はサーキットノイズによって非常に大きなドリフトが生じていることがわかる。そのドリフト量は実に 2 mV にも達しており，微動の観測どころではないことがわかる。

このデータロガーの場合は，30 分ほど経過するとこのような大きなドリフトは見られなくなって安定する。しかし，移動観測を行っている場合，観測地点に行って，観測システムをセットして，回路の温度が安定するまで 30 分もただ待っているというのはあまり望ましい状況ではない。それに，本当に 30 分待ったらちゃんと安定する，という保証があるわけでもないため，いつから記録を始めたらよいのかもわからない，ということになってしまう。

ここまででも十分にいろいろなノイズに悩まされてきたが，さらにまだ大きな問題がある。アクティブな回路は直流電源を使って駆動されるが，直流電源といえども微小な揺らぎをもっている。これをリップルノイズと呼ぶ。通常，電子回路はこの直流電源が常に一定であることを前提として動作する。したがって，直流電源に揺らぎがあれば記録にもその揺らぎの影響が含まれてしまう。もちろん，このような影響を小さくするために，差動増幅回路などが使われるのであるが，それだけですべての問題を解決できるわけではない。例えば，ADC は A/D を行う際のリファレンスとしてどこかに電圧ゼロの点をとらなければならないが，そのゼロ点が電源によって揺らいでしまうと A/D の精度に大きな影響を与えてしまうのである。

図 3.5 にも示しているが，リップルノイズが最も小さい直流電源はおそらくマンガン乾電池であると考えられる。それでも，数 nV のリップルが発生する。これは，電池の中で進行している化学反応が必ずしも一様に進むわけではないことが原因であると考えられる。アルカリ乾電池では 10 nV 弱，鉛蓄電池で 100 nV 程度，リチウムイオン充電池で 1 μV 程度で，電池は比較的リップルが少ないものが多い。しかし，前項で述べた通り，10 μV よりもはるかに小さい電圧レベルを精度よく記録するためには，もはやリチウムイオン充電池でも不十分なのである。

ノイズレベルと地盤の震動レベルのおよその関係を図 3.5 に示す。図中での地盤震動のレベルは図 3.1 を参考にしてセンサーの感度として 1 V/kine を想定して電圧値で示している。また，入力のゲート電圧が最大 10 V であるような 24 bit の ADC のダイナミックレンジもあわせて示している。256 倍のゲインを掛けることで ADC のダイナミックレンジは微小電圧の側に 8 bit 分 (48 dB) 広がるが，いくら頑張ってゲインを掛けても電源のリップルノイズに阻まれてしまって，小さな信号を正しく記録できないことがわかる。また，ゲインを掛けることで微小信号の測定精度は高くなるものの，ダイナミックレンジが相対的に狭まってしまって，大振幅の信号はすべてクリップしてしまうことがわかる。

高い S/N を得るために湯水のように電流を流すとアッという間に電池はなくなってしまう。アルカリやマンガンなどの乾電池はリップルノイズが少ないかわりに，エネルギー密度が非常に低いため，巨大な電池ボックスを使わなくてはならないことになってしまう。それに，電池は最初は電圧が高く，消耗してくると電圧が下がってくる。そんな電源環境では回路は安定して動作することができない。通常は，電圧を安定化することで供給側で多少の電圧変動があっても一定の電圧で電流を回路に流せるようにする。この目的で用いられるのがレギュレータ回路である。

レギュレータ回路には主としてシリーズレギュレータとスイッチングレギュレータが広く使われている。前者は効率が悪いがノイズは少なく，後者は効率が高くて節電にはよいが，スイッチングノイズと呼ばれる高周波ノイズを周囲に撒き散らすため別途ノイズ対策が必要になる。微小信号を扱う回路でスイッチングレギュレータという選択肢は通常はあり得ない。実際，そのリップルノイズのレベルはよくできた回路でさえも 1 mV はあろうか，という高いレベルである。シリーズレギュレータでは数～数十 μV 程度である。いずれにしても微小震動を高精度で記録するにはまったく不十分であることがわかる。

電源のリップルノイズだけでも微動の信号レベルと同じか，あるいはより大きなレベルであるのに，それに加えて 1/f ノイズや温度による揺らぎなどが加わる。したがって，何も考えないで微小震動の記録をとると，得られた波形は震動なのかサーキットノイズなのかまったくわからないものになってしまう。まさしく，孫子が言うところの「戦う毎に必らず殆うし」である。

特に，深い構造と直接的な関係を有するやや長周期領域ではその傾向が顕著になる。もちろん，記録を残すためには何らかのアクティブ回路は避けて通れない。地震計を含む観測システムでは上で述べたようなノイズを避けるように，さまざまな回路上の工夫がなされるのが一般的である。しかし，回路を複雑にすればするほどさらにサーキットノイズをもち込む危険もあり，目的に見合った S/N を確保するためには，バランスのよい回路設計が肝要である。

3.3 地 震 計 と は

前節までに「彼れ＝地盤震動・ノイズ」について述べたので，以下では，孫子が最も重要であると教える「己＝地震観測システム」について述べる。

地震計とは，もちろん，地震による地震動を測定するための道具である。地震計で測定される地盤震動は，大地震の震源近傍で記録される 1 G をはるかに超えるような強震動から，微小地震による無感の非常に弱い地震動までその周期帯域や振幅はさまざまである。さらには，地震動だけではなく自然現象や人々の日常的な生活によって常時発生している微動と呼ばれるより微弱な地盤震動を精確に測定するためにも地震計は使われている。

このように測定の目的によって対象とする地盤震動の特徴はさまざまであるが，その対象とする地盤震動がどのようなものであったとしても，地震計の仕組みは単純そのもので単なる 1 自由度の振り子である。ただし，これは言うは易く，実現するのは極めて困難，というよい例でもある。単純な原理であるからこそ，それを種々の物理的制約を回避して 1 自由度系の振動理論どおりに動作する振り子を実現することは容易ではない。地震計メーカーはそのためにさまざまな工夫を行って理想的な 1 自由度の振り子を作製している。ここではそのことについては述べないが，地震計の背後にはそのような工夫がつまっているのだ，ということは意識しておくべきであろう。

さて，理想的な 1 自由度の振り子が実現できたとして，これを地面に固定しておくと地面が動いたら振り子は地面の動き (これを入力と呼ぶことにする) に対してなんらかの応答を示す。振り子にペンを取りつけて，地面に紙を固定しておけば，入力と応答の相対的な違いを記録することができることになる。これを機械式地震計と呼ぶ。近代的な地震計の歴史は機械式地震計からはじまる。図 3.6 に代表的な機械式地震計であるウィーヘルト (Wiechert) 式地震計の例を示す。重さ約 1t の倒立振子をもち，水平動成分は固有周期約 10 秒を実現しており，複雑なテコの原理を利用して振り子の変位量を拡大して紙に記録する仕組みをもっている。なお，図 3.6 の Wiechert 式地震計はやや小型で，振り子の重さも 1t には及ばず，固有周期も 10 秒には満たないものと思われる。

振り子が入力に対してどのような挙動を示すかということは理論的に記述できるので，振り子の応答記録

図 3.6　台湾の 921 地震教育園区に保存されている Wiechert 式地震計 (水平動)。左：正面から。手前に紙送り装置と記録紙，奥に大きな振り子が見える。右：正面から向かって右側面。振り子の微細な動きをテコを用いて機械的に拡大して記録紙に接するペンに伝える複雑な機構が見える。

からもとの入力がどのようなものであったか，ということを容易に求めることができる。これこそが地震計の原理である。機械式地震計の場合は，1 自由度系の運動方程式そのものであるから非常に簡単にその挙動を記述できる。後に開発された電磁式地震計のなかでも，動コイル型はやはり非常に単純である。一方，近年広く使われているフィードバック型地震計は，フィードバック回路の伝達関数がフィードバック回路によってさまざまなのでそれほど簡単な話ではない。しかし，機械式や動コイル型では地震計の出力からもとの地動 (地盤の震動) を知るためには計器補正をすることが必要となることが多いが，フィードバック型では最初からその出力が地動に比例するように伝達関数が設定されていることが一般的なので中身の複雑さを意識する必要はない。

地震計にはその出力信号の違いにより，加速度計，速度計，変位計がある。ただし，例えばセンサーの出力が速度であっても微分回路を通すことで加速度波形が得られるので，同時に異なる信号を出力できたり，回路を少し変更するだけで出力信号を変更できる地震計もある。

また，地震計の動作原理が 1 自由度の振り子であることにかわりはないものの，信号の取出し方の違いにより，機械式，動コイル型，フィードバック型，圧電型などさまざまな種類のものが作られている。最近は，GMR ヘッド (巨大磁気抵抗効果を用いたハードディスクの読み取り装置) を振り子の揺れの読み取りに用いることで超小型のセンサーを実現したもの，水晶振動子の固有振動数の変化をカウントすることで加速度を測定するもの，半導体集積回路上に振り子を実装して振動を記録する MEMS (Micro Electro Mechanical Systems) のような超小型デバイスなど従来の伝統的なものとは異なる発想のもとで実装された地震計も実用化されている。半導体集積回路を用いたデバイスは大量生産によって大幅にコストを低減できるため，需要があれば非常に安価で安定した性能の地震計を供給できる，という特徴があり，地震計のさらなる普及と一般化に有効であると期待される。

3.4　地震計の動作原理

地震計は単なる 1 自由度の振り子であるから，その挙動を理論的に記述するのは簡単である。そしてそのことを利用して簡単に振り子の応答から地動を求めることができる。

以下では 1 自由度の振り子の運動方程式を解くことを試みる。まず最初に，方程式をたてる際に最も基本となる考え方を紹介して，実際に運動方程式をたてて，それを解いていく。

3.4.1　D'Alembert の原理

図 3.7 の上段に示すように，質量 m [kg] の質点に P [N] の力が作用しているとする。このとき，質点は力の作用している方向に α [m/s^2] の加速度で運動する。これは，

$$m\alpha = P \tag{3.1}$$

となるので，左辺を右辺へ移項すると，実に簡単な演算で，

$$-m\alpha + P = 0 \tag{3.2}$$

となる。

単に，式 (3.1) の項を左から右へ動かしただけのよう

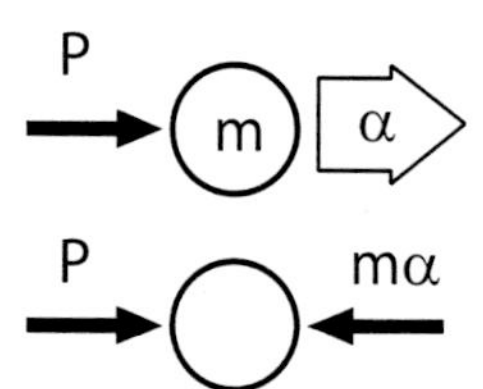

図 3.7　D'Alembert の原理と慣性力

に見えるが，この式は，

「$m\alpha$ という力が P という力と反対向きに作用して外力と釣り合っている」

と読むことができる。このような見方をしたときに，$m\alpha$ のことを特に慣性力と呼んでいる。このことを図 3.7 の下段に示している。

慣性力を導入することの最大のメリットは，動力学の問題があたかも静力学の問題のように釣り合いを考えるだけで解けてしまうという点にある。このような考え方を D'Alembert (ダランベール) の原理と呼ぶ。

以下の問題においても，D'Alembert の原理を使って運動方程式をたてていく。

3.4.2　非減衰自由振動

図 3.8 に示すような 1 自由度の振り子を考える。振り子の質量 m，バネ定数 k，減衰係数 c，地震による地面の変位を y_0，振り子の相対変位を y としている。この図は一番最後に出てくる強制外力を受ける減衰振動系を表現しているので，最初のうちは c や y_0 は取り扱わない。

まず，非減衰自由振動から考える。これはとても簡単で，バネによって戻される力と慣性力が釣り合っていると考えればよい。すると，そのときの振動方程式は以下のようになる。

$$-ky + (-m\ddot{y}) = 0 \Leftrightarrow \ddot{y} + \omega^2 y = 0 \tag{3.3}$$

ただし，$\omega^2 = \dfrac{k}{m}$ である。この方程式は，単なる 2 階

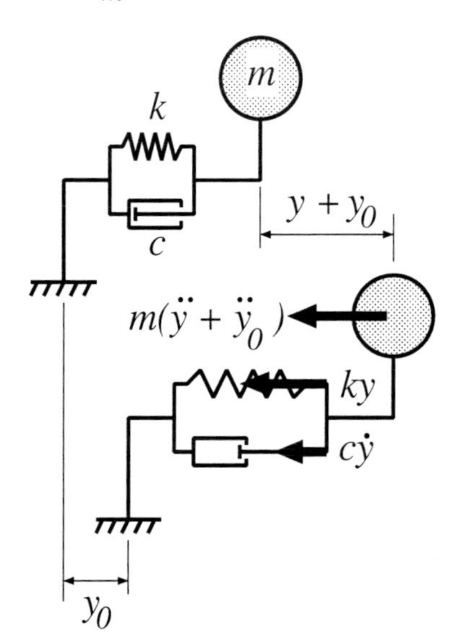

図 3.8　1 自由度の減衰振り子が外力を受けるときの釣り合い状態

の常微分方程式であるから，その一般解は，

$$y = Ae^{-i\omega t} + Be^{i\omega t} = a\cos(\omega t) + b\sin(\omega t) \tag{3.4}$$

となる。初期条件として，時刻 $t = 0$ のときの初期変位と初速度をそれぞれ，d_0 と v_0 とすると，未定乗数の a と b が決定されて，

$$y = d_0\cos\omega t + \frac{v_0}{\omega}\sin\omega t = A\cos(\omega t - \theta) \tag{3.5}$$

と書ける。ただし，

$$A = \sqrt{d_0^2 + \frac{v_0^2}{\omega^2}}, \quad \theta = \tan^{-1}\left(\frac{v_0}{\omega d_0}\right) \tag{3.6}$$

である。

この式からわかることは，解 $y(t)$ は周期 T が

$$T = \frac{2\pi}{\omega} = 2\pi\sqrt{\frac{m}{k}} \tag{3.7}$$

であるような正弦関数であるということである。しかも，この周期は，系の特性のみで決まるため固有周期と呼ばれている。なお，T を固有周期，ω を固有円振動数，f を固有振動数とすると，$T = 1/f$，$\omega = 2\pi f$ である。また，時刻 0 での振り子の位置は初期位相 θ によって規定されている。

3.4.3　減衰自由振動

次に系に減衰がある場合を扱う。実際に地震計に減衰を与えるために，かつてはコンデンサシャントやオイルを用いた減衰機構などが使われたこともあったようである。しかし，コンデンサやオイルは温度特性や周波数特性が悪くてモデル化が難しく，振り子の応答から地面の震動を精度よく求めることが難しかった。現在の動コイル型の地震計ではコイルの両端を抵抗 (これをシャント抵抗と呼ぶ) をはさんでショートすることで電磁的に減衰を入れるのが一般的である。フィードバック型地震計ではフィードバック回路の伝達関数の中に減衰機構も含まれるため，実装はもう少し複雑である。

減衰には，さまざまなものがあって，しかも，減衰力は y や $\dot{y}$ と複雑な関係をもっている。簡単のために速度に比例する減衰力を発揮する粘性減衰のみを考えて定式化する。シャント抵抗はこれを電磁的に実現したものと考えることができる。

速度に比例する減衰力を考える場合，その比例定数を c で表わし，粘性減衰係数と呼ぶ。このとき，系の運動方程式は，減衰項が 1 つ増えて，

$$\ddot{y} + 2h\omega\dot{y} + \omega^2 y = 0 \tag{3.8}$$

となる。ただし，$\omega^2 = \dfrac{k}{m}$，$2h\omega = \dfrac{c}{m}$ である。h は減衰定数 (または臨界減衰比) と呼ぶ。

この方程式も，解を $y = Ae^{\lambda t}$ と仮定してもとの式に代入して λ について解けば，

$$\lambda = -h\omega \pm \omega\sqrt{h^2-1} \tag{3.9}$$

が得られ，これをそれぞれ，λ_1，λ_2 とすると，方程式の解は，

$$y = Ae^{\lambda_1 t} + Be^{\lambda_2 t} \tag{3.10}$$

となる。

λ は根号を含むので，h の値によって，実数になったり複素数になったりする。そして，それによって，振動の仕方が大きく異なる。h の値によって，どのような性質となるか調べてみる。

a.　$h > 1$ の場合

λ は負の 2 実根をもつので，方程式の一般解は，

$$y = e^{-h\omega t}(Ae^{\sqrt{h^2-1}\,\omega t} + Be^{-\sqrt{h^2-1}\,\omega t}) \tag{3.11a}$$

$$= e^{-h\omega t}\{a\cosh(\sqrt{h^2-1}\,\omega t) + b\sinh(\sqrt{h^2-1}\,\omega t)\} \tag{3.11b}$$

となる。ここで，$\cosh x = (e^x + e^{-x})/2$，$\sinh x = (e^x - e^{-x})/2$ である。

初期条件として，時刻 0 で変位が d_0，初速度が v_0 とすると，変位については，$y(t=0) = a = d_0$，また速度については，$\dot{y}(t=0) = -h\omega d_0 + \sqrt{h^2-1}\,\omega b = v_0$ となり，

$$b = \frac{v_0 + h\omega d_0}{\sqrt{h^2-1}\omega} \tag{3.12}$$

が得られる。

以上より，方程式の一般解は，

$$y = e^{-h\omega t}\left\{d_0\cosh(\sqrt{h^2-1}\omega t) - \frac{v_0 + h\omega d_0}{\sqrt{h^2-1}\omega}\sinh(\sqrt{h^2-1}\omega t)\right\} \tag{3.13}$$

となる。これは，時間軸を横切ったとしても高々 1 回で，振動しない解であり，過減衰と呼ぶ。

b.　$h = 1$ の場合

λ は 2 重根をもつ。$h = 1$ の場合を考えているので，$\lambda = -h\omega = -\omega$ となる。このとき，y の一般解は，$y = e^{-\omega t}(A + Bt)$ という形になる。これに，上と同様の初期条件を与える。初期条件を満足する未定乗数 A および B は，$t = 0$ を一般解の式に代入することにより，$A = d_0, B = v_0 + \omega d_0$ となる。

以上より，一般解として，

$$y = e^{-\omega t}\{d_0 + (v_0 + \omega d_0)t\} \tag{3.14}$$

が得られる。$v_0 = 0$ としてみると，一般解は $y = d_0 e^{-\omega t}(1 + \omega t)$ となる。この式より，$h = 1$ の場合には，$v_0 = 0$ で始まった運動 y が時間軸を横切るか否かの境界になっていることがわかる。これはギリギリ振動しない運動なので，振幅が 0 になるまでの収束時間が最も短くなる。

結局，

- $h > 1$ なら振動しない
- $h < 1$ なら振動する

と言える。このような性質から，$h = 1$ なる減衰を臨界減衰 (critical damping) と呼んでいる。

c.　$h < 1$ の場合

λ は互いに共役な複素根

$$\lambda = -h\omega \pm i\omega\sqrt{1-h^2} \equiv -h\omega \pm i\omega' \tag{3.15}$$

をもつ。よって一般解は，

$$y = e^{-h\omega t}\{Ae^{i\omega' t} + Be^{-i\omega' t}\} \tag{3.16a}$$

$$= e^{-h\omega t}\{a\cos(\omega' t) + b\sin(\omega' t)\} \tag{3.16b}$$

となる。初期変位 d_0，初速度 v_0 なる初期条件を与えると，

$$a = d_0, \qquad b = \frac{v_0 + h\omega d_0}{\omega'} \tag{3.17}$$

となる。

以上より，一般解は，

$$y = e^{-h\omega t}\left\{d_0\cos(\omega' t) + \frac{v_0 + h\omega d_0}{\omega'}\sin(\omega' t)\right\} \tag{3.18}$$

となる。この式は，振幅が時間の経過とともに小さくなる減衰振動であることを示している。

解を少し書きなおすと，

$$y = Ae^{-h\omega t}\cos(\omega' t - \varphi) \tag{3.19}$$

ただし，

$$A = \sqrt{d_0^2 + \frac{(v_0 + hd_0\omega)^2}{\omega'^2}} \tag{3.20a}$$

$$\tan\varphi = \frac{v_0 + hd_0\omega}{\omega' d_0} \tag{3.20b}$$

が得られる。

この式より減衰自由振動は周期 $T' = \dfrac{2\pi}{\omega'}$ で振動しつつ，振幅が指数関数的に小さくなっていくことがわかる。減衰を含むときの系の振動の周期は，

$$T' = \frac{2\pi}{\omega'} = \frac{2\pi}{\omega\sqrt{1-h^2}} > \frac{2\pi}{\omega} = T \tag{3.21}$$

となるため，減衰を与えることによって，固有周期よりも長い周期で振動するようになる。この周期 T' のことを減衰固有周期と呼ぶ。

次に，振動の極値について調べる。相隣る極値の間隔は，減衰固有周期 T' だけ離れているが，そのピークの値がどうなっているか調べる。隣り合うピーク (たとえば，m 番目と $m+1$ 番目) の比をとってみる。m 番目および，$m+1$ 番目のピークの値は，

$$y_m = Ae^{-h\omega t_m}\cos(\omega' t_m - \varphi) \tag{3.22a}$$

$$y_{m+1} = Ae^{-h\omega(t_m+T')} \cdot \cos\{\omega'(t_m + T') - \varphi\} \tag{3.22b}$$

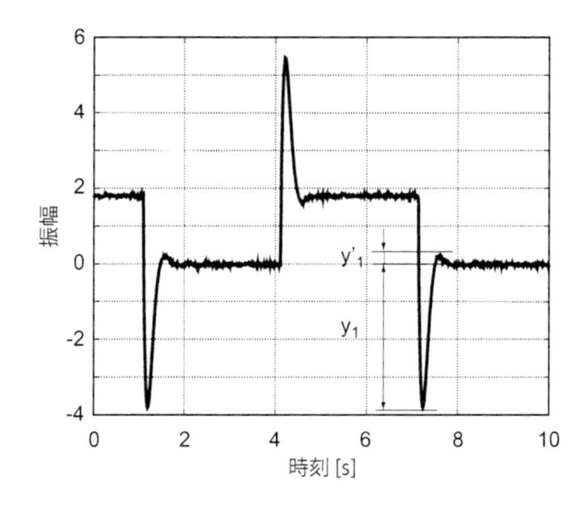

図 3.9 0.5 秒計のステップレスポンスの例。縦軸の値は相対的な意味だけをもつので単位はなんでもよい。

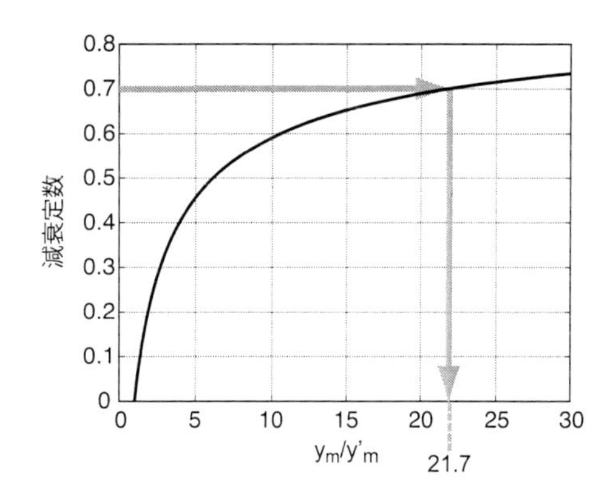

図 3.10 減衰自由振動における半周期での振幅の極値の比と減衰定数の関係

となる。$T' = \dfrac{2\pi}{\omega'}$ だったので，cos の中の T' の項は 2π となる。従って第 2 式は，

$$y_{m+1} = Ae^{-h\omega(t_m+T')}\cos(\omega' t_m - \varphi) \tag{3.23}$$

となる。ここで，m 番目と $m+1$ 番目のピークの比をとると，

$$\frac{y_m}{y_{m+1}} = e^{h\omega T'} = \exp\left[\frac{2\pi h}{\sqrt{1-h^2}}\right] \tag{3.24}$$

となる。この式は，振動回数に依存せず常に一定の割合で減衰するということを示している。この比のことを減衰比と呼ぶ。減衰比を調べることによって，系の減衰定数を決めることができる。

減衰比の式の両辺の自然対数をとると，

$$\ln\left(\frac{y_m}{y_{m+1}}\right) = \frac{2\pi h}{\sqrt{1-h^2}} \tag{3.25}$$

となる。これを対数減衰率と呼んでいる。

このような相隣る極値の比をとれば減衰定数を計算することができるので，地震計に減衰自由振動をさせてそのピークとピークの比を調べれば減衰定数を求めることができる。動コイル型の速度計では減衰定数を 0.7 かそれよりちょっと小さいくらいの値にとることが一般的である。例えば減衰定数を 0.6 とすると，$y_m/y_{m+1} \simeq 111.3$，0.7 なら約 473 となって y_{m+1} が非常に小さくて記録から読み取るときに十分な精度が得られないことが予想される。たとえば，図 3.9 のような場合である。これは 0.5 秒計のステップ応答で 1 回分のステップ応答は，横軸が 7〜8 秒の間の部分が該当する。理論的に期待されるような減衰自由振動をしているので 7.3 秒くらいの最初の極小値の次の極小値は 7.8〜7.9 秒のあたりにあるはずである。しかし，減衰が大きいために振幅が小さく，微動のなかに埋もれていてまったく区別がつかない。一方，最初の極小値の半周期あとの 7.6 秒前後の極大値ならば精度よく振幅を読み取ることができそうである。図 3.9 では，これらの振幅を y_1，y_1' としているが，y_1/y_1' なら正しく振幅比を読み取れそうなので，式 (3.24) のように 1 周期先の極値ではなく，半周期先の極値である y_m' との比 y_m/y_m' の式を誘導しておく方が便利である。

これはとても簡単で，$y_m/y_m' = y_m'/y_{m+1}$ を考慮すれば，

$$\frac{y_m}{y_m'} = \sqrt{\frac{y_m}{y_{m+1}}} = \exp\left[\frac{\pi h}{\sqrt{1-h^2}}\right] \tag{3.26}$$

となる。ここで，$\delta' \equiv \ln\left(\dfrac{y_m}{y_m'}\right)$ と置くと，

$$h = \frac{\delta'}{\sqrt{\pi^2 + (\delta')^2}} \tag{3.27}$$

となる。図 3.10 に y_m/y_m' を横軸に，縦軸にそのときの減衰定数をとったものを示す。このような図を用意しておくと観測中に減衰自由振動をとって直ちに地震計の減衰定数がどの程度の値か，ということが読み取れるので便利である。

3.4.4 正弦波支点変位による粘性減衰系の強制振動

地震計は強制外力を受ける 1 自由度の減衰振動系として扱うことができるので，先の運動方程式に強制外力を付け加える。この様子を模式的に示したのが図 3.8 である。これより運動方程式は，

$$\ddot{y} + 2h\omega\dot{y} + \omega^2 y = -\ddot{y}_0 \tag{3.28}$$

となる。この方程式は，地盤の加速度が与えられた場合に，振り子と地盤との相対変位を求める微分方程式となっている。

以下では，地動変位が，$y_0 = C\cos pt$ と表わされる場合を考える。このとき，運動方程式は，

$$\ddot{y} + 2h\omega\dot{y} + \omega^2 y = Cp^2\cos pt \tag{3.29}$$

となる。

この方程式の解は，(右辺を 0 とした同次方程式の一

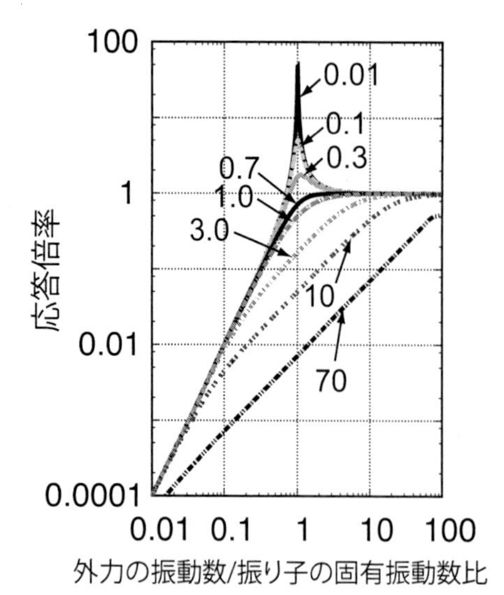

図 3.11　1 自由度の振り子の振幅応答 L_2。図中の数字は減衰定数

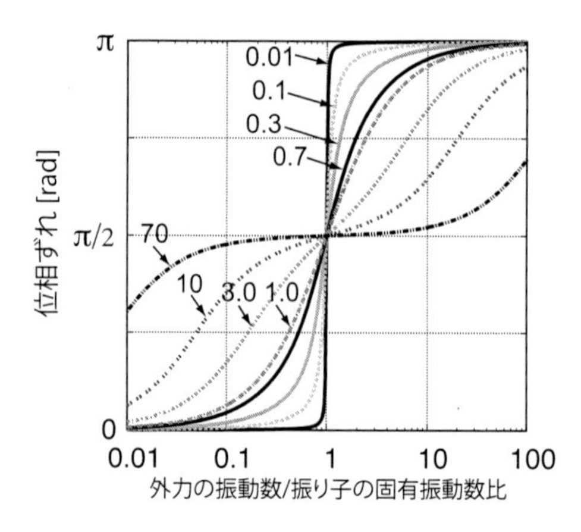

図 3.12　1 自由度の振り子の応答の位相差 θ。図中の数字は減衰定数

般解) + (特解) という形で与えられる。第 1 項に相当する同次方程式の一般解は前項で求めているのでここで改めて考える必要はない。しかも，減衰振動であるから，十分に時間が経過すれば第 1 項の貢献はまったく無くなってしまうはずである。従って，このような強制振動の問題では，特解を出せば，それが，十分に時間が経過した後の振動を表現していることが期待される。

特解を求めれば良いということはわかったものの，ではどうやってそれを求めればよいか考えなくてならない。強制的に振動をさせているのであるから，長時間経過後にはその強制振動の周期で系が揺すられるであろう，と考える。もちろん，位相ずれは発生すると考えられるので，

$$y = A\cos(pt - \theta) \tag{3.30}$$

というのが特解になるはずである。特解の見当がつけば，あとはこの式をもとの運動方程式に代入して係数の A と θ を決定すればよい。実際に代入してみると，

$$Cp^2 \cos pt = \sqrt{(\omega^2 - p^2)^2 + 4h^2\omega^2 p^2} \cdot A\cos\left(pt - \theta + \tan^{-1}\left[\frac{2h\omega p}{\omega^2 - p^2}\right]\right) \tag{3.31}$$

となる。両辺が恒等的に等しくなるためには，

$$\begin{cases} \sqrt{(\omega^2 - p^2)^2 + 4h^2\omega^2 p^2} A = Cp^2 \\ -\theta + \tan^{-1}\left[\dfrac{2h\omega p}{\omega^2 - p^2}\right] = 0 \end{cases} \tag{3.32}$$

が成立しなくてはならない。従って，

$$A = \frac{Cp^2}{\sqrt{(\omega^2 - p^2)^2 + 4h^2\omega^2 p^2}} \tag{3.33}$$

となり，特解は以下のように求められる。

$$y = CL_2 \cos(pt - \theta) \tag{3.34}$$

ここで，L_2，θ は以下の通りである。

$$L_2 = \frac{(\frac{p}{\omega})^2}{\sqrt{\{1 - (\frac{p}{\omega})^2\}^2 + 4h^2(\frac{p}{\omega})^2}} \tag{3.35a}$$

$$\theta = \tan^{-1} \frac{2h(\frac{p}{\omega})}{1 - (\frac{p}{\omega})^2} \tag{3.35b}$$

この式は，強制的に働く地表変位の振幅 C に対して，応答の振幅が L_2 倍になるという形になっている。従って L_2 は「振り子の相対変位が地盤の変位の何倍になるかを表わす」指標であるといえる。しかも，この関数は，外力の振動数と振り子の固有振動数の比の関数となっている。

式 (3.35a) と式 (3.35b) を種々の h に対して求めたものをそれぞれ図 3.11，3.12 に示す。

3.5　機械式地震計

既に述べた通り，振り子にペンを取りつけて，地面に紙を固定して，振り子の相対変位を記録しようというのが機械式の地震計である。もちろん，振り子の変位量には限りがあるため，テコの原理を利用して変位量を拡大して紙に記録する，というような工夫がされている (図 3.6 参照)。

機械式地震計は振り子の固有周期と減衰を調節することで，地震計を変位計，速度計，加速度計のいずれかとして使うことができる。以下ではどのようにして異なるタイプの地震計を実現するかについて述べる。

図 3.11 をみると，減衰定数 h の値が 1 よりも極端に大きいということがなければ h の値によらず，入力の振動数が振り子の固有振動数よりも大きければ入力に対する応答倍率 L_2 は一定となっている。その一定値を α とおけば，振り子の相対変位応答 y は入力の振幅 C を用いて，

$$y = \alpha C \cos(pt - \theta) \tag{3.36}$$

と表わされる。すなわち，位相ずれのことを考えないのであれば，振り子の相対変位応答の振幅が入力変位に比例する，ということになる。また，$h = 0.7$ あたりにとると L_2 が一定となる範囲が広く取れることもわかる。位相については小さな h のときは入力と応答の位相ずれが一定とみなせる範囲が広いけれども h が大きくなるにつれて大きな位相ずれが発生する振動数領域が広くなることもわかる。

このように，$h = 0.7$ 程度にとって振り子の固有周期を非常に長くとると，その固有周期よりも短周期側の震動の変位に比例した出力を取り出すことができる。つまり，振り子にペンを取りつけて，地面に紙を固定しておけばそれは地震時の変位に比例した形を描いている，ということになるのである。このような地震計を変位計と呼ぶ。

次に図 3.11 の p/ω が小さいところを見るとこれも h が 1 よりも極端に大きいということがなければ，h の値によらず似たような形をしている。この図をよく見てみると，これは放物線に非常に近い形をしていることがわかる。なお，この図は両対数で書いてあるので，図中では傾き 2 の直線として描かれている。このことは式 (3.35a) を調べることでも容易に理解される。h があまり大きくなくて p/ω が十分に小さいとすると式 (3.35a) は $4h^2(p/\omega)^2 \approx 0$ とおけるので，分母の第 2 項がなくなって $\dfrac{(p/\omega)^2}{1-(p/\omega)^2}$ となる。さらに，p/ω が十分に小さいときは分母が $1-(p/\omega)^2 \approx 1$ と近似できて分子の $(p/\omega)^2$ だけが残り，式 (3.35a) が放物線で近似できることがわかる。すなわち，$L_2 \approx (p/\omega)^2$ となる。結局，h があまり大きくなくて，入力の振動数が振り子の固有振動数よりも十分に小さいとき，振り子の相対変位応答 y は，入力の振幅 C を用いて書き直すと，

$$y = \left(\frac{1}{\omega}\right)^2 p^2 C \cos(pt - \theta) \tag{3.37}$$

となる。$(1/\omega)^2$ は系の固有振動数で決まる一定値なので，振幅だけ考えるなら $y \propto p^2C$ である。ここで，p^2C は入力の 2 階微分の振幅，すなわち入力の加速度振幅であるから振り子の相対変位応答が入力の加速度振幅に比例する，ということがわかる。これを加速度計と呼ぶ。

最後に，h が非常に大きい場合を考える。これは過減衰応答になるが，図 3.11 から振り子の固有振動数のあたりでは L_2 がほぼ直線的に変化していることがわかる。なお，ここで言う直線的とは 1 次関数的という意味で両対数軸で表わすと傾き 1 の直線になる，ということである。実際，図 3.11 で $h = 70$ の場合は表示区間全部がほとんど傾き 1 の直線に見えるであろう。このことも式 (3.35a) から理解される。つまり，p/ω は 1 に近い値で，h のみが大きいので，式 (3.35a) の分母は $\{1-(p/\omega)^2\}^2 + 4h^2(p/\omega)^2 \simeq 4h^2(p/\omega)^2$ と近似できる。したがって，式 (3.35a) の分母は $2hp/\omega$ と近似され，$L_2 \simeq \dfrac{1}{2h}\dfrac{p}{\omega}$ となる。これを y と C を使って書き直すと，

$$y = \frac{1}{2h\omega} pC \cos(pt - \theta) \tag{3.38}$$

である。$\dfrac{1}{2h\omega}$ は定数であるから，振幅だけ見れば $y \propto pC$ で，pC は入力の速度の振幅であることに注意すると，振り子の相対応答変位は入力の速度に比例することがわかる。すなわち，この場合は速度計として働くことになる。

3.6　動コイル型地震計

3.6.1　動コイル型地震計の特徴

機械式の地震計は紙とペンの摩擦が問題だったり，光学テコを使っている場合はメンテナンス性が信じられないくらい悪い，などといった実際の観測では理想的ではない条件にまつわる種々の難しい問題があった。これらの問題をうまく克服したのがコイルと磁石を用いた発電機構を用いる電磁式の地震計であった。現在，稼働中の地震計の多くは広い意味での電磁式であり，このことはこの方式が優れたものであることを意味している。

電磁式のなかでも，動コイル型は仕組みも単純であるため，電磁式地震計の生きた化石と言ってもよいような原始的な姿を残している。しかし，コイルと磁石だけで構成されていて原理的に余計なノイズを発生しないため，微小地震による地震動の観測や微動などの非常に微小な震動を測定するためには現在でもよい選択肢のひとつであるといえる。もちろん，強震動の観測も可能であるように作られたものもあり，野外での観測では地震計に電源供給をしなくてよいため有用である。

ただ，動コイル型といってもピンからキリまであって，たんにアクティブ回路をもたないことから低コストのみを追求している極めて精度の悪いものも存在し，そのようなセンサーは測定器としてはほとんど使い物にならない。ただ，このような低コストかつ低精度のセンサーにとってはエレベータの地震時管制用感振器などのように記録精度は二の次で地震の有無さえわかればよい，という用途もあり，そういうところで低コストのセンサーは活躍しているのである。

本書で想定している読者の多くは地盤の震動を正しく測定したい，という目的をもっていると考えられるので，ある程度の精度をもつよう正しく作られた動コイル

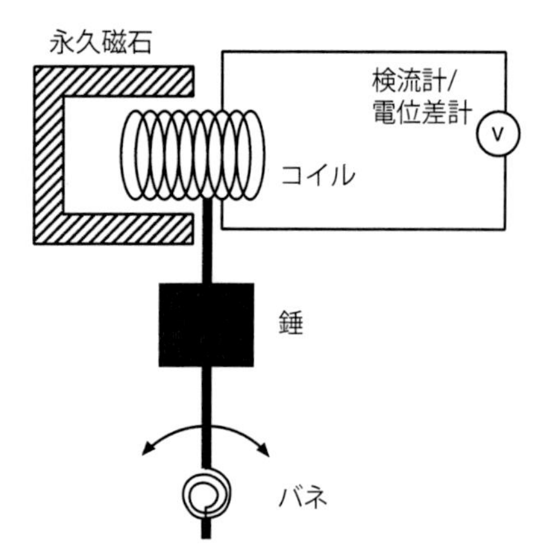

図 3.13　動コイル型地震計の動作の仕組み

表 3.1　固有周期・減衰定数と地震計の特性

特性	h はあまり大きくない		$h \gg 1$
	$T \ll T_0$	$T \gg T_0$	$T \simeq T_0$
機械式地震計	変位計	加速度計	速度計
動コイル型地震計	速度計	—	加速度計

T_0 は振り子の固有周期，h は減衰定数。

型地震計を前提としてその特性について以下に述べる。

動コイル型地震計は，仕組みが単純であるぶん，センサーの機械的な工作精度がそのまま出力の精度に直結する。また，固有周期と減衰定数が同じであれば，理屈の上ではセンサーは同じ挙動を示すはずであるが，微小な震動に対する感度は，振り子の錘が重いほど良いことが経験的に知られている。錘が大きい地震計は当然，大きく重くなる。しかし，機械加工の精度はある一定のレベル以上に高めることはできないので，大きく重い地震計のほうが相対的に機械的な精度が高いものとなると考えられる。微小な震動を測る場合には，対象とする震動の周期帯や振幅レベルに対して適切な感度をもつセンサーであることは当然として，移動観測時の作業時間，労力，センサーの大きさ，重さなどを勘案したうえで最適なセンサーを選択しなくてはならない。

動コイル型地震計では図 3.13 のように地面の震動により振り子が振れ，コイルが永久磁石の内部を移動することで電磁誘導が発生することを利用している。

電磁誘導による電流の電圧を計測することで振り子の動きを電圧として記録する。コイルが磁界の中を移動することによって生じる誘導電流を用いるので，振り子が中立位置を通過するときに最も多くの電流が流れることになる。つまり振り子の動きと電流の量 (つまり電圧の大きさ) は位相が $\pi/2$ だけずれることになる。コイルが磁石の中を動くことで微分回路が形成されているのである。

よって，機械式の地震計で変位計の特性をもつ動コイル型地震計の出力は入力の速度に比例し，機械式で速度計の特性をもつ動コイル型地震計の出力は入力加速度に比例する。そのため動コイル型には，一般には速度計と加速度計が存在する。機械式と動コイル型地震計の固有周期と減衰定数によるおおまかな特性の違いを表 3.1 に整理した。動コイル型速度計は，減衰定数を約 0.7 に調節したうえで振り子の固有周期よりも短周期側の震動を測定する。一方，動コイル型加速度計は，減衰定数を非常に大きく取って過減衰としたうえで振り子の固有周期あたり (一般には，固有周期を非常に短くとって固有周期より長周期側) の震動を測定する。

動コイル型の地震計はアクティブな回路をもたないため，回路から発生するノイズがない，という長所がある。しかし，感度を高くするためにコイルをたくさん巻くと出力インピーダンスが高くなる，という欠点がある。出力インピーダンスが高い場合，たとえば，出力ケーブルが風に吹かれただけでケーブルの振動がノイズとして記録に混入してしまったりすることがある。これは，出力ケーブルの長さを短くすることである程度避けられる。余震観測や微動探査のような臨時観測の場合はケーブルを短くとることが多いため，ケーブルの振動はあまり問題にはならないかもしれない。固定点での観測などで動コイル型地震計を使う場合は，ケーブルはきっちりと固定しておくことが必要である。いずれにしても，センサーの出力インピーダンスが高いため，信号を受ける側 (アンプや ADC など) の入力インピーダンスは十分に高く取っておかなくてはならない。

また，出力ケーブルにシールド線などを用いているときには，接地 (グラウンド；アース) が正しく取れていないと，ケーブルが巨大なコンデンサ，すなわち強力な減衰器と化してしまって振り子がまったく動かなくなってしまう，というトラブルに見舞われることがある。特に，信号の伝達経路の途中で平衡 (バランス) 伝送と不平衡 (アンバランス) 伝送が接続される場合，グラウンドをどこに落とすか，でトラブルの様相が異なることになる。最近は，プラスチックのケースで軽量な地震計も作られており，可搬性が高くてたいへん良いのであるが，このようなタイプの地震計の場合はセンサー側にグランドを取るところがまったくないためケーブルが巨大コンデンサになる可能性が高い。しかも，出力ケーブルが長いほどコンデンサの充電に時間がかかるので，最初のうちは調子良く動いていたのに，突然，凍り付いたかのようにまったく振り子が動かなくなる，という原因不明の現象に遭遇したりするのである。

また，出力ケーブルのシールドをアンプ入力のどこに接続するかで外来ノイズが大きく変化する。シールドの接続先を間違えると出力ケーブルがアンテナとして働いてノイズを取り込んでしまうばかりか，上記の巨大

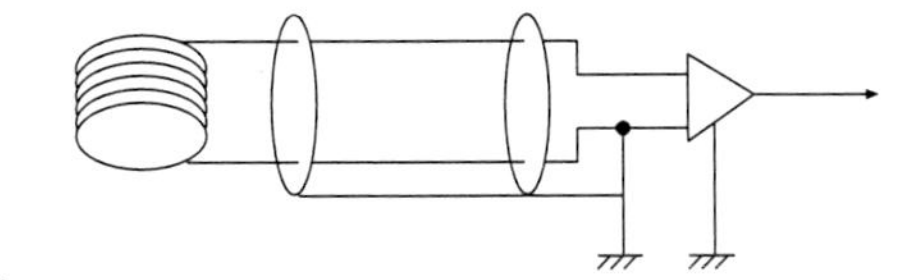

図 3.14 動コイル型地震計の出力とアンプの接続例。左側がセンサーのコイル，右側の三角がアンプで右側が出力側

コンデンサ化のトラブルにも陥りやすい。もちろん，きちんと接地をとったうえで信号を平衡伝送して差動アンプで受けることが理想であるが，観測条件によっては必ずしもそれを実現できるわけではない。筆者の経験では，図 3.14 に示すように，シールドをアンプ入力のマイナス側に接続してかつ，アンプとシールドを接地に落とすことでノイズを大幅に低減できることが多い。

図 3.12 からわかるとおり，振り子の応答の位相と地動の位相は周波数によって異なるずれ方をする。$h = 0.7$ あたりの場合，位相は非常にはっきりした周波数特性をもつ。ところが，地震計は地面に設置していくら水準器で水平を出してもそれほどちゃんとした水平がとれるわけではない。振り子が大きく重く，固有周期が長いセンサーほど水平に対して敏感である。つまり，水平がとれていなければ，固有周期や減衰定数が規定の値から大きくずれてしまうことになる。例えば，1 秒計を減衰定数を 0.7 となるように調整していたとしても水平が少しでもずれていたら，固有周期も減衰定数もそれらの標準値とは異なる値になってしまう。そして，そのちょっとした固有周期のずれは位相の大きなずれとして出力信号に影響を与えることになるのである。

地震計でアレーを構成して複数地点で同時に観測をする場合，一般には記録の位相精度が極めて重要となる。アレーにおいて同時観測に用いられるセンサーの固有周期と減衰定数が完全に一致している場合には図 3.12 に見られる位相ずれは問題にはならないが，一般には設置時の微妙な水平の誤差によってセンサーごとに異なる位相特性となっているものと考えられる。このような点を考慮すると，動コイル型速度計では設置状態での固有周期と減衰定数を正しく測っておいて，あとで計器補正を行ってきちんと地動に戻してから解析を行わなくてはならない，ということがわかる。動コイル型でも加速度計の場合は，一般に振り子の固有周期は短いものが多いため設置誤差の影響はあまり大きくないものと期待される。

もちろん設置誤差の問題は後に述べるフィードバック型地震計にも当てはまる。しかし，フィードバック型地震計の場合，出力から計器補正をしようにも設置状態での固有周期や減衰定数を調べる術がないのである。フィードバック型地震計も動コイル型加速度計と同様に，多くの場合，小さく軽い振り子で固有周期の短いものが使われることが多いため，設置誤差の影響は受けにくいと信じるしかないのが現状である。

3.6.2 動コイル型速度計の出力電圧と地動速度との関係

動コイル型速度計の応答は，基本的には機械式変位計の方程式で十分であるが，どういう物理で動いているかきちんと整理しておくことは有用であろう。なお，この項の内容は西村[7] による執筆中の英文テキストをもとに著者の許可を得て日本語で書き改めたものであることを断っておく。万一，誤りがあったとすればその原因はすべて筆者にあり，西村のテキスト[7] の問題ではないことを申し添えておく。

図 3.15 に示すように振り子のモーメントの釣り合いは $\theta \ll 1$ のとき，$\sin\theta \approx \theta$，$\cos\theta \approx 1$，$y = r\theta$ が成り立つことを利用して，

$$M\frac{d^2}{dt^2}(r\theta + y_0)\cdot r\cos\theta + c\frac{d}{dt}(r\theta)\cdot r\cos\theta + Mg\sin\theta\cdot r\cos\theta = 0 \quad (3.39a)$$

$$\Leftrightarrow K\ddot{\theta} + D\dot{\theta} + \tau\theta = -Mr\ddot{y}_0 \quad (3.39b)$$

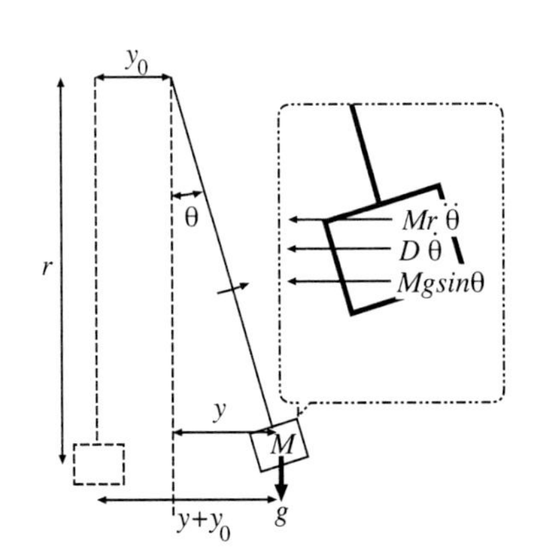

図 3.15 振り子の釣り合い状態と変数の定義

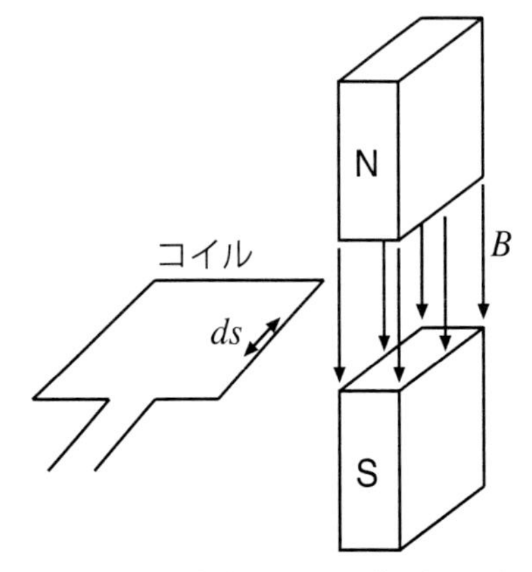

図 3.16 コイルが永久磁石の間を移動する場合の力

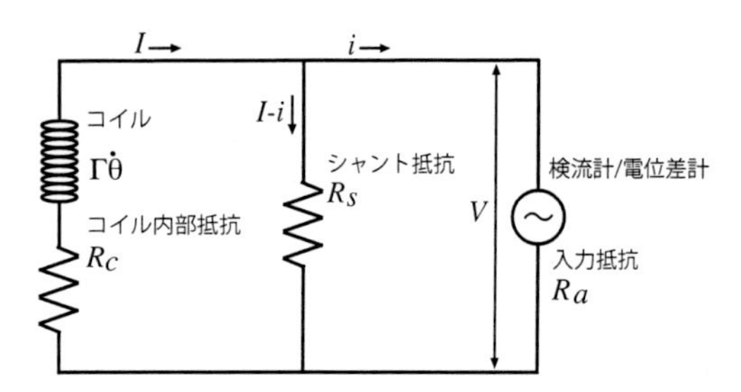

図 3.17 動コイル型速度計の回路構成

を得る。なお，$K=Mr^2$, $D=cr^2$, $\tau=Mgr$ を用いた。y，y_0 の意味は式 (3.28) と同じ，c は減衰係数で，その他のパラメータは図 3.15 に示す通りである。

次に図 3.16 を用いて，電磁誘導による起電力と，コイルを流れる電流によって振り子にかかる力を考える。速度のベクトル $\boldsymbol{v}$ は，$\boldsymbol{v}=(\boldsymbol{k}\times\boldsymbol{r})\dot{\theta}$ と表わされる。ここで，$\boldsymbol{k}$ は軸の回転と平行なベクトル，$\boldsymbol{r}$ は軸からコイル方向のベクトル，$\times$ は外積である。磁束密度 $\boldsymbol{B}$ の中にコイルが入ると，局所的な起電力ベクトル $\boldsymbol{e}$ は，

$$\boldsymbol{e}=\boldsymbol{v}\times\boldsymbol{B}=\dot{\theta}(\boldsymbol{k}\times\boldsymbol{r})\times\boldsymbol{B} \tag{3.40}$$

と表わされる。これより，コイル全体にかかる起電力は，

$$E=\oint\boldsymbol{e}\cdot d\boldsymbol{s}=\dot{\theta}\oint[(\boldsymbol{k}\times\boldsymbol{r})\times\boldsymbol{B}]\cdot d\boldsymbol{s} \tag{3.41}$$

となる。$\Gamma\equiv\oint[(\boldsymbol{k}\times\boldsymbol{r})\times\boldsymbol{B}]\cdot d\boldsymbol{s}$ とおくと，

$$E=\Gamma\dot{\theta} \tag{3.42}$$

と書き改められる。さらに電流 I が流れているコイルにかかる力 $\boldsymbol{F}$ を考えると，$\boldsymbol{F}=Id\boldsymbol{s}\times\boldsymbol{B}$ なので，モーメントは，$d\boldsymbol{M}=\boldsymbol{r}\times(Id\boldsymbol{s}\times\boldsymbol{B})$ となり，振り子にかかる全モーメントは，

$$M=\oint d\boldsymbol{M}\cdot\boldsymbol{k}=-\Gamma I \tag{3.43}$$

が得られる。以上より，コイルに流れる電流の電磁誘導によって ΓI なる力が加わることがわかる。よって，式 (3.39b) は，以下のように書き換えることができる。

$$K\ddot{\theta}+D\dot{\theta}+\tau\theta=-Mr\ddot{y}_0-\Gamma I \tag{3.44}$$

ところで動コイル型速度計では，通常，図 3.17 に示すような構成の回路が使われる。この回路から以下のことが理解される。動コイル型速度計は振り子につながったコイルの電磁誘導により起電力を生み，コイルから発生した電流は回路を流れ，その電圧が検流計によって計測される。これが，地震計の出力である。一方，コイルの両端はシャント抵抗をはさんでショートされているため，キルヒホッフの法則により回路内の関係式は，

$$V=iR_a=(I-i)R_s \tag{3.45a}$$

$$E=-\Gamma\dot{\theta}=IR_c+(I-i)R_s \tag{3.45b}$$

となる。式 (3.45a) より，

$$i=\frac{V}{R_a},\qquad I=\frac{R_s+R_a}{R_sR_a}V \tag{3.46}$$

となり，式 (3.45b)，(3.46) を用いて，

$$\dot{\theta}=\frac{1}{\Gamma}\{IR_c+(I-i)R_s\}=\frac{1}{\Gamma}RV \tag{3.47}$$

が得られる。ここで，

$$R\equiv\frac{R_aR_c+R_cR_s+R_sR_a}{R_sR_a} \tag{3.48}$$

とした。また，

$$\dot{\theta}=\frac{1}{\Gamma}RV,\quad \ddot{\theta}=\frac{1}{\Gamma}R\dot{V},\quad \dddot{\theta}=\frac{1}{\Gamma}R\ddot{V} \tag{3.49}$$

である。式 (3.46) を式 (3.44) に代入すると，

$$K\ddot{\theta}+D\dot{\theta}+\tau\theta=-Mr\ddot{y}_0-\Gamma\frac{R_s+R_a}{R_sR_a}V \tag{3.50}$$

となるので，両辺を微分して，

$$K\dddot{\theta}+D\ddot{\theta}+\tau\dot{\theta}=-Mr\dddot{y}_0-\Gamma\frac{R_s+R_a}{R_sR_a}\dot{V} \tag{3.51}$$

を得，式 (3.49) より出力電圧 V と地動変位 y_0 の関係は次のように求められる。

$$\ddot{V}+2h\omega\dot{V}+\omega^2V=-\Gamma\frac{Mr}{KR}\dddot{y}_0 \tag{3.52}$$

ただし，

$$2h\omega=\frac{D}{K}+\frac{\Gamma^2}{KR}\frac{R_s+R_a}{R_sR_a},\quad \omega^2=\frac{\tau}{K} \tag{3.53}$$

である。

式 (3.52) は式 (3.28) とほとんど同じ形をしていることがわかる。式 (3.28) では振り子は地面の変位 y_0 によって駆動されていたのが，式 (3.52) では振り子は地面の速度 $\dot{y}_0$ によって駆動されている，という点だけが異なる。また，地面の速度 $\dot{y}_0$ には係数 S

$$S\equiv\Gamma\frac{Mr}{KR} \tag{3.54}$$

がかかっている。少し手戻りになるが，式 (3.47) において，R を式 (3.48) によって定義していたことを思い出して，$Q^2\equiv R_aR_c+R_cR_s+R_sR_a$ とおきなおすと，

$$S=\frac{R_aR_s}{Q^2}\frac{Mr}{K}\Gamma \tag{3.55}$$

と書ける。

式 (3.28) と同様に式 (3.52) を解くと，振幅の応答と位相差はそれぞれ以下のようになる。実際には手を動かして計算する必要はなくて，式 (3.35a) に S を掛けるだけで得られる。

$$L_2'=\frac{(\frac{p}{\omega})^2S}{\sqrt{\{1-(\frac{p}{\omega})^2\}^2+4h^2(\frac{p}{\omega})^2}} \tag{3.56a}$$

$$\phi=\tan^{-1}\frac{2h(\frac{p}{\omega})}{1-(\frac{p}{\omega})^2} \tag{3.56b}$$

このことから，動コイル型速度計の出力は地動速度に比例することがわかる。

式 (3.55) の係数 S はセンサーの感度と呼ばれる。こ

れは S が地動速度と出力電圧の比を表わしているからである。実際に次元解析をしてみると S の次元は V/kine となる。

さて，R_a と R_s を無限に大きくとる場合を考える。これは，シャント抵抗も入力インピーダンスも十分に大きい状態なのでコイルが完全に開放されているのと同じ状態である。$R = \dfrac{R_a R_c + R_c R_s + R_s R_a}{R_s R_a}$ は分子分母を $R_a R_s$ で割ってからこれらを無限大にもっていくと R の第1項，第2項はゼロに収束するので，結局 $R \to 1$ となる。よって，$R_a, R_s \to \infty$ のとき，

$$S \to S_0 \equiv \frac{Mr}{K}\Gamma \tag{3.57}$$

となる。このとき，S_0 をセンサーの開放感度と呼ぶ。S_0 はセンサーがもつ寸法や電気的定数によって決まる量である。昔ながらの動コイル型速度計のデータシートにはちゃんと開放感度の検定結果がついてくるのが普通であるので，あまり心配をしなくても式 (3.56a), (3.56b) を用いて計器補正をすることが可能である。

3.7　フィードバック型地震計

3.7.1　フィードバック型地震計の特徴

動コイル型地震計の場合は，仕組みが単純であるため簡単に方程式を立ててそれを解くことができた。しかし，フィードバック型地震計の場合，それぞれの地震計メーカーが独自のフィードバック機構を実装しており，それらは個々に異なる伝達関数となっているため一般的な記述を行うことは難しい。次項では，代表的なフィードバック型地震計であるフォースバランス型地震計の動作原理について述べるが，本項では，簡単にフィードバック型地震計の一般的な特徴と注意点について述べる。

フィードバック型地震計は，小型軽量のセンサーであるにもかかわらず長周期領域まで，しかも広いダイナミックレンジの計測が比較的簡単に可能であるという特徴をもつ。価格はこれも動コイル型同様にピンからキリまであるが，値段には値段なりの値打ちがあるのが普通で，安くて良い性能のものを発見するのは通常は不可能である。逆に，高くて性能の悪いものは簡単に見つかるので注意が必要である。

フィードバック型地震計にも加速度計，速度計があり，図 3.18 に示すように，フィードバック型地震計は動コイル型地震計にフィードバックアンプと制御用コイルを取りつけ，振り子の振動を制御しその際の制御電流や電圧を計測するという仕組みで動作する。振り子の伝達関数に相当するフィルタを挿入することで出

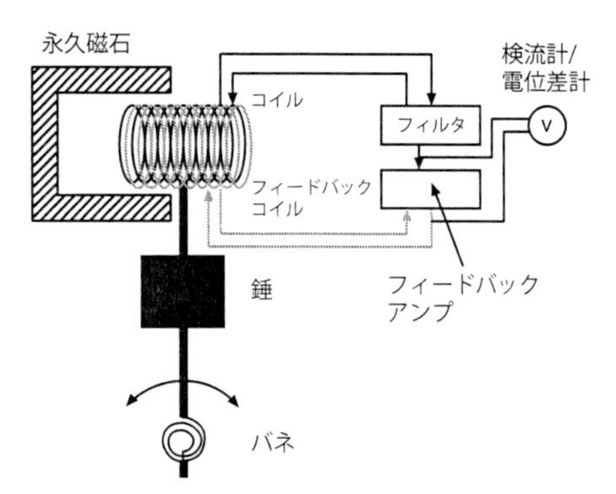

図 3.18　フィードバック型地震計の動作の仕組みの例

力は地動に比例した加速度または速度が得られるのが一般的である。また，伝達関数を調整することで動コイル型では実現できないような広帯域にわたって平坦な周波数応答特性を得ることも理論的には可能である。またフィードバックアンプから信号を出力するため，出力インピーダンスを低くとることができ，信号線を長く引き回しても信号線由来のノイズの影響を受けにくいという点も動コイル型にはない長所である。

フィードバック方式には図 3.18 のような構成で速度フィードバックをかけるものやギャップセンサーなどで振り子の変位を監視して振り子が常に中立位置に固定されるように制御を行うフォースバランス型などがある。図 3.18 を図 3.13 の動コイル型地震計と比べてみると，見た目の違いはフィードバック回路と振り子の制御用コイルが増えているだけに見えるが，フィードバックアンプの部分にノウハウがつぎ込まれているのである。また，図 3.18 では振り子の速度検出用コイルと制御用コイルを二重に巻いているように描かれているが，フォースバランス型の場合は次項の図 3.19 に模式的に示す通り，振り子の位置の検出にはギャップセンサーを用いて制御用コイルで変位制御を行っており，制御方法によって地震計の構成も大きく異なる。近年はフォースバランス型が広く利用されているようである。

小型軽量，広帯域のフィードバック型地震計ももちろん良いことばかりとは限らない。当たり前であるが，フィードバックアンプが必須であるため，電源を必要とする。そして，そのアンプの 1/f ノイズから逃れることができず，そのノイズ特性は広帯域特性を追求すればするほど条件は厳しくなる。地震計としてのサイズが大きくてもよいのであれば，動コイル型でもよいことになってしまい，フィードバック型の良さが薄れてしまうため，限られたスペースのなかに回路を実装しなくてはならず，その結果，どうしてもノイズに弱くなるというジレンマを抱えている。また，そのために温度の影響も受けやすくなってしまうという別の問題も生ずる。

ただ，これらの問題点はある程度は回路設計や実装技術，デバイスの進歩によって解決できるものと期待される。しかし，どうしても逃れられない問題としてセンサーの設置誤差は考慮しておく必要がある。動コイル型地震計のところでも少し述べたが，地震計を厳密に水平に設置することは本質的に不可能である。センサーの設計上はセンサーを厳密に水平に設置したときに所定の特性を有することになっている。このこと自体は実に当然のことであるのだが，センサーの工作精度や設置精度はそれほど厳密ではないことが問題になってくるのである。つまり，設計時にはセンサーのある特定の状態において振り子の伝達関数を仮定して，その伝達関数を逆演算するような回路を構成している。ところが，できあがったセンサーを設置してみると，設計時に仮定した状態とは微妙に異なる状態で地震計は設置されることになる。このことは，センサーに組み込まれている伝達関数の逆演算の回路が期待どおりには働かない，ということを意味しており，結果として出力精度がセンサーの設置状態に依存する，ということになる。

図 3.11，3.12 からわかるとおり，固有周期の周辺では位相が大きく変化し，応答特性も固有周期がずれると固有周期よりも長周期側ではそのずれが長周期成分に大きな影響を与えてしまう。動コイル型では出力用コイルに電流を流して振り子を強制的に動かすことが簡単にできるため，振り子の固有周期や減衰定数を調べることは非常に簡単である。しかし，フィードバック型では通常はセンサーの出力側にはアンプなどの回路がいろいろつながっているため無理矢理，外部からコイルに電流を流してどうにかする，ということが難しい。もちろん検定用コイルをもっているセンサーもあるが，振り子の応答は後段につながっている回路の影響を受けるため，地震計を設置した状態で振り子の裸特性を測定することは容易ではない。

また，振り子が大きく重く，固有周期が長くなればなるほど設置状態での固有周期や減衰定数の誤差は大きくなる。特に位相は振り子の固有周期と減衰の影響を強く受けるため，アレー観測のように異なる 2 地点間の震動の位相差を調べたい場合には，設置にも非常に気をつけなければならない。フィードバック型は小型軽量だからといって，お手軽に扱ってもよいというわけではなく，動作原理を理解して正しく使うことが重要である。

3.7.2　フォースバランス型加速度計の動作原理

前項で述べた通り，フォースバランス型加速度計は振り子の挙動をギャップセンサーによって検出し振り子の変位情報をもとにフィードバックコイルに電流を流

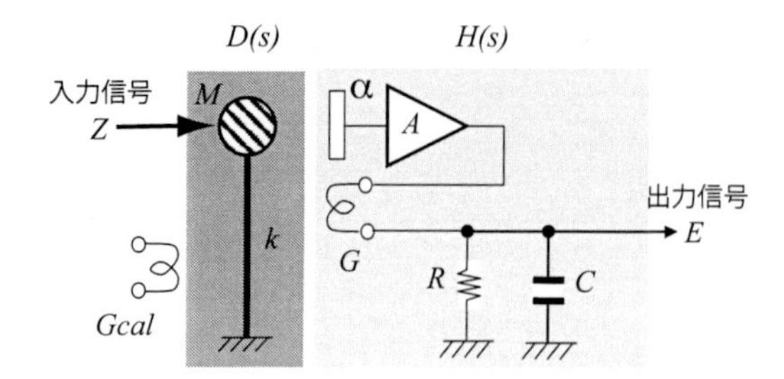

図 3.19　フォースバランス型加速度計の構成

して振り子に制動をかけると共にフィードバックコイルに流した電流の電圧を出力する，というものである。

1 自由度の振り子の応答を制御するシステムであるから，2 次の動的システムの振動制御理論にしたがって伝達関数を求めることができる (たとえば，大須賀[8])。センサーの特性を理解する上で必要な定式化を以下に示す。以下では特に断らない限り独立変数 s のラプラス領域で記述するものとする。なお，ラプラス変換や伝達関数については 4.1 節で述べる。

図 3.19 に示す回路構成のフィードバックシステムを考える。ギャップセンサーによって検出された振り子の変位が電圧増幅器を経てフィードバックコイルに入力され，コイルの電磁誘導によって振り子に制動力をかけている。このとき，フィードバックコイルに入力される電流は負荷抵抗と制動用コンデンサーによって制限されるとともに外部に電圧出力される。したがって，センサー全体の特性を知るためには，入力される加速度に対する出力電圧の伝達関数を求めればよい。

振り子部分の伝達関数を $D(s)$，フィードバック回路部分の伝達関数を $H(s)$ とすると，ブロック線図は図 3.20 のようになる。入力変位を $Z(s)$，フィードバックを受けた振り子への入力変位を $X(s)$，振り子の応答変位を $Y(s)$ とすると，

$$s^2X(s) = s^2Z(s) - H(s)Y(s) \qquad (3.58a)$$

$$Y(s) = s^2X(s)D(s) \qquad (3.58b)$$

と表わせるので，式 (3.58a) を式 (3.58b) に代入して整理すると，入力加速度 $s^2Z(s)$ に対する $Y(s)$ の伝達関数は，以下のように求められる。

$$\frac{Y(s)}{s^2Z(s)} = \frac{D(s)}{1+H(s)D(s)} \qquad (3.59)$$

振り子の運動方程式は，時間領域において，

$$M\ddot{y}(t) + ky(t) = M\ddot{x}(t) \qquad (3.60)$$

と表わされる。ここで，$x(t)$，$y(t)$ はそれぞれ $X(s)$，$Y(s)$ のラプラス逆変換，また，M，k はそれぞれ振り子の質量と剛性である。式 (3.60) をラプラス変換すると，

$$Ms^2Y(s) + kY(s) = Ms^2X(s) \qquad (3.61)$$

となるから，外力 $s^2X(s)$ に対する $Y(s)$ の伝達関数

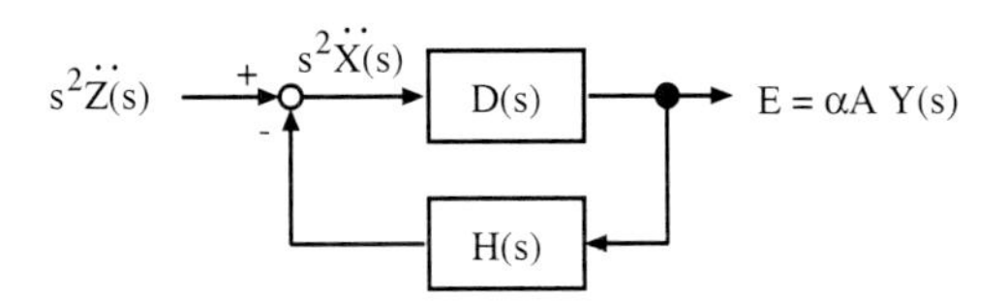

図 3.20　フォースバランス型加速時計のブロック線図

$D(s)$ を求めると，

$$D(s) = \frac{Y(s)}{s^2X(s)} = \frac{M}{Ms^2 + k} \tag{3.62}$$

となる。

一方，フィードバック回路部分の伝達関数 $H(s)$ は，ギャップセンサーの出力 $Y(s)$ に電圧増幅 αA をかけて，抵抗 R とコンデンサ C の並列回路によるインピーダンス L に制限される電流をフィードバックコイル G に流すだけであるから，

$$H(s) = G\frac{\alpha A}{L} \tag{3.63}$$

と表わされる。ここで，L は R と C の並列回路によって構成されるので，

$$L = \frac{R}{1 + sCR} \tag{3.64}$$

となる。

式 (3.62)，(3.63)，(3.64) を式 (3.59) に代入して整理すると，入力加速度に対する振り子の応答変位の伝達関数が次のように得られる。

$$\frac{Y(s)}{s^2Z(s)} = \frac{1}{s^2 + \dfrac{\alpha AGC}{M}s + \omega_0^2 + \dfrac{\alpha AG}{MR}} \tag{3.65}$$

ここで，ω_0 は振り子の固有円振動数で，$\omega_0^2 = k/M$ である。サーボ回路の出力電圧 $E(s)$ は $\alpha AY(s)$ によって得られるから，入力加速度に対する出力電圧の伝達関数は，

$$\frac{E(s)}{s^2Z(s)} = \frac{\alpha A}{s^2 + \dfrac{\alpha AGC}{M}s + \omega_0^2 + \dfrac{\alpha AG}{MR}} \tag{3.66}$$

となる。式 (3.66) はゼロ点をもたないが，極はもつ。振り子が減衰振動するように異なる 2 つの複素根をもつように定数を与えるものとして，そのときの極を r とすると，安定制御のためには $\Re(r) < 0$ でなくてはならない。ここで $\Re(\cdot)$ は複素数の実部を表わす。このとき，システムの減衰固有円振動数 ω_0' と減衰比 ζ はそれぞれ，

$$\omega_0' = |r|, \quad \zeta = \cos\left(\tan^{-1}\left(\frac{\Im(r)}{\Re(r)}\right)\right) \tag{3.67}$$

から求められる。ここで $|\cdot|$，$\Im(\cdot)$ はそれぞれ複素数の絶対値と虚部である。

式 (3.66) の分母を 0 とおいた方程式

$$s^2 + \beta s + \gamma = 0 \tag{3.68}$$

を考える。ここで，

$$\beta = \frac{\alpha AGC}{M}, \quad \gamma = \omega_0^2 + \frac{\alpha AG}{MR} \tag{3.69}$$

である。式 (3.68) の異なる 2 つの複素根 r は以下のように表わされる。

$$r = -\frac{\beta}{2} \pm j\frac{\sqrt{4\gamma - \beta^2}}{2} \tag{3.70}$$

ここで $j = \sqrt{-1}$ である。このとき，系の減衰固有振動数 ω_0' と減衰比 ζ は，

$$\omega_0' = |r| = \sqrt{\gamma} = \sqrt{\omega_0^2 + \frac{\alpha AG}{MR}} \tag{3.71a}$$

$$\zeta = \frac{1}{\sqrt{1 + \left(\frac{\Im(r)}{\Re(r)}\right)^2}} = \frac{\beta}{2\sqrt{\gamma}} = \frac{\alpha AGC}{2M\omega_0'} \tag{3.71b}$$

となる。ここで，$\cos(\tan^{-1} x) = 1/\sqrt{1 + x^2}$ を用いた。

4.1.4 項で述べるように，式 (3.66) において $s = j\omega$ と置くことで定常解の周波数応答関数を得ることができる。すなわち，周波数応答関数の振幅 $A(f)$ および位相 $\phi(f)$ はそれぞれ以下のようになる。ここで，f は振動数で $\omega = 2\pi f$ である。

$$A(f) = \sqrt{\frac{\alpha A}{(\gamma - (2\pi f)^2)^2 + (2\pi\beta f)^2}} \tag{3.72a}$$

$$\phi(f) = -\tan^{-1}\frac{2\pi\beta f}{\gamma - (2\pi f)^2} \tag{3.72b}$$

以上のようにしてフォースバランス型加速度計の周波数応答および位相特性を求めることができる。これはあくまでも図 3.19 のような簡単な例に対する結果にすぎない。しかし，より複雑なフィードバック回路を有する場合でも同様の手順によって伝達関数を求めることができる。

3.8　速度計と加速度計

ここまでの記述と重複する部分もあるが，加速度計と速度計の違いについてもう少しだけ述べておきたい。

機械式地震計は現在では実用的とはいえないので，このタイプの地震計については考えないとすると，加速度計は，減衰が十分に大きければ，あるいはフィードバックを精確にかけていれば，振り子の固有周期よりも長周期まで，理論上は直流成分までフラットレスポンスで加速度に対して感度があることになっている。従って，加速時計では長周期側のことを考える必要はなくて，センサーとして広帯域化をはかるならば，振り子の固有周期を短くすればよいだけ，と考えることができる。このためには，振り子は小さければ小さいほどよい，ということになるのであるが，実際にはそんなに小さな振り子では長周期領域で正しく振り子が応答しているように

は見えないのが普通である。

フィードバック型加速時計の場合は長周期領域でフィードバックアンプの 1/f ノイズが問題になる，ということももちろん大きな要因ではあるが，そもそも，小さく軽い振り子では長周期の震動に対して十分な感度が得られない。地震計という有限のサイズのなかでは振り子の変位が十分にとれないため当然なのである。

既に述べたとおり，動コイル型の加速度計は過減衰に設定して振り子の相対変位が速度に比例するように作られている。図 3.11 を見るとわかるように，過減衰にすると，その応答感度はどんどん低くなっているのである。つまり，動コイル型といえども加速度計は感度を犠牲にしてフラットレスポンスを得ていると考えなくてはならない。逆に速度計の場合はそれほど帯域を広く取れていないように見えるが，もともと感度が十分にあるので，正しく作られた動コイル型速度計ならば固有周期に対して 10 倍くらいの周期までは十分な出力を得ることができるのが一般的である。

ただし，動コイル型地震計では，入力に対して応答の位相が大きくずれているので記録に対して計器補正をしなければ入力された地盤震動を得ることができない。しかし，その手間をおしまず，かつ記録が十分な S/N を確保していれば，計器補正を施すことで固有周期よりも長周期領域まで十分な精度の記録を得ることができる。

なお，速度計のなかには，減衰を過減衰に設定して固有周期よりも長周期までフラットレスポンスにしたものもある。これは，振り子自体は加速度計と同様な挙動をしていて，出力の際に積分回路を通して速度出力を得ているのである。このようなタイプの速度計の場合，センサーの感度は加速度計と同等であり，長周期領域では感度が非常に悪くなっている場合があることに気をつけなくてはならない。また，過減衰によってフラットレスポンスの領域を広げる方法に工夫をして感度をあまり犠牲にしないようにしているセンサーもあり，仕組みが単純な分だけさまざまな工夫がされている。

参考までに，図 3.21 に手元で特性がわかったフィードバック型 (図中では FB と表示，以下同)，動コイル型 (MC) の加速度計 (ACC)，速度計 (VEL) の最大分解能 (ここでは，測定限界というくらいの意味) を NLNM と NHNM と共に示した。各センサーのラインの左下側がそのセンサーにとっての測定不能領域である。センサーにはそれこそピンからキリまであるため，この図に示したものが世の中のセンサーを代表するものではまったくなく，あくまでも筆者が工学目的に用いてきたセンサーを中心に示しただけである。したがって，広帯域地震計のような超高感度の地震計やエレベータ

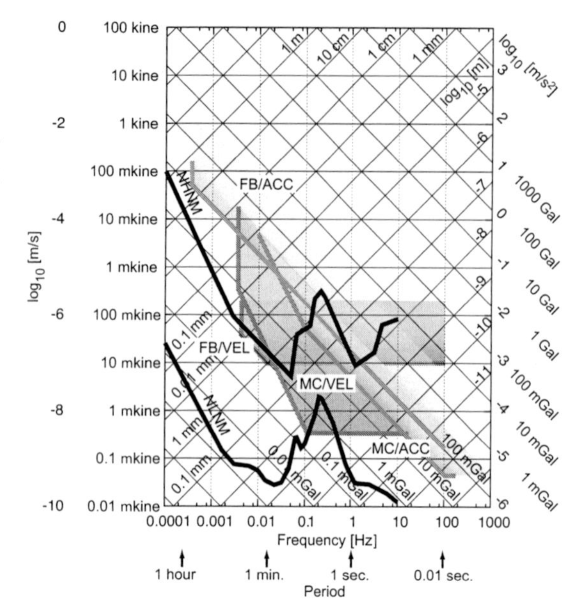

図 3.21　動コイル型およびフィードバック型の加速度計，速度計の最大分解能のレベル。FB：フィードバック型，MC：動コイル型，ACC：加速度計，VEL：速度計

用の感振器のような精度を必要としない地震計などは対象としていない。

図 3.21 の左下ほど長周期かつ微小震動に対応するため，センサーの対応範囲が左下方向へ広いものほど長周期の微小な震動を測定できる，ということになる。もちろん，センサーのクリッピングレベルについては図中には書き込んでいないため感度が高いからといってダイナミックレンジが広いわけではないし，強震観測が可能なセンサーも分解能という一点のみで同じ土俵で比較しているということに注意されたい。

動コイル型センサーの分解能は記録する側の S/N に依存する。そこで，動コイル型速度計 (MC/VEL) については，1 μV までの出力を正しく記録できるものと仮定し，固有周期 10 秒の振り子をもち，出力感度がおよそ 2 V/kine の場合について示している。長周期側はどこまで伸びるのかわからないので適当に切っている。図 3.21 より動コイル型速度計 (MC/VEL) で固有周期が長いものは短周期～やや長周期領域では他のタイプのセンサーと比べて圧倒的な分解能を有していることが直ちに理解される。NHNM のレベルは 100 秒程度まで十分にカバーしており，NLNM のレベルも脈動領域では十分に感度があることになる。

フィードバック型速度計 (FB/VEL) は野外での移動観測で使うには少しデリケートなタイプのセンサーの特性をカタログから拾ってプロットしている。長周期まで非常によい分解能を示しているが，フィードバックアンプの制約により，全帯域にわたって十分な分解能が

得られているわけではない。そのため，NHNMのレベルをカバーするのがギリギリである。しかし，それでもやや長周期領域では加速度計に比較して優位である。

一方，加速度計は右下がりの直線に沿って感度が決まるため，どうしても長周期側では十分な分解能が得られないことがわかる。フィードバック型加速度計 (FB/ACC) のなかでもそこそこ高価で，大学の研究費でもかなり頑張ればなんとか買えそうなセンサーはだいたい図 3.21 に示したような性能をもっているものが多いようである。これよりも安いものは値段に応じて感度が 1〜1.5 桁ほど劣るのが普通である。また，そのような安めのセンサーではフィードバックアンプもノイズ対策が十分ではないため，温度の影響を受けやすかったり，1/f ノイズが半端なく大きかったりしてやや長周期領域ではまったく使えないものもある。

動コイル型加速度計 (MC/ACC) の分解能はメーカーが主張する性能をそのまま図 3.21 に示した。動コイル型速度計の場合にも述べたとおり，分解能は記録装置の S/N で決まる。例えば，センサーの感度が 1 V/G (= 1 V/980 Gal) の場合，図 3.21 に示されている動コイル型加速度計の分解能を実現するためには 0.05 μV 程度まで測定できなければならない。これはいくらなんでも無理であろうことはこれまでの議論から容易に理解できよう。動コイル型速度計と同じように 1 μV まで記録できると仮定するとその場合の最大分解能は 1 mGal 程度，10 V/G のセンサーなら 100 μGal 程度である。したがって，動コイル型といえども加速度計の場合はやや長周期領域で脈動をきっちり測るには，10 V/G の感度のものでもギリギリ，1 V/G ではたいへん困難であることがわかる。

このように，地震計と一言で言っても，その特性はさまざまである。地盤震動を測定するにあたっては，どのような震動を対象とするのかということはもとより，単に速度計か加速度計かということだけでなく，その地震計の振り子としての物理がどのようなものであるか，どのような回路構成となっているかをよく知っておく必要がある。そのうえで，そのセンサーがもつ制約条件をよく理解して機材を選定し，観測にのぞまなくてはならない。

3.9 動コイル型速度計の計器特性の測定

地盤震動の観測にあたっては，地震計さえあればそれでよいわけではなく，データロガーや，増幅器 (アンプ)，時刻同期のための装置など種々の周辺装置が必要となる。A/D コンバータやバッファアンプの特性など，観測を行う上で知っておくべきことも多いが，それらについては比較的容易に情報を得られるものと期待されるため，本書では割愛する。

これまで，動コイル型速度計の場合は計器補正が必要である，ということを何度も述べてきた。しかし，それを具体的にどのようにすべきか，ということについては他ではあまり述べられていないと思われるため，以下に簡単に触れておく。既に述べた通り理屈は簡単であるからそれを満足するように手順や装置を工夫すればよい。したがって，ここに述べる方法はあくまでも筆者がそのようにやっている，ということだけであって他にもやり方はいくらでも考えられるであろう。

動コイル型地震計の計器補正にはセンサーのスペック上での値ではなく，設置して観測している状態での固有周期と減衰定数が必要である。固有周期はシャント抵抗をはずした状態でセンサーのコイルに一瞬だけごく僅かの電流を流すと勝手に振り子が揺れはじめて (理想的には非減衰) 自由振動をするので，それを記録してあとから周期を測ればよい。減衰定数を測るには，式 (3.27) を使えばよいので，図 3.9 のようなステップ応答を記録しておけばよいことになる。

ステップ応答を記録するためには，シャント抵抗をつないだ状態でコイルに電流を流すと振り子が一方に振れてとまる。これが図 3.9 の中ほどの上向きに大きな振幅がある応答に対応する。過渡応答があるのでしばらく待って，今度はコイルに流している電流を切断する。すると，これまで中立位置からずれていた振り子が中立位置に向かって戻ってくる。このときの応答が図 3.9 の記録の最初の方と終りの方で下向きに大きな振幅のある波形である。この図では，拡大してみるために少しだけしかステップ応答を表示していないが，微動の影響で応答が乱されるため何回もステップ応答を取ってそれぞれ固有周期と減衰定数を求めそれらを平均して値を決定するのが望ましい。

非減衰自由振動を用いて固有周期を別途求めなくても，ステップ応答の波形に 1 自由度系のインパルス応答関数の理論波形をフィットさせてまとめて固有周期と減衰定数を求めることも可能である。これについては，4.7.1 項で述べる。

このように自由振動をさせたりステップ応答を記録するために，筆者の場合は，図 3.17 に示した回路を一部取り出して図 3.22 に示すような回路を作って図中の破線で囲んだ部分をアルミのシャーシに取りつけて使っている (図 3.23)。

図 3.22 の SW1 でシャント抵抗の開閉ができ，SW2 でコイルに流す電流の on/off ができる。SW2 を閉じたときにあまりにたくさん電流が流れると地震計のコイルを焼損してしまうので，電流を調節するために可変

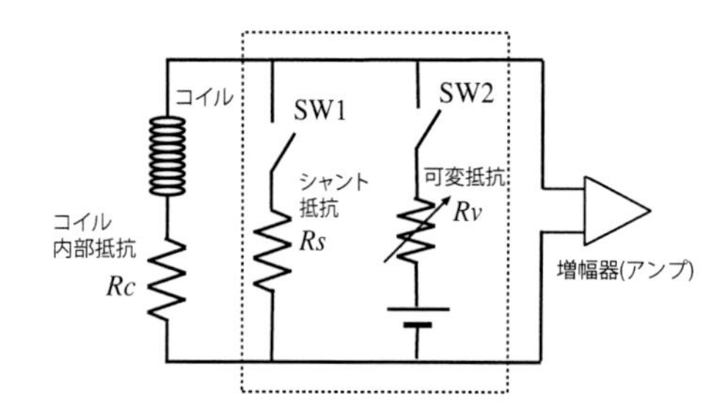

図 3.22 ステップ応答を記録するための回路。破線部分を 3 ch 分まとめてアルミシャーシに格納し，地震計と増幅部の間に接続する。

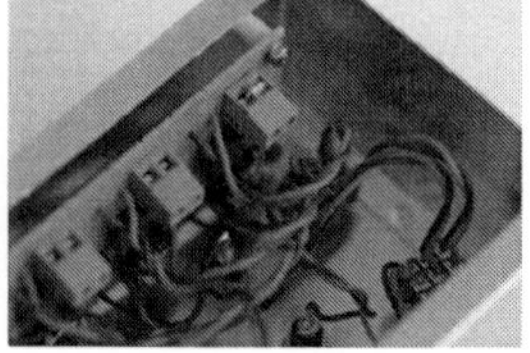

図 3.23 ステップ応答を記録するための回路の実装例

抵抗をつけている。図 3.23 の左はアルミシャーシの上面，右は裏面で配線が見えている。上面に見えているトグルスイッチが SW1 と SW2 で，3 回路 3 接点のものを使って 3 成分をまとめて切り替えられるようにしている。また，端子はスペースを節約するためにバナナ端子対応のものとしているが，小型の矢型端子も接続可能である。裏側で一番上に見えているのがシャント抵抗を差すためのコネクタで小型の抵抗をネジ止めできるようにしている。これで，地震計が変わってもシャント抵抗を変えて使い回しができる。写真では見えにくいが一番右側のコネクタにのみシャント抵抗が装着されている。その下にちょっと見えている四角いものが回路図の Rv で多回転トリマーである。写真では見えないがその下に小さな電池ボックスをつけてアルカリボタン型電池の LR44 をつけている。以前は単三電池を使っていたが，スペースの節約のために小さい電池にした。このあたりの実装は完全に個人の趣味であるから好きなように作ればよい。

このアルミのシャーシを地震計とアンプの間にはさんで接続すれば上で述べたようなステップ応答をとる動作を簡単に行うことができる。すなわち，SW1 を開いた状態で，SW2 を短時間の間に開閉すれば振り子は自由振動をする。また，SW1 を閉じた状態で SW2 を閉じると図 3.9 の上向きの応答，SW2 を開くと図 3.9 の下向きの応答が得られる。この回路では，SW2 を閉じた際に図 3.9 のように振り子の静止時の電圧にオフセットが生じるが，SW2 を閉じたときのステップレスポンスは振り子が中立位置で停止しない条件であるため，振り子の非線形領域に入っている可能性が高く，減衰定数の決定にはこのときの記録は使わないことが望ましい。そのためオフセットがあってもそのことは気にせず，減衰定数の決定には SW2 を開いたときの記録(図 3.9 では下向きの応答) のみを用いればよい。

文　　献

1) Kulhánek, O., *Anatomy of Seismograms*, Developments of Solid Earth Geophysics, Ser.18, IASPEI, Elsevier, Amsterdam, 1990.
2) Havskov, J. and Alguacil, G., *Instrumentation in Earthquake Seismology*, Modern Approaches in Geophysics, Vol.22, Springer, Dordrecht, Netherlands, 2004.
3) Clinton, J.F. and Heaton, T.H., "Potential advantages of a strong-motion velocity meter over a strong-motion accelerometer," *Seismol. Res. Lett.*, **73**(3), 332–342, 2002.
4) Peterson, J., "Observations and modeling of seismic background noise," Open-File Report 93-322, U.S. Geological Survey, 1993.
5) Bormann, P., "Conversion and comparability of data presentations on seismic background noise," *J. Seismol.*, **2**, 37–45, 1998.
6) 小堀為雄：応用土木振動学, 改訂版, 森北出版, 図 7.1, p.170, 1982.
7) Nishimura, K., "Theory of Seismometer," through Personal Communication, 2007.
8) 大須賀公一：制御工学，機械システム入門シリーズ 5，共立出版，1995.

4

地盤震動記録の解析

第3章で述べたような方法を用いて地盤震動を記録することができたとして，次はこの記録から何かを求めたい，何かを知りたい，ということになる。何かを知りたいからこそ地盤震動の観測を行うというのが普通であるから，やりたいことは自明であるはずである。しかし，観測された波形をただ眺めているだけでわかることは非常に限られている。目的を達成するためには，なんらかの解析が必要となる。

たいていの場合，スペクトル解析を行うことになると想像されるが，では，得られた記録をいきなりフーリエ変換すればそれでよいのか，というと必ずしもそうでもない。観測記録から正しい情報を引き出すためには，解析に耐えられるようにデータの前処理が必要になる場合がある。また，解析結果を正しく解釈するためには，フーリエ変換やスペクトル解析の理論的背景を正しく理解していることが必要である。

本章では，まず最初にフーリエ変換を含む時系列解析の数学的基礎について整理をしたのち，スペクトル解析および時間–周波数解析の理論を紹介する。また，解析を行う前に記録に対して行うことが望ましいと思われるいくつかの前処理の手法について述べる。

本章に関連する成書はあまりにも多いため何を参考として挙げておくべきかとても選べるものではないが，筆者の手元にあってよく参考にしているものを関連分野ごとに少しずつあげておく。まず，スペクトル解析のためには確率論[1)]や確率過程論[2,3)]についての理解が必要である。時系列解析を確率過程論と区別することに意味があるかどうかはわからないが，確率論の視点をあまりもち込まないでデジタル信号処理を念頭においた解説は，異なる視点を得るには有用であろう[4)]。また，フーリエ変換の理解にあたっては離散フーリエ変換に特化して詳細に述べている大崎[5)]がわかりやすい，と感じる向きもあろう。時間–周波数解析の概念はコーエン[6)]によって概観できる。時間–周波数解析のひとつである Hilbert-Huang 変換 (HHT) については開発者である Huang によってまとめられている[7)]。デジタルフィルタについては情報工学の分野では重要な分野であるため，Z 変換の理論[8)]から実用[9)]まで多くの参考書がある。

4.1 時系列解析のための手法

最初に時系列解析の基本的手法であるフーリエ変換とラプラス変換，Z 変換について概観する。数学的に深い内容まで掘り下げることは本書の意図するところを超えるのみならず，筆者の能力も大幅に超えるため，厳密さはあまり問わずに天下り的に述べるにとどめる。

厳密な理解や，データをどのように取り扱うか，どのようにプログラムを書くか，といった実際的な観点からの取り扱い方法については，上に挙げた参考書などを参照されたい。

4.1.1 フーリエ変換

関数 $x(t)$ が区分的に連続で絶対可積分，すなわち，

$$\int_{-\infty}^{\infty} |x(t)| dt < \infty \tag{4.1}$$

を満足し，かつ，不連続点において，

$$x(t) = \frac{x(t+0) + x(t-0)}{2} \tag{4.2}$$

を満足するような関数であるとき，

$$X(f) = \int_{-\infty}^{\infty} x(t) \exp[-j2\pi ft] dt \tag{4.3}$$

をフーリエ積分と呼び，$X(f)$ を $x(t)$ のフーリエ変換という。これを $X(f) = \mathcal{F}[x(t)]$ と書くことにする。また，一般に，t, f はそれぞれ時間 (または空間座標)，振動数 (または波数) を表し，$j = \sqrt{-1}$ である。

$$x(t) = \int_{-\infty}^{\infty} X(f) \exp[j2\pi ft] df \tag{4.4}$$

はフーリエ逆変換を表わし，$x(t) = \mathcal{F}^{-1}[X(f)]$ と書く。工学の分野ではしばしば振動数 f のかわりに円振動数 $\omega = 2\pi f$ を用いて，

$$X(\omega) = \int_{-\infty}^{\infty} x(t) e^{-j\omega t} dt \tag{4.5a}$$

$$x(t) = \frac{1}{2\pi} \int_{-\infty}^{\infty} X(\omega) e^{j\omega t} d\omega \tag{4.5b}$$

と表わす。式 (4.5b) の右辺に現われる係数 $1/(2\pi)$ は式 (4.5b) の代わりに式 (4.5a) にだけつけてもよいし，式 (4.5a) と式 (4.5b) の両方に $1/\sqrt{2\pi}$ をつけてもよい。正規化のための係数はフーリエ変換の本質とはあまり

関係がないため，本書ではフーリエ積分の係数の取り扱いについてはあまり神経質に統一をはかっていない。しかも，式の展開が見やすいように文脈によって適当に係数を選んでいる。そのため，読者にあっては適宜，都合の良いように係数は読み替えられたい。

一般に，細かいことを言わなければ任意の関数 $x(t)$ は適当な正規直交関数を用いて級数展開することが可能である。直交基底にはどのような関数を用いてもよいが，三角関数を用いて展開し，無限個の元を用いて表現するならば積分を用いて，

$$x(t) = \int_{-\infty}^{\infty} A(f)\exp[j2\pi ft]df \tag{4.6}$$

となる。ここで $A(f)$ は振動数 f の基底関数に対応する係数である。式 (4.6) をフーリエ変換の定義である式 (4.3) に代入する[10)]。

$$\begin{aligned} X(f) &= \int_{-\infty}^{\infty}\int_{-\infty}^{\infty} A(f')\exp[j2\pi(f'-f)t]dtdf' \\ &= \int_{-\infty}^{\infty} A(f')\lim_{T\to\infty}\left[\frac{\sin\{2\pi(f'-f)T\}}{\pi(f-f')}\right]df' \\ &= \int_{-\infty}^{\infty} A(f')\delta(f'-f)df' = A(f) \end{aligned} \tag{4.7}$$

ここで，$\delta(f)$ は Dirac のデルタ関数で，

$$\delta(f) = \lim_{\alpha\to\infty}\frac{\sin(\alpha f)}{\pi f} \tag{4.8}$$

を用いた。式 (4.7) より，$x(t)$ のフーリエ変換 $X(f)$ は三角関数によって正規直交展開した基底関数の係数 $A(f)$ であることがわかる。係数 $A(f)$ は複素数であるから，基底関数の振幅と位相の情報をもつ。すなわち，フーリエ変換とは，絶対可積分な任意の関数を三角関数に分解したときの重み係数 (これをフーリエ係数と呼ぶことがある) を求める演算，と言える。このとき基底関数となる三角関数 (正弦波) を振動数 f の成分波と呼ぶ。

さらに，フーリエ変換の定義式 (4.3) は 4.2.7 項で述べるように相互相関関数の形をしており，$X(f)$ は時間差 $\tau = 0$ なる場合の $x(t)$ と $\exp[-j2\pi ft]$ との相互相関を振動数 f の関数として表わしたものである[10)]。このように考えると，フーリエ変換によって原波形が成分波とどの程度相関を有しているか，を知ることができ，その相関の程度が成分波に分解したときの振幅と位相を与えている，と理解できる。

フーリエ変換の定義より，原関数とそのフーリエ変換についての関係を得ることができる。特に重要な関係を表 4.1 に挙げておく。

表 4.1　原関数の演算とそのフーリエ変換

原関数	フーリエ変換	
$x(t)$	$X(f) = \int_{-\infty}^{\infty} x(t)e^{-j2\pi tf}dt$	
$ax(t)+by(t)$	$aX(f)+bY(f)$	線形性
$x(t-a)$	$e^{-j2\pi af}X(f)$	時間領域シフト
$e^{j2\pi at}x(t)$	$X(f-a)$	振動数領域シフト
$x(at)$	$\frac{1}{\lvert a\rvert}X\left(\frac{f}{a}\right)$	
$x^{(n)}(t) = \frac{d^n}{dt^n}x(t)$	$(j2\pi f)^n X(f)$	時間領域微分
$\left(\frac{2\pi t}{j}\right)^n x(t)$	$X^{(n)}(f) = \frac{d^n}{df^n}X(f)$	振動数領域微分
$\int_{-\infty}^{t} x(\xi)d\xi$	$\frac{1}{j2\pi f}X(f)$	時間領域積分
$(x*y)(t)$	$X(f)\cdot Y(f)$	時間領域合積
$x(t)\cdot y(t)$	$(X*Y)(f)$	振動数領域合積

4.1.2　畳み込み積分 (合積)

2 つの関数 $x(t)$ と $y(t)$ について，

$$(x*y)(t) \equiv \int_{-\infty}^{\infty} x(\xi)y(t-\xi)d\xi \tag{4.9}$$

を畳み込み積分，または合積と呼ぶ。$x(t)$ と $y(t)$ のフーリエ変換をそれぞれ $X(\omega)$，$Y(\omega)$ とし，式 (4.9) に式 (4.5a) を用いると，

$$\begin{aligned} &(x*y)(t) \\ &= \left(\frac{1}{2\pi}\right)^2 \iiint X(\omega)Y(\omega')e^{j\omega' t}e^{j(\omega-\omega')\xi}d\xi d\omega d\omega' \\ &= \frac{1}{2\pi}\int X(\omega)Y(\omega)e^{j\omega t}d\omega \end{aligned} \tag{4.10}$$

が得られる。ここで，

$$\frac{1}{2\pi}\int_{-\infty}^{\infty} e^{j\omega\xi}d\xi = \delta(\omega) \tag{4.11}$$

を用いた。以下，積分範囲の標記を省略している場合，特に断らなければ $[-\infty, \infty]$ の定積分である。式 (4.10) より，$\mathcal{F}[(x*y)(t)] = X(\omega)Y(\omega)$ が成立することがわかる。同様にして，$\mathcal{F}^{-1}[(X*Y)(\omega)] = x(t)y(t)$ である。

$X(\omega)$ の共役複素数 $X^*(\omega)$ を考えると，

$$X^*(\omega) = \int x^*(t)e^{j\omega t}dt = \int x^*(-t)e^{-j\omega t}dt \tag{4.12}$$

となるので，$X^*(\omega) = \mathcal{F}[x^*(-t)]$ である。式 (4.10) において，$x(\xi) \to x^*(-\xi)$，$y(t-\xi) \to x(t-\xi)$ と読み替えたうえで $-\xi \to t'$ なる変数変換をすれば，

$$\int x^*(t')x(t+t')dt' = \frac{1}{2\pi}\int X^*(\omega)X(\omega)e^{j\omega t}d\omega \tag{4.13}$$

となる。ここで，$t = 0$ とおくと，

$$\int_{-\infty}^{\infty} |x(t)|^2 dt = \frac{1}{2\pi}\int_{-\infty}^{\infty} |X(\omega)|^2 d\omega \tag{4.14}$$

が得られる。これをパーセバルの定理という。この定理は，時間領域および振動数領域におけるエネルギーの総量が互いに等しいという，至極まっとうな性質を示すものである。

4.1.3　実関数のフーリエ変換

フーリエ変換の定義では，関数 $x(t)$ は複素数関数であるが，観測などによって得られる通常の信号は実数である。$x(t) \in \mathbb{R}$ のとき，$x(t) = x^*(t)$ であることに注意すると，

$$X^*(\omega) = \int_{-\infty}^{\infty} x(t)e^{j\omega t}dt = X(-\omega) \tag{4.15}$$

となる。ここで，$*$ は複素共役を表わす。式 (4.15) より，$X(\omega)$ の実部は偶関数，虚部は奇関数であることがわかる。

フーリエ変換の対称性から，振動数領域において，$X(\omega) \in \mathbb{R}$ ならば，$x^*(t) = x(-t)$ となる。よって，時間関数 $x(t)$ が実数かつ偶関数ならばそのフーリエ変換 $X(\omega)$ も実数かつ偶関数となる。

4.1.4　ラプラス変換

ラプラス変換は，フーリエ変換を複素周波数を使って拡張したものであると考えることができる。ラプラス変換について述べる前にフーリエ変換が存在する条件について言及しておく。

式 (4.5a) のフーリエ変換が存在するためには $x(t)$ は $(-\infty, \infty)$ において絶対可積分でなくてはならない。しかし，絶対可積分でなくてもフーリエ変換またはフーリエ逆変換を考えることができる関数は存在する。たとえば，$|t| \leq 1$ の範囲においてのみ 1 をとって，それ以外では 0 をとるような箱形関数のフーリエ変換は sinc 関数 ($\mathrm{sinc}(\omega) = 2\sin(\omega)/\omega$) となる。したがって，sinc 関数のフーリエ逆変換は箱形関数であることが期待されるが，sinc 関数は絶対可積分ではない。

フーリエ変換は L^2 空間上の関数を L^2 空間上の関数にうつす写像である。任意の自乗可積分な関数 $x(t)$ は L^2 ノルムの意味でいたるところほぼ等しい絶対可積分な関数列の極限として近似される。したがって，自乗可積分な関数 $x(t)$ のフーリエ変換を絶対可積分な近似関数列のフーリエ変換の極限として定義すればよいことになる。すなわち，我々が取り扱うようなごく「普通」の関数が自乗可積分であれば，L^2 ノルムの意味での近似としてフーリエ変換が存在する。

このような考え方のもとで，以下では自乗可積分であればフーリエ変換が存在するものとして取り扱うことにする。なお，上で述べた sinc 関数は自乗可積分であるから，L^2 の意味でフーリエ逆変換をもつ。

以上のことから，フーリエ変換 $X(\omega)$ が存在するためには $x(t)$ が $(-\infty, \infty)$ において自乗可積分，すなわち，

$$\int_{-\infty}^{\infty} |x(t)|^2 dt < \infty \tag{4.16}$$

を満足すればよい。しかし，多くの工学分野で重要な関数，たとえば，一定値をとるような関数などは取り扱うことができない。そのため (もちろん，それだけではないが)，ラプラス変換が使われるようになったのである。

区間 $[0, \infty)$ において区分的に連続な関数 $x(t)$ に対して，

$$x(t) = \begin{cases} 0 & t < 0 \\ x(t) & t > 0 \end{cases} \tag{4.17}$$

とする。適当な実数 $\sigma > 0$ を導入して $x(t)$ を $e^{-\sigma t}$ によって重みづけした関数 $y(t) \equiv x(t)e^{-\sigma t}$ を考える。$x(t)$ の振幅が指数関数よりも早く増加しないなら $y(t)$ は自乗可積分になり，そのフーリエ変換

$$Y_\sigma(\omega) = \int_{-\infty}^{\infty} y(t)e^{-j\omega t}dt \tag{4.18}$$

$$X(\sigma + j\omega) = \int_{0}^{\infty} x(t)e^{-(\sigma + j\omega)t}dt \tag{4.19}$$

が得られる。原関数 $x(t)$ はフーリエ逆変換によって，

$$\begin{aligned} x(t) &= e^{\sigma t}y(t) = e^{\sigma t}\frac{1}{2\pi}\int_{-\infty}^{\infty} Y_\sigma(\omega)e^{j\omega t}d\omega \\ &= \frac{1}{2\pi j}\int_{\sigma - j\infty}^{\sigma + j\infty} X(\sigma + j\omega)e^{(\sigma + j\omega)t}d(\sigma + j\omega) \end{aligned} \tag{4.20}$$

と表現される。

複素周波数 $s = \sigma + j\omega$ を導入すると，ラプラス変換とラプラス逆変換は，

$$X(s) \equiv \mathcal{L}[x(t)] = \int_{0}^{\infty} x(t)e^{-st}dt \tag{4.21a}$$

$$x(t) \equiv \mathcal{L}^{-1}[X(s)] = \frac{1}{2\pi j}\int_{\sigma - j\infty}^{\sigma + j\infty} X(s)e^{st}ds \tag{4.21b}$$

と定義される。数学的厳密さを完全に無視して，平たく言ってしまえば，ラプラス変換とはフーリエ変換が収束しないような関数でも無理矢理 $e^{-\sigma t}$ を掛けることで $t \to \infty$ での振幅が小さくなるように抑えて自乗可積分な関数にしてから積分変換が収束するようにしたもの，と言えるであろう。もちろん，$e^{-\sigma t}$ を掛けても自乗可積分にはならない関数はいくらでも存在するが，我々が現実世界において扱う「普通」の関数はこの程度のことで十分解析可能となる。

ラプラス変換ではフーリエ変換と同様に微積分や合積を簡単な代数演算で表現することができる。たとえば，$x(t)$ の 1 階微分のラプラス変換は，

$$\mathcal{L}\left[\frac{d}{dt}x(t)\right] = \int_{0}^{\infty}\frac{dx}{dt}e^{-st} = -x(0) + sX(s) \tag{4.22}$$

となる。フーリエ変換でも同様であるが，このような性質を用いることで微分方程式を簡単な代数方程式に変換して解くことができる。ここでは原関数とラプラス変換の関係を逐一示すことはしないが，ラプラス変換がフーリエ変換の拡張であることを考慮すれば，容易に表 4.1 と同様の関係式がラプラス変換についても得られる。当面の議論に必要な性質に限って表 4.2 に示す。

表 4.2　時間領域とラプラス領域 (s 領域)

原関数	ラプラス変換	
$\delta(t)$	1	単位インパルス関数
$e^{at}u_0(t)$	$\dfrac{1}{s-a}$	指数関数
$ax(t)+by(t)$	$aX(s)+bY(s)$	線形性
$\dfrac{d}{dt}x(t)$	$sX(s)-x(0)$	時間領域微分
$(x*y)(t)$	$X(s)\cdot Y(s)$	時間領域合積

ここで，$u_0(t)=\begin{cases}1 & (t\geq 0)\\ 0 & (t<0)\end{cases}$ なる単位ステップ関数。

式 (3.60) をラプラス変換すると，式 (3.62) のように入力に対する応答の比を求めることができる。入力および出力のラプラス変換をそれぞれ $V_i(s)$，$V_o(s)$ として，式 (3.62) を一般化すると，入出力の比 $H(s)$ は

$$H(s)=\frac{V_o(s)}{V_i(s)} \tag{4.23}$$

と表わされ，伝達関数と呼ばれる。$H(s)$ のラプラス逆変換を $h(t)$，入出力の時間領域での表現をそれぞれ $v_i(t)$，$v_o(t)$ とすると，$V_o(s)=H(s)V_i(s)$ より，

$$v_o(t)=\int_0^t h(t-\xi)v_i(\xi)d\xi \tag{4.24}$$

となる。ここで，$h(t)$ はシステムの特性を時間領域で表わす関数で，インパルス応答関数と呼ぶ。

定常的な入力 $v_i(t)$ に対する応答 $v_o(t)$ が発散することなく安定して定常的な応答となるためには，

$$\int_{-\infty}^t |h(t)|dt<K \tag{4.25}$$

を満足するような適当な定数 $K<\infty$ が存在しなくてはならない。このように，式 (4.24) における入出力がいずれも有界であるとき，十分に大きな t に対して近似的に以下のように書ける。

$$v_o(t)=\int_{-\infty}^{\infty} h(\xi)v_i(t-\xi)d\xi \tag{4.26}$$

式 (4.25) はインパルス応答関数が絶対可積分であれば応答が収束する，ということを主張しているが，具体的にはどのような関数であればよいのか，について少しだけ述べておく。$H(s)$ が有理関数で，分子の次数が分母のそれよりも小さく，かつ，分母 $=0$ が重根をもたないならば，

$$H(s)=\sum_i^N \frac{w_i}{s-\lambda_i} \tag{4.27}$$

のように部分分数の和に展開できる。ここで，w_i $(i=1,\ldots,N)$ は適当な定数，λ_i $(i=1,\ldots,N)$ は $H(s)$ の分母 $=0$ なる方程式の N 個の解である。$H(s)$ の分母 $=0$ が重根をもつ場合にはやや面倒な手続きが必要となるが，結果的には同じような形に展開できる。

式 (4.27) の右辺の各項のラプラス逆変換は表 4.2 より $e^{\lambda_i t}u_0(t)$ である。このことより，インパルス応答関数は λ_i が実数の場合は指数的に変化する関数となり，複素数の場合は，虚部によって規定される振動数で振動しながら振幅が指数的に変化する関数となることがわかる。また，λ_i が虚軸上にあれば，正弦的な定常振動となる。したがって，$\Re[\,\cdot\,]$ を複素数の実部を表わすとすると，いずれの場合も，$\Re[\lambda_i]<0,\ ^\forall i\in\{i=1,\ldots,N\}$ であれば出力 $v_o(t)$ は安定である。一言でまとめると，「伝達関数のすべての極の実部が負ならばシステムは安定」なのである。

ある特定の周波数をもつ定常な入力信号 $v_i(t)=e^{j\omega t}$ を考えると，式 (4.26) より周波数ごとの入出力の関係は，

$$v_o(t)=\int_{-\infty}^{\infty} h(\xi)e^{j\omega(t-\xi)}d\xi=v_i(t)H(\omega) \tag{4.28}$$

と表わされる。ここで，

$$H(\omega)\equiv\int_{-\infty}^{\infty} h(t)e^{-j\omega t}dt \tag{4.29}$$

で，$H(\omega)$ は周波数応答関数と呼ばれる。$h(t)$ のラプラス変換が

$$H(s)=\int_0^{\infty} h(t)e^{-st}dt \tag{4.30}$$

であることに注意すると，周波数応答関数 $H(\omega)$ は伝達関数 $H(s)$ の変数 s に $s=j\omega$ を代入した関数である。見方を変えると，周波数応答関数は伝達関数において過渡応答に対応する $e^{\sigma}t$ の部分を無視して定常応答だけを見ている，ということに相当する。

なお，地震工学の分野ではしばしば $H(\omega)$ も伝達関数と呼んで周波数応答関数と伝達関数という術語が区別されずに用いられているようである。

4.1.5　離散フーリエ変換

フーリエ変換は無限に続く連続関数について定義されているが，実際に我々が扱う波形データはデジタルデータロガーを用いて有限時間だけ離散的に記録されたものが一般的である。有限長さの離散信号を扱う，ということはその長さの信号が無限に繰り返される周期関数を暗黙のうちに仮定していることになる。したがって，実際のデータを扱う場合，離散関数および周期関数のフーリエ変換の性質について正しく理解しておく必要がある。一般的な教科書では連続な周期関数のフーリエ級数展開から議論が展開されることが多いが，以下では前項で定義したフーリエ変換をもとに参考文献[11]にしたがって離散関数および周期関数のフーリエ変換について述べる。これらの関係は参考文献[11]にわかりやすい図が示されているので図 4.1 に引用する。この図をみながら以下を読むと理解しやすいであろう。

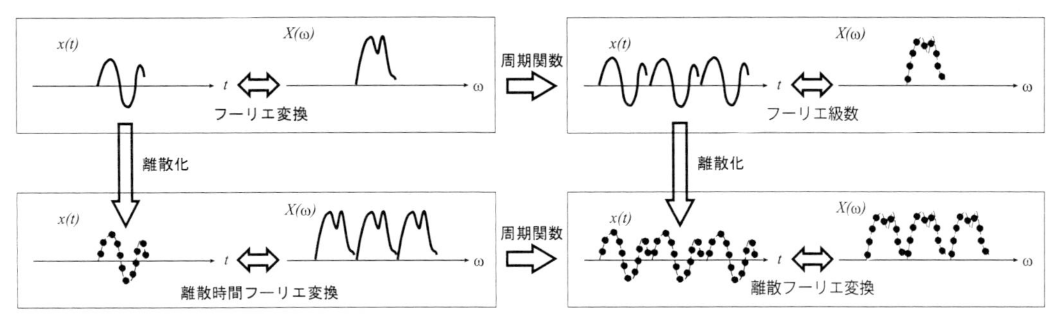

図 4.1 原関数とそれを時間軸上で周期関数化・離散化した関数のフーリエ変換の性質[11)]

a. ディリクレ核

最初に以下の演算に必要な関係式を誘導しておく。次式のように種々の周期をもつ正弦関数の重ね合わせとして表わされる関数はディリクレ核と呼ばれ，次のように表わされる。

$$\sum_{n=-N}^{N} e^{jnx} = \frac{\sin\{(N+1/2)x\}}{\sin(x/2)} \tag{4.31}$$

ここで，$x=-\omega T$ と読み替えて，$N\to\infty$ としたときのディリクレ核を導く。

$$\sum_{n=-\infty}^{\infty} e^{-j\omega nT} = \frac{2\pi}{T}\sum_{n=-\infty}^{\infty}\delta\left(\omega-\frac{2\pi n}{T}\right) \tag{4.32}$$

となり ω 軸上でデルタ関数が周期 $2\pi/T$ で繰り返される周期関数となる。

さらに，式 (4.32) を式 (4.5b) を用いてフーリエ逆変換をすると，

$$\mathcal{F}^{-1}\left[\sum_{n=-\infty}^{\infty} e^{-j\omega nT}\right] = \frac{1}{T}\sum_{n=-\infty}^{\infty}\exp\left[j\frac{2\pi n}{T}t\right] \tag{4.33}$$

となる。式 (4.33) の右辺の総和部分は，式 (4.32) の左辺において ω を t に，T を $2\pi/T$ に読み替えれば計算ができて，

$$\frac{1}{T}\sum_{-\infty}^{\infty}\exp\left[j\frac{2\pi n}{T}t\right] = \sum_{n=-\infty}^{\infty}\delta(t-nT) \tag{4.34}$$

が得られる。これは無限の正弦波からなるディリクレ核のフーリエ逆変換も t 軸上でデルタ関数が周期 T で繰り返される周期関数となることを意味している。

b. 時間軸上での周期関数

まず，t 軸上で周期 T で関数 $x_T(t)$ が繰り返す場合を考える。$x_T(t)$ は区間 $[-T/2, T/2]$ で定義され，$-\infty$ から ∞ まで無限回繰り返すとすると，

$$x(t) = \sum_{n=-\infty}^{\infty} x_T(t-nT) \tag{4.35}$$

と書ける。ただし，$|t|>T/2$ において $x_T(t)=0$ である。このとき，周期関数 $x(t)$ のフーリエ変換は，式 (4.5a) より，

$$X(\omega) = \int_{-\infty}^{\infty}\sum_{n=-\infty}^{\infty} x_T(t-nT)\exp[-j\omega t]dt \tag{4.36}$$

となる。総和と積分の順番を入れ替えて，さらに，$t'=t-nT$ として t' に関する積分に書き換え，式 (4.32) を用いると，

$$\begin{aligned} X(\omega) &= \sum_n e^{-j\omega nT}\int_{-T/2}^{T/2} x_T(t')e^{-j\omega t'}dt' \\ &= \frac{2\pi}{T}X_T(\omega)\sum_{n=-\infty}^{\infty}\delta\left(\omega-\frac{2\pi n}{T}\right) \end{aligned} \tag{4.37}$$

となる。ここで，$X_T(\omega)$ は $x_T(t)$ のフーリエ変換で連続関数で，$x(t)$ が $x_T(t)$ の繰り返しであることを考慮すると，

$$X_T(\omega)=\int_{-T/2}^{T/2} x_T(t)e^{-j\omega t}dt=\int_0^T x(t)e^{-j\omega t}dt \tag{4.38}$$

である。式 (4.37) より時間軸上で周期 T をもつ周期関数のフーリエ変換は振動数軸上では振動数が $1/T$ 間隔の離散値となることがわかる。そのため，式 (4.37) を $x(t)$ のフーリエ級数展開と呼ぶ。

このことをもう少し見やすくするために，式 (4.37) をフーリエ逆変換すると，

$$x(t) = \frac{1}{T}\sum_{n=-\infty}^{\infty} X_T\left(\frac{2\pi n}{T}\right)\exp\left[j\frac{2\pi n}{T}t\right] \tag{4.39}$$

となって，$x(t)$ がフーリエ級数に展開されることがわかる。このフーリエ級数の係数は，式 (4.38) より

$$X_T\left(\frac{2\pi n}{T}\right) = \int_0^T x(t)\exp\left[-j\frac{2\pi n}{T}t\right]dt \tag{4.40}$$

となって，$x(t)$ のフーリエ級数の係数は振動数軸上で $1/T$ きざみの離散値として与えられることがわかる。

c. フーリエ級数の時間軸上での離散化

式 (4.35) で定義した，周期 T で関数 $x_T(t)$ が繰り返される周期関数 $x(t)$ を T/N 間隔で離散化する。このとき，$t=nT/N$ $(n=0,1,\ldots,N-1)$ となるので，式 (4.40) の右辺の積分を区分求積の方法で近似的に求めると以下のようになる。

$$\begin{aligned} X_T\left(\frac{2\pi k}{T}\right) &\approx \frac{T}{N}\sum_{n=0}^{N-1} x\left(\frac{n}{N}T\right)\exp\left[-j\frac{2\pi kn}{N}\right] \\ &\equiv \hat{X}_T\left(\frac{2\pi k}{T}\right) \end{aligned} \tag{4.41}$$

ここで，振動数のパラメータである n を上式では k に置き換えて，離散化された時刻の番号を n としている。

式 (4.41) の 1 段目の指数関数の部分は k について周期 N をもつ周期関数なので区分求積によって近似的に得られたフーリエ係数 $\hat{X}_T$ を X_T の代りに置き換えるとフーリエ級数が発散する。そこで，$k \geq N$ なる k は 0 とみなすことにする。すなわち，

$$X_T\left(\frac{2\pi k}{T}\right) \approx \begin{cases} \hat{X}_T\left(\frac{2\pi k}{T}\right) & 0 \leq k < N \\ 0 & \text{otherwise} \end{cases} \tag{4.42}$$

とするとフーリエ級数は有限となって式 (4.39) は，

$$\begin{aligned} x\left(\frac{n}{N}T\right) &= \frac{1}{T}\sum_{k=-\infty}^{\infty} X_T\left(\frac{2\pi k}{T}\right)\exp\left[j\frac{2\pi kn}{N}\right] \\ &\approx \frac{1}{T}\sum_{k=0}^{N-1}\hat{X}_T\left(\frac{2\pi k}{T}\right)\exp\left[j\frac{2\pi kn}{N}\right] \end{aligned} \tag{4.43}$$

となる。ここで，離散変数 x_n，X_k を

$$x_n \equiv \frac{1}{N}x\left(\frac{n}{N}T\right), \quad X_k \equiv \frac{1}{T}\hat{X}_T\left(\frac{2\pi k}{T}\right) \tag{4.44}$$

と定義すると，式 (4.41)，(4.43) はそれぞれ，

$$X_k = \sum_{n=0}^{N-1} x_n \exp\left[-j\frac{2\pi}{N}kn\right] \tag{4.45a}$$

$$x_n = \frac{1}{N}\sum_{k=0}^{N-1} X_k \exp\left[j\frac{2\pi}{N}kn\right] \tag{4.45b}$$

と書き改められる。式 (4.45a)，(4.45b) をそれぞれ離散フーリエ変換 (discrete Fourier transform; DFT)，離散フーリエ逆変換 (inverse discrete Fourier transform; IDFT) と呼ぶ。

なお，離散フーリエ変換は高速フーリエ変換 (fast Fourier transform; FFT[12]) を用いて高速に計算することができるが，高速に計算するためには N が 2 の巾乗数でなくてはならない。そのため，実際の記録のデータ数が 2 の巾乗数と異なる場合は，記録の後ろにゼロを付加してデータ数がちょうど 2 の巾乗数となるようにしてから FFT によって計算する (たとえば，大崎[5])。

d.　フーリエ変換の時間軸上での離散化

上の例と良く似ていて違いがわかりにくいが，フーリエ「級数」の離散化ではなく，フーリエ「変換」の離散化というところが異なる。関数 $x(t)$ を間隔 t_d で離散化した関数を $x_d(t)$ とすると，

$$x_d(t) = x(t)\sum_{n=-\infty}^{\infty}\delta(t - nt_d) \tag{4.46}$$

と書ける。この式は $x(t)$ と $\sum_{n=-\infty}^{\infty}\delta(t-nt_d)$ の時間軸上での積を表わしているので振動数軸上では合積となる。式 (4.32) と式 (4.34) がフーリエ変換の対をなしていることを思い出すと，式 (4.46) は振動数軸上で，

$$X_d(\omega) = \frac{1}{t_d}\sum_{k=-\infty}^{\infty} X\left(\omega - \frac{2\pi k}{t_d}\right) \tag{4.47}$$

と表わされる。これより，時間間隔 t_d で離散化した関数 $x_d(t)$ のフーリエスペクトル $X_d(\omega)$ は振動数軸上ではもとの関数 $x(t)$ のフーリエスペクトル $X(\omega)$ が $1/t_d$ 間隔で繰り返される周期関数となることがわかる。ここで，$1/t_d \equiv f_d \equiv \omega_d/(2\pi)$ はサンプリング周波数である。これを離散時間フーリエ変換と呼ぶ。

式 (4.46) にもどって，式 (4.46) のフーリエ変換を直接計算すると，

$$\begin{aligned} X_d(\omega) &= \int_{-\infty}^{\infty}\sum_{n=-\infty}^{\infty} x(t)\delta(t-nt_d)e^{-j\omega t}dt \\ &= \sum_{n=-\infty}^{\infty} x(nt_d)e^{-j\omega nt_d} \end{aligned} \tag{4.48}$$

が得られる。

式 (4.47) より，$X(\omega)$ は $X_d(\omega)$ から繰り返しの一周期分 (周期 $2\pi/t_d$) を切り出したものであることを利用して，$x(nt_d)$ を $X(\omega)$ のフーリエ逆変換によって表わすと，

$$x(nt_d) = \frac{1}{2\pi}\int_0^{\frac{2\pi}{t_d}} X_d(\omega)e^{j\omega nt_d}d\omega \tag{4.49}$$

となる。

4.1.6　サンプリング定理

時間関数 $x(t)$ を等間隔 t_d で離散化するとき，図 4.2 の上段左図にみられるように，十分に細かい時間間隔で離散化すればもとの関数に近い波形が得られそうである。しかし，離散化の間隔を粗くすると，図 4.2 の下段左図のように本来は破線のような関数であるはずなのに，離散点をつなぐと一点鎖線で示すような関数を考えることになってしまう。このことから，離散化を行う時間間隔によって，もとの関数を正しく再現できたりできなかったりすることがわかる。

式 (4.47) で見たとおり，$x(t)$ の離散時間フーリエ変換は振動数領域では $X(\omega)$ が $2\pi/t_d = 2\pi f_d = \omega_d$ の周期で繰り返す周期関数となる。したがって，$X(\omega)$ の取りうる振動数の範囲が区間 $[-f_d/2, f_d/2]$ 内にあれば $X(\omega)$ がその繰り返しによって互いにオーバラップしないことを意味している (図 4.2 の上段右図)。

一方，$X(\omega)$ の取りうる振動数の範囲が $[-f_d/2, f_d/2]$ よりも広い場合には，図 4.2 の下段右図のように $X(\omega)$ の一部がオーバラップして混じりあってしまう。これは高い振動数の信号を粗い時間間隔でサンプリングした場合に相当し，エイリアジングあるいは折り返しなどと呼ぶ。

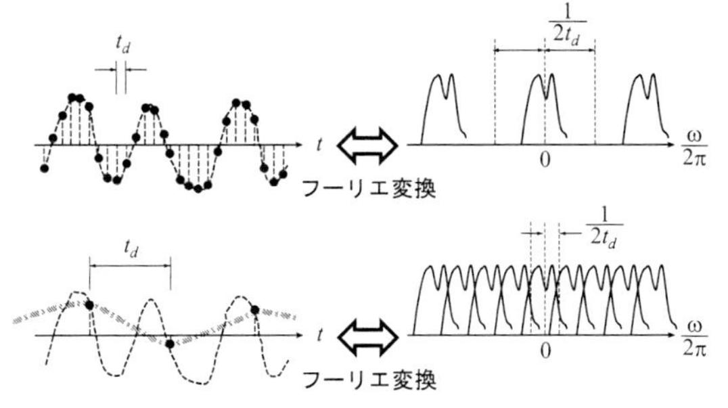

図 4.2 離散化の時間間隔とフーリエ変換の周期

以上の議論より，エイリアジングを避けるためには，$X(\omega)$ の最大周波数の少なくとも 2 倍以上のサンプリングレート (周波数) で離散化しなくてはならない。たとえば，0.01 秒間隔 (= 100 Hz) で離散化した場合，離散時間フーリエ変換によって正しく再現できる振動数の上限は 50 Hz までである。このような振動数の上限をナイキスト振動数と呼ぶ。実際の観測では，A/D 変換 (analog-to-digital 変換) を行うまえにアナログ領域でローパスフィルタを挿入してナイキスト振動数よりも高い信号成分を十分に落としてからデジタルデータロガーに入力して記録しなくてはならない。このような目的で挿入されるフィルタをアンチエイリアスフィルタと呼ぶことがある。

なお，近年広く用いられるようになった ΔΣ 型 A/D 変換器では分解能は低いものの非常に高いサンプリングレートで信号をデジタイズした後，デシメーションフィルタによってサンプリングレートを落とすとともに必要な分解能のデジタルデータを出力している。そのため，出力されるデータのサンプリングレートは信号のデジタイズの際のサンプリングレートとは異なっており (しかも，通常，その値は非常に高い)，アンチエイリアスフィルタのカットオフ周波数の設定についてあまり神経質にならなくてもよくなってきている。その一方で，ΔΣ 型 A/D 変換器ではデシメーションフィルタの設計によって出力されるデジタルデータの精度が大きく影響を受ける。しかも，出力のサンプリングレートを高くとると出力の実効分解能が著しく悪くなる，ということに注意が必要である。

4.1.7 Z 変 換

離散フーリエ変換はフーリエ級数の時間領域における離散化であった。これと同様に，Z 変換はラプラス変換を時間領域における離散関数について定義したもの，と考えることができる。

任意の関数 $x(t)$ が適当な時間の刻み幅 t_d をもつ離散時刻 $t_n = nt_d$ $(n = 0, 1, \ldots)$ において定義され，離散時刻 t_n における $x(t_n)$ の値を x_n とする。すなわち $x_n = x(t_n)$ とすると，$x(t)$ はインパルス列として

$$x(t) = \sum_{n=0}^{\infty} x_n \delta(t - nt_d) \tag{4.50}$$

と表現できる。時間間隔 t_d で標本化された数値列 $x(t)$ をラプラス変換すると，

$$X(s) = \sum_{n=0} x_n \int_0^{\infty} \delta(t - nt_d) e^{-st} dt = \sum_{n=0} x_n e^{-snt_d} \tag{4.51}$$

となり，$z \equiv e^{st_d}$ とおくと次式が得られる。

$$X(z) = \sum_{n=0}^{\infty} x_n z^{-n} \tag{4.52}$$

式 (4.52) を Z 変換と呼び，$\mathcal{Z}[x_n]$ と表わす。

式 (4.48) および式 (4.49) において，

$$z \equiv e^{j\omega t_d}, \quad dz = jt_d e^{j\omega t_d} d\omega, \quad X_d(\omega) \equiv X(z) \tag{4.53}$$

とおくと，これらの式は，

$$X(z) = \sum_{n=-\infty}^{\infty} x_n z^{-n} \tag{4.54a}$$

$$x_n = \frac{1}{2\pi j} \oint_{|z|=1} X(z) z^{n-1} dz \tag{4.54b}$$

となって Z 変換の式が得られる。総和の範囲が式 (4.52) と式 (4.54a) では異なるが，関数の定義域の違いによるものである。式 (4.54b) を逆 Z 変換という。

Z 変換はその定義よりわかるとおり，線形性を有する。すなわち数値列 x_n および y_n について，適当な定数 a，b を用いて，

$$\mathcal{Z}[ax_n + by_n] = a\mathcal{Z}[x_n] + b\mathcal{Z}[y_n] \tag{4.55}$$

が成立する。この性質は Z 変換または逆 Z 変換を求める際に部分分数に分解して求めることが可能であることを示している。

また，定義より時間ずれは Z 領域において z の巾乗をかけることで表現できる。

$$\mathcal{Z}[x_{n-k}] = z^{-k} \mathcal{Z}[x_n] \tag{4.56}$$

Z 領域での微分および畳み込みについて，以下のようなフーリエ変換と同様の性質が成立する。

$$\mathcal{Z}[nx_n] = -z \frac{d}{dz} \mathcal{Z}[x_n] \tag{4.57a}$$

$$\mathcal{Z}[x_n * y_n] = \mathcal{Z}[x_n] \mathcal{Z}[y_n] \tag{4.57b}$$

式 (4.57b) より，時間領域における合積は Z 領域では乗算として表わせることがわかる。このことは，ラプラス領域での伝達関数が式 (4.23) によって定義されるのと同様に，Z 領域においても入出力の比を用いて以下のように伝達関数 $H(z)$ を定義できることを意味している。

$$H(z) = \frac{V_o(z)}{V_i(z)} \tag{4.58}$$

ここで，$V_i(z)$，$V_o(z)$ はそれぞれ Z 領域におけるシステムへの入力およびその応答 (出力) である。ラプラス領域では $s = j\omega$ とおいて ω に関する式を求めれば振動数領域における周波数応答関数が得られたが，式 (4.53) よりわかるとおり，Z 領域においては $z = \exp[j\omega t_d]$ を $H(z)$ に代入することで周波数応答関数が得られる。

式 (4.56) より k ステップだけ時間を遡ることは Z 領域では z^{-k} を乗ずることに対応する。この性質を用いることで時間領域でのデジタルフィルタの特性を容易に知ることができる。簡単な例として，時間領域において過去へ向かって $2N+1$ 個の記録 (最新のデータを含む) の移動平均を用いたフィルタ特性について以下に示す。

もとの信号列を x_k $(k = 1, 2, \ldots, n)$，移動平均によってフィルタリングされた信号列を u_k とすると，移動平均フィルタは，

$$u_n = \frac{1}{2N+1} \sum_{k=n-2N}^{n} x_k \tag{4.59}$$

と表わされる。式 (4.56) を用いると Z 領域では，

$$U(z) = \left\{ \frac{1}{2N+1} \sum_{k=0}^{2N} z^{-k} \right\} X(z) \tag{4.60}$$

となるので，中括弧の部分がフィルタの伝達関数である。ここで簡単のために時間領域での時間刻み t_d を 1 とすると，周波数応答関数は $z = e^{j\omega}$ を代入すればよい。

$$\sum_{k=0}^{2N} z^{-k} = z^{-N} \left\{ 1 + \sum_{k=1}^{N} (z^{-k} + z^k) \right\} \tag{4.61}$$

となることを利用すると，式 (4.60) の周波数応答関数 $H(\omega)$ は，

$$H(\omega) = \frac{1}{2N+1} \left(1 + 2\sum_{k=1}^{N} \cos k\omega \right) e^{-jN\omega} \tag{4.62}$$

となる。よってフィルタの振幅特性 (ゲイン特性と呼ぶ場合がある) $H_A(\omega)$ および位相特性 $H_\theta(\omega)$ は，それぞれ，

$$H_A(\omega) = \frac{1}{2N+1} \left| 1 + 2\sum_{k=1}^{N} \cos k\omega \right| \tag{4.63a}$$

$$H_\theta(\omega) = -N\omega \tag{4.63b}$$

となる。一例として，$N = 1$ と 5 の場合について $H_A(\omega)$ を描いたものを図 4.3 に示す。

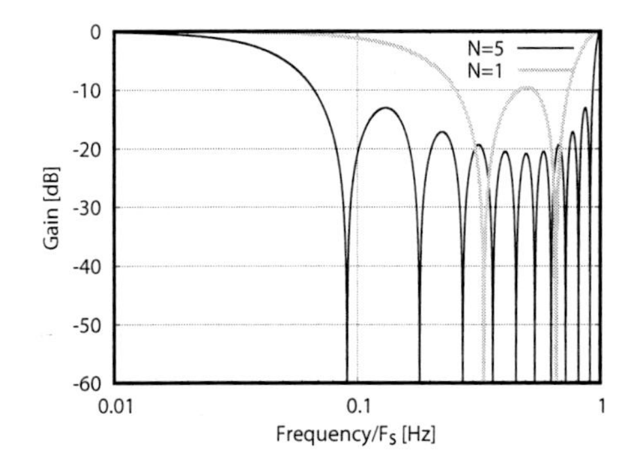

図 4.3　移動平均フィルタのゲイン特性 ($N = 1$ および $N = 5$ の場合)。F_s はサンプリング周波数で，横軸はサンプリング周波数で正規化されている。

4.1.8　双 一 次 変 換

ラプラス変換で得られるラプラス領域 (アナログ平面; s 平面) と Z 変換で得られる Z 領域 (デジタル平面; z 平面) の 1 対 1 の写像である双一次変換について述べる。双一次変換はアナログフィルタの伝達関数をデジタルフィルタの伝達関数に写像するためによく用いられ，自然対数関数の一次近似で表現される。

式 (4.52) を導くにあたって，ラプラス領域 (s 領域) と Z 領域は $z = e^{st_d}$ によって関係付けられ，さらに，式 (4.21a) において $s = \sigma + j\omega$ としたので，

$$z = e^{st_d} = e^{\sigma t_d} e^{j\omega t_d} \tag{4.64}$$

が得られる。図 4.4 に s 領域と Z 領域の関係を示す。図中では t_d は省略している。式 (4.64) の写像は，s 領域において虚軸に平行な直線は Z 領域において半径 e^σ の円に写像され，s 領域において実軸に平行な直線は Z 領域において偏角 ω の半径軸に写像される 1 対 1 写像である。$\sigma = 0$ のとき，s 領域では虚軸を表わすが，Z 領域では単位円を表わし，$\Re[\sigma] > 0$ のとき z は単位円の外側，$\Re[\sigma] < 0$ のとき z は単位円の内側を表わす。

既に 4.1.4 項で述べたように，s 領域においては連続関数の伝達関数はすべての極の実部が負であれば安定であった。したがって，Z 領域では離散関数の伝達関数のすべての極が単位円の内側にあれば安定である。

式 (4.64) の逆関数は $s = (1/t_d) \ln z$ となるが，$\sigma = 0$ のとき $j\tilde{\omega} = (1/t_d) \ln z$ である。s 領域から Z 領域への直接的な写像では，式 (4.64) からわかる通り，表現可能な周波数 ω は，$-\pi/t_d \sim \pi/t_d$ である。そこで，$\ln(1+x)$ の級数展開が $\ln(1+x) = x - x^2/2 + x^3/3 - \cdots$ となるこ

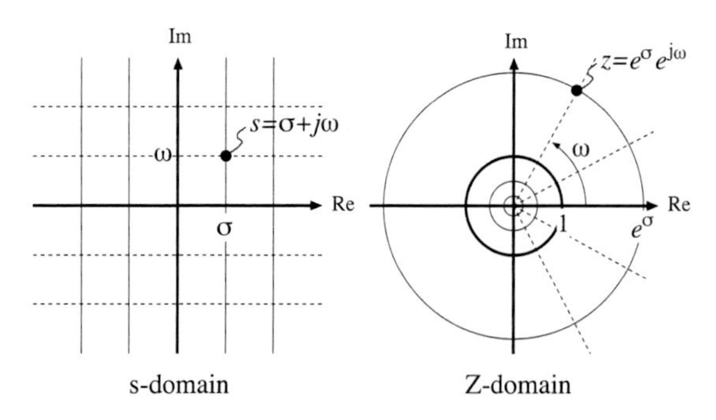

図 4.4　s 領域と Z 領域の関係

とより，$-\ln(1-x) = x+x^2/2+x^3/3+\cdots$ が得られ，これらを辺々足して1次の項のみ残すと $\ln\frac{1+x}{1-x} = 2x$ となる。$\frac{1+x}{1-x} \equiv z$ とおいて x について解くと $x = \frac{z-1}{z+1}$ であるから，$\ln z = \frac{2(z-1)}{z+1}$ が得られ，

$$s = \frac{1}{t_d}\ln z \approx \frac{2}{t_d}\frac{z-1}{z+1} \tag{4.65}$$

と近似される。

双一次変換とは，この1次近似を用いて連続時間について式 (4.23) において定義された連続関数の伝達関数 $H(s)$ の変数 s を式 (4.65) を用いて z の関数に変換するものである。

s 領域と Z 領域は1対1の写像であるが，両者には周波数特性に違いがある。

$$s = \frac{2}{t_d}\frac{e^{j\omega t_d}-1}{e^{j\omega t_d}+1} = j\frac{2}{t_d}\tan(\omega t_d/2) = j\tilde{\omega} \tag{4.66}$$

ここで $\tilde{\omega}$ をラプラス領域の周波数とすると，

$$\tilde{\omega} = \frac{2}{t_d}\tan\left(\frac{t_d}{2}\omega\right) \tag{4.67}$$

となる。式 (4.67) より，Z 領域における離散時間伝達関数は周波数 ω において s 領域における連続時間伝達関数の周波数 $(2/t_d)\tan(\omega t_d/2)$ での振る舞いと同じ振る舞いをすることがわかる。ω と $\tilde{\omega}$ は非線形な関係であるため，連続および離散伝達関数の間には周波数ひずみと呼ばれる周波数の非線形性を有するずれが生じるが，連続伝達関数の周波数応答のすべての特徴が離散伝達関数に現われる。このことは，双一次変換を用いることでどんな周波数も s 領域と Z 領域の間の変換が1対1で行えることを意味している。

4.2 スペクトル解析

スペクトル解析の手法についてその概要を知ることだけが目的であれば，前節までに述べてきたような面倒なことを考えるまでもなく，フーリエ変換とその結果得られるフーリエスペクトルについて議論しておくだけで十分であろう。しかし，フーリエスペクトルとパワースペクトルの関係について本質的に理解するためには，やや遠回りにはなるが確率過程論から議論を始める方がわかりやすい，と筆者は考える。この節で述べる確率過程の基本的な性質は，5.3節で述べる微動のアレー観測記録から位相速度を求めるための手法の一つである，空間自己相関 (SPAC) 法を理解する上でも必要となる知識である。

本節では盛川・丸山[13] にしたがって必要最小限の説明にとどめている。詳細はたとえば，小倉[2] などを参照されたい。

4.2.1 確率過程

ある確率変量が何らかの確率論的特性のもとで，時間的または空間的に変化する場合，そのような確率変量を確率過程と呼び，$X(t)$ と書くことにする。パラメータ t は時間としても空間座標としても本質的な違いはないが，以下では時間的に変動する現象を表現するために t は時間を表すパラメータとして扱うことにする。また，$X(t)$ を複素数として扱う方が都合の良い問題もあるが，$X(t)$ のとる値は実数に限って議論を進める。確率過程 $X(t)$ の性質は，任意の $n \in \mathbb{N}$ 個の時刻 $t = t_1, t_2, \cdots, t_n$ における確率過程の値 $\boldsymbol{X} = (X(t_1), X(t_2), \cdots, X(t_n))$ に関する同時確率分布によって表現できる。すなわち，

$$F_{X(t_1),X(t_2),\cdots,X(t_n)}(x_{t_1}, x_{t_2}, \cdots, x_{t_n}) = P\left[\bigcap_{j=1}^{n}(X(t_j) \le x_{t_j})\right] \tag{4.68}$$

である。ここで，F の下付きの変数 $X(t_1), X(t_2), \cdots, X(t_n)$ は，関数 F がこれらの変数に関する関数であることを示しており，その変数に代入すべき値を引数として括弧 (·) のなかに並べて書いている。たとえば，式 (4.68) において，F の最初の変数は，$X(t_1)$ に関する変数で，そこに代入すべき値は x_{t_1} である，という意味である。

式 (4.68) が n 次元正規分布に従う場合には，これをとくに正規確率過程または単に正規過程と呼ぶ。正規過程は，確率分布が2次以下のモーメントで完全に記述できるため確率過程のモデルとしてしばしば用いられる。

確率分布関数 $F_{X(t_1),\cdots}(x_{t_1}, \cdots)$ より，細かい微分可能性に関する条件には目をつぶることにすれば確率密度関数 $f_{X(t_1),\cdots}(x_{t_1}, \cdots)$ が得られるので，$X(t)$ の任意の時刻における値 $X(t_1), X(t_2), \cdots, X(t_n)$ に対して n 次モーメント $M(t_1, t_2, \cdots, t_n)$ を以下のように定義することができる。

$$M(t_1, t_2, \cdots, t_n) = E[X(t_1)X(t_2)\cdots X(t_n)] = \int\cdots\int x_{t_1}\cdots x_{t_n} f_{X(t_1),\cdots}(x_{t_1}, \cdots)dx_{t_1}\cdots dx_{t_n} \tag{4.69}$$

ここで，$E[\,\cdot\,]$ はアンサンブルの意味での期待値演算を表わしている。なお，以下ではアンサンブルの意味での期待値演算を表わす際に $\langle\,\cdot\,\rangle$ を用いる場合がある。

このとき，確率過程の期待値および自己相関関数は，それぞれ，

$$\mu_X(t) = E[X(t)] = M(t) \tag{4.70a}$$

$$R_{XX}(t,s) = E[(X(t)-\mu_X(t))(X(s)-\mu_X(s))] = M(t,s) - M(t)M(s) \tag{4.70b}$$

で定義される。式 (4.70b) の自己相関関数において $t=s$ とおくと，式 (4.70b) は，

$$\sigma_X^2(t) = E[(X(t)-\mu_X(t))^2] = M(t,t)-(M(t))^2 \tag{4.71}$$

となり，$X(t)$ の分散が得られる。

4.2.2 定　常　性

式 (4.70a)，(4.70b) に見られるように，確率過程を規定する特性値は一般には時刻 t の関数となる。しかし，これをそのままの形で取り扱うことは，問題が非常に複雑となって，本書の範囲を大きく超える。そこで，確率論的な性質が時間とともに変化しない，という定常性を有する確率過程に限って議論をすすめる。

確率過程 $X(t)$ の任意の時刻 $t_1, t_2, \cdots, t_n$ での同時確率分布が時間ずれに対して不変である場合，$X(t)$ は定常確率過程または単に定常過程である，という。すなわち，定常過程においては，$-\infty < \tau < \infty$ なる任意の $\tau \in \mathbb{R}$ について，以下の関係が成立する。

$$\begin{aligned} &F_{X(t_1+\tau),X(t_2+\tau),\cdots,X(t_n+\tau)}(x_1,x_2,\cdots,x_n) \\ &\quad = F_{X(t_1),X(t_2),\cdots,X(t_n)}(x_1,x_2,\cdots,x_n) \end{aligned} \tag{4.72}$$

定常過程が式 (4.72) の条件を満足するということを強調するために，このような確率過程を強定常過程と呼ぶ場合がある。このとき，$X(t)$ は時刻 t によらず常に同じ確率分布特性を示すので，$X(t)$ の期待値や分散は時間の関数ではなくなり，共分散または自己相関関数は時間差 $t-s=\tau$ のみの関数となる。すなわち，

$$\mu_X(t) \equiv \mu_X = \langle X(t)\rangle = \langle X(0)\rangle \tag{4.73a}$$

$$\begin{aligned} R_{XX}(t,t+\tau) &\equiv R_{XX}(\tau) = \langle X(t)X(t+\tau)\rangle - \mu_X^2 \\ &= \langle X(0)X(\tau)\rangle - \mu_X^2 \end{aligned} \tag{4.73b}$$

$$\begin{aligned} \sigma_X^2(t) &\equiv \sigma_X^2 = R_{XX}(0) = \langle X(t)^2\rangle - \mu_X^2 \\ &= \langle X(0)^2\rangle - \mu_X^2 \end{aligned} \tag{4.73c}$$

である。ここで，$\langle \cdot \rangle$ はアンサンブルの意味での期待値演算を表わす。

ところで，強定常過程では，確率分布そのものが時間移動に対して不変でなくてはならない。実際の現象においてこのような仮定が本当に成立しているかを判断することが難しく，現実の問題に対して適用しにくい。そこで，この条件をもう少し緩めて，平均が時間に依存せず，自己相関関数が時間差のみの関数である場合，すなわち，式 (4.73b) を満足する確率過程を定常過程として扱うことにする。このような定常過程は上の強定常過程と区別して弱定常過程，あるいは広義の定常過程と呼ばれる。一般に，弱定常過程であっても強定常過程とは限らない。しかし，正規過程の場合は例外で，弱定常過程ならば強定常過程である。このような点からも正規過程が確率過程のモデルとして便利であることが理解される。

以下でとくに断らずに定常過程というときには，弱定常過程の意味で用いるものとする。また，期待値 $\mu_X \neq 0$ の場合には $X(t)-\mu_X$ を改めて $X(t)$ とおけば期待値 0 の場合に帰着するので，以下では，

$$\mu_X = \langle X(t)\rangle = 0 \tag{4.74a}$$

$$R_{XX}(\tau) = \langle X(t)X(t+\tau)\rangle = \langle X(0)X(\tau)\rangle \tag{4.74b}$$

$$\sigma_X^2 = R_{XX}(0) = \langle X(0)^2\rangle \tag{4.74c}$$

なる定常過程を扱う。

4.2.3 エルゴード性

定常過程の特性値を実現値から推定しようとした場合，観測または実験を繰り返すことによって同一の母集団からの実現値を多数得たうえで，大数の法則にしたがって求めなくてはならない。このようにして求めた特性値は，「アンサンブル平均または集合平均の意味での特性値である」といわれる。しかし，実際に記録できる時系列はそのなかのただ一つの実現値だけである場合が多く，実現値のアンサンブル平均をとることは事実上不可能な場合がほとんどである。

そこで，アンサンブル平均のかわりに時間平均をもって特性値を表現することが考えられる。強定常過程では時間の移動に対してその確率論的特性が変化しないため，$X(t_1), X(t_2), \cdots, X(t_n)$ の任意の関数 $g(X(t_1), X(t_2), \cdots, X(t_n))$ の統計的性質も時間ずれに対しては不変である。したがって，十分に長い時間の間には起こりうるすべての実現値がその統計的性質に従って含まれていると考えることができる。すなわち，十分に長い時間にわたる時間平均はアンサンブル平均に一致するものと期待し，

$$\begin{aligned} &\lim_{T\to\infty}\frac{1}{T}\int_{-T/2}^{T/2} g(X(t_1+\tau), X(t_2+\tau), \cdots \\ &\qquad\qquad \cdots, X(t_n+\tau))d\tau \\ &= \langle g(X(t_1+\tau), X(t_2+\tau), \cdots, X(t_n+\tau))\rangle \\ &= \langle g(X(t_1), X(t_2), \cdots, X(t_n))\rangle \end{aligned} \tag{4.75}$$

と考えるのである。このような仮定をエルゴード性の仮定と呼ぶ。

もちろん，エルゴード性を満足する定常過程は限られた条件のもとでしか存在し得ないということに注意を払う必要がある。また，強定常過程と同様にエルゴード性が弱定常過程に対しても成り立つという保証はない。しかし，アンサンブルの意味での統計量を求めることができない現象に対しては，エルゴード性が成立しているか否かを実データを用いて確かめる術はないというの

が現実である。他に選択肢がないという非常に消極的な理由から，以下ではとくに断らない限り弱定常過程はエルゴード性を有するものと仮定して議論をすすめる。すなわち，以下の関係を認めることとする。

$$\lim_{T\to\infty}\frac{1}{T}\int_{-T/2}^{T/2}x(t)dt=\langle X(0)\rangle=\mu_X \tag{4.76a}$$

$$\lim_{T\to\infty}\frac{1}{T}\int_{-T/2}^{T/2}x(t)x(t+\tau)dt=\langle X(0)X(\tau)\rangle$$
$$=R_{XX}(\tau)+\mu_X^2 \tag{4.76b}$$

4.2.4 自己相関関数

定常過程の自己相関関数について成立する関係式を整理しておく。式 (4.74b) より，定常過程の自己相関関数は偶関数で，

$$R_{XX}(\tau)=R_{XX}(-\tau) \tag{4.77}$$

を満足することが直ちにわかる。

$X(t)$ が時間について必要な階数だけ微分可能で，また，その自己相関関数 $R_{XX}(\tau)$ も τ について必要な階数だけ微分可能であるとする。このとき，$X(t)$ の t に関する導関数を，$\dot{X}(t)=\frac{d}{dt}X(t)$, $\ddot{X}(t)=\frac{d^2}{dt^2}X(t)$, $X^{(n)}(t)=\frac{d^n}{dt^n}X(t)$ と書くと，$R_{XX}(\tau)$ の τ に関する微分は，

$$\frac{dR_{XX}(\tau)}{d\tau}=\langle X(t)\dot{X}(t+\tau)\rangle=R_{X\dot{X}}(\tau) \tag{4.78}$$

となり，$X(t)$ と $\dot{X}(t)$ の相関関数となる。同様の演算により，以下の関係式が得られる。

$$R_{X\dot{X}}(\tau)=-R_{X\dot{X}}(-\tau)=-R_{\dot{X}X}(\tau) \tag{4.79}$$

ここで，式 (4.79) において $\tau=0$ とおくと，

$$R_{X\dot{X}}(0)=\langle X(t)\dot{X}(t)\rangle=0 \tag{4.80}$$

となり，定常過程では $X(t)$ とその 1 階時間微分 $\dot{X}(t)$ は互いに無相関であることがわかる。

さらに，$R_{XX}(\tau)$ の τ に関する 2 階微分は，

$$\frac{d^2}{d\tau^2}R_{XX}(\tau)=-R_{\dot{X}\dot{X}}(\tau)=R_{X\ddot{X}}(\tau) \tag{4.81}$$

である。同様にして，$X(t)$ の n 階微分について，

$$R_{X^{(n)}X^{(n)}}(\tau)=(-1)^n\frac{d^{2n}R_{XX}(\tau)}{d\tau^{2n}} \tag{4.82}$$

が得られる。

4.2.5 パワースペクトル

相関関数は確率過程が時間領域でどのようなふるまいをするかという統計的性質を記述するものであるが，パワースペクトルとは，振動数領域でどのような統計的性質を有するかを示すものである。これは相関関数と表裏をなす量であるとともに，現象の物理的性質を理解する上でも非常に重要である。

自己相関関数 $R_{XX}(\tau)$ が $|\tau|\to\infty$ で十分速く 0 に近づき，

$$\int_{-\infty}^{\infty}|R_{XX}(\tau)|d\tau<\infty \tag{4.83}$$

が成り立つならば，$R_{XX}(\tau)$ のフーリエ変換が存在して，

$$S_{XX}(\omega)=\frac{1}{2\pi}\int_{-\infty}^{\infty}R_{XX}(\tau)e^{-i\omega\tau}d\tau \tag{4.84}$$

と表わせる。ただし，$-\infty<\omega<\infty$ である。なお，厳密には $R_{XX}(\tau)$ が有限なフーリエ変換をもつためには式 (4.83) を満足しなくてはならないが，既に 4.1.4 項で述べた通り，$R_{XX}(\tau)$ が自乗可積分であっても多くの場合，問題なく式 (4.84) は成立する。このとき τ を時間 (単位は秒) とすると，ω は円振動数で，$\omega=2\pi f$ (f は振動数；単位は Hz) である。

エルゴード性の仮定のもとで，式 (4.84) の右辺を形式的に変形していくと[13,14]，

$$S_{XX}(\omega)=\lim_{T\to\infty}\frac{2\pi}{T}|z(\omega)|^2 \tag{4.85}$$

が得られる。ここで，$z(\omega)$ は式 (4.91) に示す $x(t)$ のスペクトル表示であるが，一般に

$$\int_{-\infty}^{\infty}|x(t)|^2dt<\infty \tag{4.86}$$

とは限らないため，実際には $z(\omega)$ が有限とは限らない。しかし，数学的にはまったく厳密ではないが，式 (4.85) を得る演算を次のように解釈することは可能であろう。すなわち，時系列波形 $x(t)$ のスペクトル表示にみられる区間 $[-\infty,\infty]$ の積分を $\lim_{T\to\infty}\int_{-T/2}^{T/2}$ と読み直す。このとき，有限区間のフーリエ積分ならば存在するので，その積分を実行できるので，積分区間としてできるだけ長い時間をとれば，それは $S_{XX}(\omega)$ に収束する，と理解するのである。

$X(t)$ が実数ならば，式 (4.85) より $S_{XX}(\omega)$ は実数でかつ非負となる。また，式 (4.84) の逆フーリエ変換を考えると，

$$R_{XX}(\tau)=\int_{-\infty}^{\infty}S_{XX}(\omega)e^{i\omega\tau}d\omega \tag{4.87}$$

であるから，

$$R_{XX}(0)=\langle|X(t)|^2\rangle=\int_{-\infty}^{\infty}S_{XX}(\omega)d\omega \tag{4.88}$$

である。これより，$S_{XX}(\omega)$ を全振動数にわたって積分したものが $X(t)$ の自乗平均 (= 分散) となり，$S_{XX}(\omega)$ は $X(t)$ の自乗平均に対する振動数 ω からの貢献の度合いを表わす量であるといえる。

このことから，$S_{XX}(\omega)$ のことをパワースペクトル密度関数，または単にパワースペクトルと呼んでいる。式 (4.84), (4.87) に見られるとおり，$S_{XX}(\omega)$ と $R_{XX}(\tau)$ は，フーリエ変換の対をなしているが，これを Wiener-Khintchine の関係という。また，式 (4.85) より，$X(t)$

の実現値 $x(t)$ の有限区間 $[-\frac{T}{2}, \frac{T}{2}]$ のフーリエ係数を $z(\omega)$ とすると，T が十分に大きいとき，自己相関関数を用いることなく直接 $X(t)$ のフーリエ変換によってパワースペクトル $S_{XX}(\omega)$ を推定できることがわかる。

式 (4.77) の自己相関関数の対称性 $R_{XX}(\tau) = R_{XX}(-\tau)$ より $R_{XX}(\tau)$ は偶関数であり，$X(t) \in \mathbb{R}$ ならばもちろん $R_{XX}(\tau) \in \mathbb{R}$ である。4.1.3 項で述べたとおり，実偶関数のフーリエ変換は実偶関数となるため，式 (4.84) のパワースペクトルの定義から $S_{XX}(\omega)$ は実数でかつ非負な偶関数である。すなわち，$S_{XX}(\omega) = S_{XX}(-\omega)$ である。

定常過程 $X(t)$ の導関数の自己相関関数は式 (4.81) で与えられることを用いると，$\dot{X}(t)$ のパワースペクトルは，

$$S_{\dot{X}\dot{X}}(\omega) = \omega^2 S_{XX}(\omega) \tag{4.89}$$

となる。このことは，時間軸上での時間微分が振動数軸上では ω を掛ける操作であることと，パワースペクトルが $X(t)$ のフーリエ係数の自乗の次元を有することからも容易に理解される。

一般に，$X(t)$ の n 階微分 $X^{(n)}(t)$ のパワースペクトルは $X(t)$ のパワースペクトルを用いて，以下のように求められる。

$$S_{X^{(n)}X^{(n)}}(\omega) = \omega^{2n} S_{XX}(\omega) \tag{4.90}$$

4.2.6　定常過程のスペクトル表示

すでに述べたように，定常過程 $X(t)$ は，一般に自乗可積分ではないのでフーリエ変換は有限とはならない。しかし，ここで形式的に，

$$Z(\omega) = \frac{1}{2\pi}\int_{-\infty}^{\infty} X(t)e^{-i\omega t}dt \tag{4.91}$$

とすると，$Z(\omega)$ $(-\infty < \omega < \infty)$ は振動数軸上の複素確率過程となり，式 (4.91) の逆変換は，

$$X(t) = \int_{-\infty}^{\infty} Z(\omega)e^{i\omega t}d\omega \tag{4.92}$$

と表わすことができる。このとき，式 (4.92) を定常過程のスペクトル表示という[2)]。

式 (4.84)，(4.91) を用いて $Z(\omega)$ と $Z(\omega')$ の共分散を求めると以下のようになる。

$$\langle Z^*(\omega)Z(\omega')\rangle = S_{XX}(\omega)\cdot\delta(\omega-\omega') \tag{4.93}$$

ここで，$\delta(\ \cdot\ )$ は Dirac のデルタ関数である。この式は定常過程 $X(t)$ のフーリエ係数は異なる振動数の間では相関をもたないという重要な性質を示している。また，すでに述べた通り，ある振動数 ω でのフーリエ係数の分散 $\langle|Z(\omega)|^2\rangle$ はパワースペクトル $S_{XX}(\omega)$ に比例するが有限ではない。

4.2.7　多次元定常過程

n 個の定常過程 $\boldsymbol{X}(t) = (X_1(t), X_2(t), \cdots, X_n(t))$ を考える。このとき，任意の定常過程の組み合わせに対する相関関数が時間差 τ について不変であれば，それを n 次元定常過程という。$X_j(t)$ と $X_k(t)$ の相関関数は，

$$R_{jk}(\tau) = \langle X_j(t)X_k(t+\tau)\rangle \tag{4.94}$$

で与えられ，相互相関関数という。定義より，

$$R_{jk}(\tau) = R_{kj}(-\tau) \tag{4.95}$$

である。これらの相関関数を $n\times n$ の行列の形に書くと，

$$\boldsymbol{R_X}(\tau) = \begin{bmatrix} R_{11}(\tau) & R_{12}(\tau) & \cdots & R_{1n}(\tau) \\ R_{12}(-\tau) & R_{22}(\tau) & \cdots & R_{2n}(\tau) \\ \vdots & \vdots & \ddots & \vdots \\ R_{1n}(-\tau) & R_{2n}(-\tau) & \cdots & R_{nn}(\tau) \end{bmatrix} \tag{4.96}$$

なる相関関数行列が得られる。このとき相関関数行列 $\boldsymbol{R_X}(\tau)$ の対角要素は自己相関関数，非対角要素は相互相関関数である。

自己相関関数のフーリエ変換によってパワースペクトルが定義されたのと同様にして，相互相関関数のフーリエ変換としてクロススペクトルが，

$$S_{jk}(\omega) = \frac{1}{2\pi}\int_{-\infty}^{\infty} R_{jk}(\tau)e^{-i\omega\tau}d\tau \tag{4.97}$$

と定義される。ただし，$j,k = 1,2,\ldots,n$，$-\infty < \omega < \infty$ である。一般にクロススペクトルは複素数である。このとき，式 (4.95) の相互相関関数の性質 $R_{jk}(\tau) = R_{kj}(-\tau)$ より，

$$S_{jk}(\omega) = S_{kj}(-\omega) = S^*_{kj}(\omega) \tag{4.98}$$

である。* は共役複素数を表わす。したがって，$S_{jk}(\omega)$ を jk-要素とするスペクトル行列，$\boldsymbol{S_X}(\omega) = [S_{jk}(\omega)]_{jk}$ はエルミート行列となる。すなわち，^{T} が転置を表わすとして，

$$\boldsymbol{S^*_X}(\omega) = \boldsymbol{S^T_X}(\omega) \tag{4.99}$$

なる関係を満たす。

スペクトル行列の対角要素はパワースペクトルで，非対角要素はクロススペクトルである。パワースペクトルの場合と同様に，$X_j(t)$，$X_k(t)$ のスペクトル表示を用いてそれらの共分散を求めると，

$$\langle Z^*_j(\omega)Z_k(\omega')\rangle = S_{jk}(\omega)\delta(\omega-\omega') \tag{4.100}$$

となり，振動数が異なるフーリエ係数は互いに無相関であることがわかる。

クロススペクトルの実部および虚部はそれぞれ，コ・スペクトルおよびクオドラチャ・スペクトルという。これらを $K_{jk}(\omega_n)$ と $Q_{jk}(\omega_n)$ と表わすと，

$$S_{jk}(\omega_n) = K_{jk}(\omega_n) + iQ_{jk}(\omega_n) \tag{4.101a}$$
$$= \sqrt{S_{jj}(\omega_n)S_{kk}(\omega_n)coh_{jk}(\omega_n)}\exp[i\theta_{jk}(\omega_n)] \tag{4.101b}$$

である。式 (4.98) に示した $S_{jk}(\omega)$ のエルミート性 $S_{kj}(\omega) = S^*_{jk}(\omega)$ より，コ・スペクトルとクオドラチャ・スペクトルは以下のような関係を有する。

$$\begin{cases} K_{kj}(\omega) = K_{jk}(\omega) \\ Q_{kj}(\omega) = -Q_{jk}(\omega) \end{cases} \tag{4.102}$$

また，$coh_{jk}(\omega)$ と $\theta_{jk}(\omega)$ は式 (4.101b) より，

$$coh_{jk}(\omega) = \frac{K^2_{jk}(\omega) + Q^2_{jk}(\omega)}{S_{jj}(\omega)S_{kk}(\omega)} \tag{4.103a}$$

$$\theta_{jk}(\omega) = \tan^{-1}\left\{\frac{Q_{jk}(\omega)}{K_{jk}(\omega)}\right\} \tag{4.103b}$$

によって定義されるコヒーレンス関数および位相差関数である。なお，文献によっては，コヒーレンス関数として別の定義が用いられている場合がある。すなわち，式 (4.103a) の左辺を $coh^2_{jk}(\omega)$ とするものであるが，本書ではコヒーレンス関数の定義として式 (4.103a) を用いる。

式 (4.103a) よりコヒーレンス関数は $0 \leq coh_{jk}(\omega) \leq 1$ なる範囲の値をとる。また，コヒーレンス関数の平方根 $\sqrt{coh_{jk}(\omega)}$ は，$X_j(t)$ と $X_k(t)$ に関して，振動数 ω なる調和成分の確率論的な意味での振幅の相関の大きさを示す。一方，$\theta_{jk}(\omega)$ は 2 つの定常過程の振動数 ω における調和成分の間の位相差の期待値を表わす。

4.3　地震応答スペクトル

地震動を受ける構造物を設計する場合，構造物が地震動に対してどういう応答をするか，ということについてよく考えたうえで設計することが重要である。したがって，地震動による構造物の応答を簡単に表現することができれば，設計の際に有用であろう。そのような意図をもって用いられるのが地震応答スペクトルである。したがって，時系列波形のフーリエ変換から得られるフーリエ振幅スペクトルやパワースペクトルと地震応答スペクトルは形が似ている場合も少なくないが，後者が構造物 (実際には 1 自由度の振り子) の最大応答を扱っているという点で両者は本質的に異なるものである。

地震動による構造物の応答に関する議論は本書の範囲を越えているが，地震応答スペクトルは地震動の表現方法の一つとして工学的には便利に用いられているため，前節のスペクトル解析とともに紹介しておく。

4.3.1　1 自由度系の地震応答

構造物の応答といっても構造物は千差万別であり，それらの構造物の応答を逐一考えることは現実的ではない。そのため，地震応答スペクトルでは，1 自由度の振り子の地震動に対する応答の最大値をもって地震動が構造物に与える影響を表現している。そこで，まず最初に 1 自由度の振り子の地震応答を求める。

1 自由度の振り子の応答については，3.4 節で述べた。3.4 節では，強制外力として正弦関数が与えられる場合についてのみ示したが，地震による振り子の応答を知るためには任意の外力に対する応答を考えなくてはならない。すなわち，地震外力を受ける 1 自由度の振り子の運動方程式は，式 (3.8) に図 3.8 中に示される外力 $m\ddot{y}_0$ を加えた式

$$\ddot{y} + 2h\omega\dot{y} + \omega^2 y = -\ddot{y}_0 \tag{4.104}$$

によって表わされ，この方程式の解 $y(t)$ を考える。

1 自由度の振り子の減衰自由振動は式 (3.18) によって表わされるが，単位インパルス入力によって生じた振動の減衰振動であると考えると，その相対変位 $\zeta(t)$ は，初期変位 $d_0 = 0$，初期速度 $v_0 = 1$ を代入して，

$$\zeta(t) = \frac{1}{\omega'}e^{-h\omega t}\sin(\omega' t) \tag{4.105}$$

となる。また，相対速度 $\dot{\zeta}(t)$ は，これを時間で微分して，

$$\dot{\zeta}(t) = e^{-h\omega t}\left\{\cos(\omega' t) - \frac{h}{\sqrt{1-h^2}}\sin(\omega' t)\right\} \tag{4.106}$$

である。絶対加速度はこれをさらにもう 1 階微分してもよいが，もとの方程式に戻ると

$$\begin{aligned}\ddot{\zeta}(t) &= -2h\omega\dot{\zeta} - \omega^2\zeta \\ &= -\omega' e^{-h\omega t}\left\{\frac{2h}{\sqrt{1-h^2}}\cos(\omega' t)\right. \\ &\qquad \left. + \left(1 - \frac{h^2}{1-h^2}\sin(\omega' t)\right)\right\}\end{aligned} \tag{4.107}$$

と求められる。これらはインパルス応答関数と呼ばれ，振動数領域における 1 自由度の振り子の周波数応答関数のフーリエ逆変換である。

外力として与えられる地震動が式 (4.104) の右辺に見られる加速度 $\ddot{y}_0(t)$ で与えられるとすると，振り子の相対変位応答 $y(t)$，相対速度応答 $\dot{y}(t)$，絶対加速度応答 $\ddot{y}(t) + \ddot{y}_0(t)$ はそれぞれ合積 $*$ を用いて以下のようになる。

$$y(t) = (\ddot{y}_0 * \zeta)(t) \tag{4.108a}$$
$$\dot{y}(t) = (\ddot{y}_0 * \dot{\zeta})(t) \tag{4.108b}$$
$$\ddot{y}(t) + \ddot{y}_0(t) = (\ddot{y}_0 * \ddot{\zeta})(t) \tag{4.108c}$$

4.3.2　地震応答スペクトルの定義と特徴

地震応答スペクトルでは，横軸には振り子の固有周期，縦軸には振り子の最大応答をとる。縦軸としては相

対変位，相対速度，絶対加速度のいずれかの最大値をとり，縦軸の値に応じてそれぞれ相対変位応答スペクトル，相対速度応答スペクトル，絶対加速度応答スペクトル，と呼ぶ。地面の上に固有周期の異なる 1 自由度の振り子を多数並べておいて，その応答の最大値をそれぞれの振り子について調べて，対応する固有周期に対して応答の最大値をプロットしたものが地震応答スペクトルである。詳細は，たとえば，大崎[5] を参照されたい。

前項の結果を用いると，相対変位応答スペクトル $S_d(h,T)$，相対速度応答スペクトル $S_v(h,T)$，絶対加速度応答スペクトル $S_a(h,T)$ は以下のようにして求められる。

$$S_d(h,T) = |y(t)|_{max} \tag{4.109a}$$

$$S_v(h,T) = |\dot{y}(t)|_{max} \tag{4.109b}$$

$$S_a(h,T) = |\ddot{y}(t)|_{max} \tag{4.109c}$$

ここで，地震応答スペクトルは振り子の固有周期 $T = 2\pi/\omega$ と減衰定数 h の関数である。地震応答スペクトルは横軸に振り子の固有周期 T，縦軸に S_d，S_v，S_a をとり，h をパラメータとして h のいくつかの値 (多くの場合，1%や 5%) について描いたものである。

地震応答スペクトルを計算するためには，式 (4.108) を数値的に計算することになる。数値積分を使って合積を直接計算するか，$\ddot{y}_0(t)$ と $\zeta(t)$ をフーリエ変換をしてそれらのフーリエ係数を振動数領域で掛け算してから逆フーリエ変換して時系列波形に戻すことで求めることができる。記録の継続時間が長い場合には，後者の方が計算量の点で有利である。また，時間領域で逐次積分をして応答を求める方法も広く用いられている[5]。

一般に構造物の減衰は小さく，1～5%程度であることが多い。したがって，h の値は 1 に比べて非常に小さいため，$h^2 \approx 0$ なる近似は妥当な近似であると言える。しかし，さらにやや大胆ではあるが $h \approx 0$ という近似も導入することにすると，$\omega' \approx \omega$ を使ってインパルス応答関数は，

$$\zeta(t) = \frac{1}{\omega} e^{-h\omega t} \sin(\omega t) \tag{4.110a}$$

$$\dot{\zeta}(t) = e^{-h\omega t} \cos(\omega t) \tag{4.110b}$$

$$\ddot{\zeta}(t) = \omega e^{-h\omega t} \cos(\omega t) \tag{4.110c}$$

と書き改められる。さらに，地震応答スペクトルは式 (4.109) に見られるように最大値を求めればよいので，正弦関数と余弦関数の違いは気にしないことにすると，式 (4.109) と式 (4.110) を見比べて，

$$S_d(h,T) = \frac{1}{\omega} S_v(h,T) = \frac{T}{2\pi} S_v(h,T) \tag{4.111a}$$

$$S_a(h,T) = \omega S_v(h,T) = \frac{2\pi}{T} S_v(h,T) \tag{4.111b}$$

なる関係が得られる。これは，表 4.1 に示したように，時間領域での積分と微分が振動数領域では ω で割ったり ω を掛けたりすることとよく似た関係である。この関係を用いれば，例えば，$S_v(h,T)$ のみを数値計算によって求めておいて，式 (4.111) を用いて近似的に $S_d(h,T)$ や $S_a(h,T)$ を求めることができる。このとき，近似的に求められた応答スペクトルをそれぞれ，擬似相対変位応答スペクトル，擬似絶対加速度応答スペクトル，と呼ぶ。もちろん，$S_a(h,T)$ を求めてそれを ω で割って近似的に $S_v(h,T)$ を求めることも可能である。その場合は，$S_v(h,T)$ を擬似相対速度応答スペクトルと呼ぶ。

地震応答スペクトルは振り子の最大応答によって定義されるが，振り子の周波数応答関数は減衰定数 h が小さい場合，地震動に対して狭帯域のバンドパスフィルタをかけて振り子の固有周期を中心とする成分波を取り出している，と理解することができる。このように考えると地震応答スペクトルがフーリエ振幅スペクトルやパワースペクトルと似たような形になる，ということは納得しやすいであろう。実際，地動加速度のフーリエ振幅スペクトルと減衰定数が 0 の相対速度応答スペクトルはよく似た形になることが多く，近似的ではあるが理論的に説明することができる[5]。

一方，地震応答スペクトルとフーリエスペクトルの違いは，後者が時系列波形の成分波の振幅の情報のみを示しているのに対して，前者は最大値をとることによって位相の情報を取り込んでいる，という点にある。フーリエ振幅スペクトルにおいては時間領域で合積で表わされるような現象，例えば，任意の入力に対する振り子の応答のような現象は入力とインパルス応答関数のそれぞれのフーリエ変換の積によって応答のフーリエ変換を得ることができる。ところが，地震応答スペクトルにおいては時間領域で合積で表わされるような現象であってもその応答の地震応答スペクトルは入力とインパルス応答関数の地震応答スペクトルの積とは異なることに注意が必要である。

4.3.3 非線形地震応答スペクトル

非常に大きな地震動が入力されると普通の構造物はどこかの部材が降伏して非線形な応答を示す。前項で示した地震応答スペクトルは 1 自由度の振り子の線形応答の最大値を計算しているだけなのでどんなに大きな入力であっても応答値は線形的に大きくなる。構造物の非線形特性にはさまざまなものがあるため，個別の構造物ごとに時刻歴応答解析によってその応答を知る必要がある。時刻歴応答解析では，精度のよいパラメータやモデルを使えば，非常に精度の高い結果が得られるものの，その労力は一般には少なくない。そのため，構造物の非線形性を考慮した応答を簡便に知るための

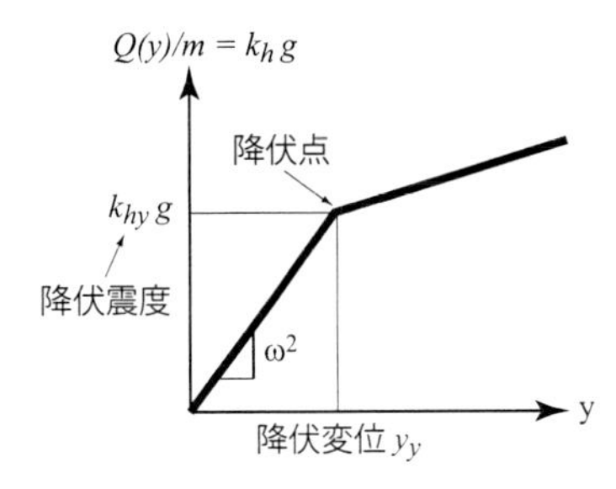

図 4.5 バイリニア型復元力特性

方法の一つとして，構造物の非線形応答を応答スペクトルとして表現した非線形応答スペクトルが用いられることがある。

非線形応答スペクトルは地震動の特性を表現するよりも，地震動による構造物の非線形応答特性に着目したスペクトル表現である。非線形特性をどのように表現するか，によって非線形応答スペクトルには種々の表現形式が考えられる。非線形応答スペクトルの多くは設計に特化した地震動の表現方法であるが，以下ではそのなかの一つである，所要降伏震度スペクトルを紹介する[15]。

地震外力を受ける 1 自由度の振り子の運動方程式は，式 (4.104) で表わされるが，振り子が非線形復元力特性 $Q(y)$ を有する場合，式 (4.104) は，

$$\ddot{y} + 2h\omega\dot{y} + \frac{Q(y)}{m} = -\ddot{y}_0 \tag{4.112}$$

と書き換えることができる。$Q(y)$ は構造物によってさまざまな関数形が考えられるが，バイリニア型のモデルがしばしば用いられる。一方，耐震設計で用いられる「震度 k_h」は構造物に作用する力を自重 (mg, g は重力加速度) で除すことによって定義される。したがって，$Q(y)/m = k_h g$ となり，降伏点において降伏震度 k_{hy}，降伏変位 y_y，固有円振動数 ω は図 4.5 に示す関係をもつ。

減衰定数 h が既知なら，構造物の固有周期 $T = 2\pi/\omega$ と降伏震度 k_{hy} を決めれば復元力特性も図のように決定される。したがって，ある固有周期と降伏震度を有する 1 自由度の振り子に対して式を解けば応答塑性率を求めることができる。ここで塑性率とは最大変位 y_{max} と降伏変位 y_y を用いて $\mu = y_{max}/y_y$ によって得られる。得られた応答塑性率が目標としている塑性率 (目標塑性率) となるまで降伏震度 k_{hy} のみを変化させて式を解くことを繰り返し，目標塑性率に収束させると，ある固有周期に対する目標塑性率に対応する所要降伏震度が得られる。振り子の固有周期を変えて同様の計算を行うことで，横軸に固有周期，縦軸に所要降伏震度をとった所要降伏震度スペクトルを描くことができる。異なるいくつかの目標塑性率を設定して (たとえば，$\mu = 2, 4, 8$ など)，一つの図中に複数の線を描くことが多い。所要降伏震度スペクトルの作成方法の概念図を図 4.6 に示す。

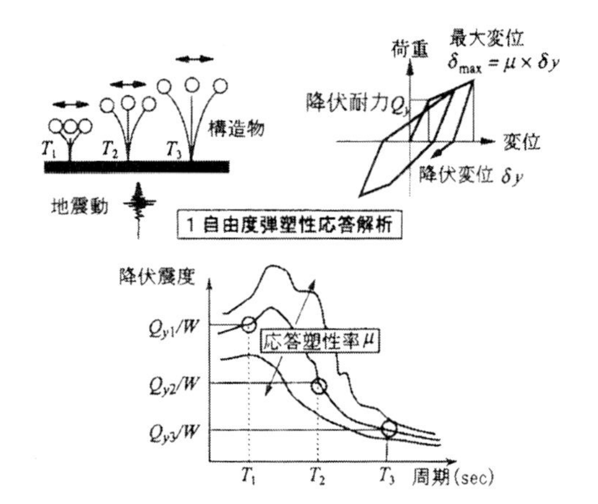

図 4.6 所要降伏震度スペクトルの作成方法[15]

所要降伏震度スペクトルを用いると，ある地震動による構造物の応答塑性率を求めることができる。また，逆に設計塑性率が決められているときに構造物にどれだけの耐力を与えなくてはならないか，を求めることもできる。

前者は対象とする構造物の固有周期と降伏震度を求め，その点を通る所要降伏震度スペクトルの曲線を選んで応答塑性率を求めればよい。対象構造物の降伏震度がおおよそわかっていれば，ある地震動を受けたときにどの程度塑性化したかを求めることができるので，その構造物の被害の発生の有無を簡易的に予測することができる。

後者は主として設計のために用いられる。対象とする構造物の適当なモデルを決めてプッシュオーバー解析 (準静的に水平荷重をかけていってそのときの応力に対する変位を求めること) で，変位–応力曲線を求めて，降伏時の変位 δ_y とそのときの水平震度 (降伏震度) k_y を決める。また，降伏したのち最大の耐力を発揮するときの変位 δ_{max} と震度 k_{max} も求める。

δ_y と k_y から等価固有周期 T_y が求められるので T_y を使って非線形応答スペクトルの横軸の位置を決める。また，k_y から非線形応答スペクトルの縦軸の位置を決める。これで，点 (T_y, k_y) にある非線形応答スペクトルの曲線の塑性率 μ を図から読み取ることができる。

たとえば，このような解析によって $\mu = 2$ と求まったとする。ここで，対象構造物の変位–力関係の図に戻って，$\delta_{max}/\delta_y > 2$ であれば対象構造物は十分な塑性率をもっていることになるので地震のときにも大丈夫とみなす，というのが基本的な考え方である。ここで，$\delta_{max}/\delta_y < 2$ であったら断面を設計し直して，所要の塑性率が得られるまで計算を繰り返す。

このように所要降伏震度スペクトルを用いた設計手法のよいところは，動的非線形問題を静的に扱える，という点にある。動的解析に比べればプッシュオーバー解析はそれほど大きな手間はかからないし，典型的な構造物についてはだいたい決まったモデルがあることが多いため簡単に塑性率をチェックできるというわけである。

1自由度の振り子を対象としている所要降伏震度スペクトルを用いて照査することで本当に正しい照査をしたことになるのか，プッシュオーバー解析で動的特性を表現したことになるのか，など簡易的手法にまつわる種々の問題は当然存在する。しかし，構造物の非線形応答の効果を簡易的にしろ取り入れたうえでおおよその断面を簡単に決定できる，というのは設計の実務においては有用であろう。

4.4　時間–周波数解析

時間–周波数解析とは，簡単に言えば，周波数特性の時間的な変化を追跡しようとする解析法である。これは，フーリエ変換によって任意の時系列波形の周波数特性を知ることができるということがわかって以来，その自然な発展として着想されたものと想像される。もちろんフーリエ解析によって地震動の振動数特性を知ることはできるのであるが，これは解析区間全体についての特徴を表わすものである。本質的に非定常過程である地震動記録の周波数特性が時間的に一定であるはずはなく，その時間変動を時間–周波数特性として表現したい，と考えるのはごく自然な成り行きであろう。本節で時間–周波数解析について述べるのはこのような動機に基づくものである。

しかし，時間–周波数解析の多くは，フーリエ変換のような数学的な単純さや美しさに著しく欠けているばかりでなく，その定義によってまったく異なる表現が得られる。このような一意性の欠落は得られた時間–周波数特性をどのように解釈するか，という点にまで影響を与えないではおかない。つまり，時間–周波数解析を行う場合，解析手法の数学的な限界や意味についてよく理解した上で手法を適切に選択することが重要である。

以下で時間–周波数解析のための手法としてどのようなものがあるか，筆者の知る手法からいくつかを簡単に紹介しておく。個々の手法について詳しく述べることは，本書の範囲を越えるため，あまり数式を使わずにそれぞれの手法をざっと概観するにとどめる。なお，Hilbert-Huang 変換 (HHT) については節を改めて 4.5 節において詳しく述べる。

4.4.1　Spectrogram

spectrogram (短時間フーリエ変換) は非定常過程の解析で最も広く使われている手法と言ってもよいであろう。Cohen の教科書[6]では，この手法の解説に 1 章を割いているが，その最初の部分に，たいへんわかりやすい話が書かれている。Cohen の表現を抜粋しながら議論をすすめる。

1時間の音楽を聞いているとする。最初，バイオリンで始まり，最後はドラムで終る，という曲であるが，これを 1 時間の信号すべてを使ってフーリエ変換するとたしかに，バイオリンとドラムの周波数に対応するところにエネルギースペクトルのピークが見える。しかし，この解析でわかることは，バイオリンとドラムがこの曲に登場したということだけであり，それらの楽器が演奏されたのがいつか，についてはまったくわからない。そこで，単純に，1 時間の信号を 5 分ごとのセグメントに分割して，それぞれの区間ごとにフーリエ解析すればよい，と考えてみる。すると，幸いにもバイオリンは最初の 5 分に登場し，ドラムは最後の 5 分に登場したことがわかる。しかし，その 5 分間のどこで登場したかは，やはりわからないのである。そこで，セグメントの大きさをもっと小さく，たとえば，1 分，あるいはもっと短い区間をとって，各区間ごとにフーリエ解析をすれば，より良い精度で，いつ，これらの楽器が登場したかを知ることができそうである。

これが，短時間フーリエ変換の基本的な考え方である。実に単純である。短い区間ごとにフーリエ変換して得たスペクトルを時間軸に沿って並べれば，周波数特性の時間的な変化を追跡することができると期待される。では，この解析区間の幅をどんどん小さくすれば，たとえば，バイオリンが登場した時刻をいくらでも精度良く求められるようになるのであろうか？もちろん，そういうわけにはいかない。あまりにも短い区間をとってフーリエ変換をしてしまうと原信号とは何の関係もないスペクトルが得られるようになる。解析区間を短くしていくことで時間分解能は高くなる反面，周波数分解能が悪くなるためバイオリンの音が含まれているかどうかの区別がつかなくなるのである。これは，解析区間の長さを短くした極限として，インパルス関数を考えれば容易に理解される。すなわち，既に 4.1 節でみたように，インパルス関数のフーリエ振幅はすべての周波数成分を均等にもつことになり，周波数特性に関する情報を何ももたない。結果として，いつ，バイオリンが鳴ったかを知ることができなくなるのである。

どのくらい短い区間までならうまく解析できるのか，ということは，対象とする信号の周波数特性に依存する。なお，この適用限界は，原信号に対する不確定性原理によって決まっているのではなく，解析のために切り出した短い信号に対する不確定性原理によっている，という点は重要である[6)]。また，非定常信号を解析しようとしているにもかかわらず，短く切った区間のなかは定常である，という仮定を暗黙のうちに適用しているのもあまり気持ちのよいものではない。

いま，信号を $s(t)$ として，時刻 t での周波数特性を調べるために，時刻 t を中心とした窓関数 $h(t)$ をかけるものとする。すなわち，

$$s_t(\tau) = s(\tau)h(\tau - t) \tag{4.113}$$

である。さらに，窓関数によって切り出された信号をフーリエ変換して2乗をとれば，すなわち，

$$|S_t(\omega)|^2 = \left| \frac{1}{\sqrt{2\pi}} \int e^{-j\omega\tau} s(\tau)h(\tau - t)d\tau \right|^2 \tag{4.114}$$

によって時刻 t でのエネルギースペクトル密度 $P_{SP}(t, \omega) \equiv |S_t(\omega)|^2$ を得ることができる。ここで，j は虚数単位，ω は円振動数で，$P_{SP}(t, \omega)$ は一般には spectrogram と呼ばれている。窓関数の窓の幅を短くとることが多いので短時間フーリエ変換と呼ばれるが，調べたい周波数帯域によっては窓の幅を長くとらなくてはならない場合もあることには注意が必要である。

この式において注意すべき点は，$s(\tau)$ と $h(\tau - t)$ の扱いは，式の上では完全に平等であるという点である。つまり，窓関数を使って信号の特性を見ようとしているのか，信号を使って窓関数の特性を見ようとしているのか，それを区別する方法はないということである。たぶん，多くの人は前者が目的で解析すると思われるが，数学的には両者を区別することはできない。

spectrogram のよい点は，正値性を満足すること，計算にあたってはフーリエ変換だけで完結しているため非常に簡単である，という点である。窓関数の幅をうまく選べば，完璧ではないにしても，もっともらしい結果を得ることができる。ただし，結果には必ず窓関数の影響が含まれているため，窓関数を変えると結果も変わってしまう。窓関数の形や幅の取り方について，特に決まった方法があるわけではないので，普遍的な結果を得ることは本質的にできない。

4.4.2 Evolutionary Spectrum

evolutionary spectrum (発展スペクトル) は Priestley[16)] によって最初に提案された時間–周波数分布である。基本的なアイディアは古典的なフーリエ解析の手法を素直に拡張したものとなっている。適当な時系列波形 $s(t)$ が定常であれば，

$$s(t) = \int e^{j\omega t} dZ(\omega) \tag{4.115}$$

とスペクトル表示することができる。ここで，$Z(\omega)$ は直交増分過程で，その自乗平均がパワースペクトル密度を与える。これを機械的に時間に依存するスペクトル密度をもつように書き改めると，

$$s(t) = \int \alpha(\omega, t) e^{j\omega t} dA(\omega, t) \tag{4.116}$$

となる。このとき，evolutionary spectrum は，

$$E[|dA(\omega, t)|^2] = S(\omega, t)d\omega \tag{4.117}$$

で定義される $S(\omega, t)$ である。ここで，$E[\,\cdot\,]$ は期待値である。

形式的にはこれで，evolutionary spectrum を定義したことになっている。確かに，スペクトル密度が，時間と周波数の関数になっているので，時間–周波数分布を表現する関数形であることは間違いない。しかし，式(4.115) の $Z(\omega)$ が一意に存在したとしても，そのことは，式 (4.116) の $A(\omega, t)$ が一意に存在するかどうかとは何の関係もない。何も制約条件がないのであるから，$A(\omega, t)$ の関数形はいくらでも考え得る。そのうえ，式(4.116) の $\alpha(\omega, t)$ は，いったい誰が，どうやってこの関数形を決めるのかも不明である。時間と周波数の関数であるからどんな関数でもよいというだけでなく，この自由に決めて良い関数によって evolutionary spectrum が規定されるのである。

かつて，この関数を具体的に $S(\omega, t)$ を求める手法について多くの研究がなされた (たとえば，Mark[17)] や亀田[18)])。しかし，結局のところ，現時点から振り返ってみると spectrogram を求めることと大きな違いはないように見えるのである。

その一方で，任意の時間–周波数分布を有する波形を作成する，という観点からは evolutionary spectrum の定式化は便利である。簡単のために離散的に書くと，

$$s(t) = \sum B(\omega, t) \cos(\omega_i t + \theta_i) \tag{4.118}$$

とするだけで，任意の時間–周波数分布をもつ波形を計算できることになる。ここで，θ_i は区間 $[0, 2\pi]$ で一様分布する確率変数である。$B(\omega, t)$ は時間の関数なので，位相の情報も含んでいることになるが，それにもかかわらず，さらに位相情報 (θ_i) を別途与える，という位相の扱いについてはなんともおかしな定式化となっていることを念のために指摘しておく。

4.4.3 ウェーブレット解析

ウェーブレット解析は時間–周波数解析の王道ともいえるが，詳細にわたって述べることは容易ではないため，以下に概要を述べるにとどめる。ウェーブレット解析については良い参考書がいくらでもあるので，詳細についてはそちらを参照されたい[19, 20)]。

ウェーブレット解析は 1980 年代に時間–周波数解析

のための道具として考案された手法である。非常に，大雑把な言い方をすると，ウェーブレット解析とは，短時間フーリエ変換において，時間窓の幅を周波数にあわせて変化させる方法，と言えるであろう。また，フーリエ解析では基底関数として三角関数を使うが，ウェーブレット解析ではどんな基底関数でも用いることができて，解析したい信号にあわせて適当なものを選ぶ。信号 $s(t)$ のウェーブレット変換は，

$$W(a,b;s,\psi) = |a|^{-1/2} \int_{-\infty}^{\infty} s(t)\psi^* \left(\frac{t-b}{a}\right) dt \tag{4.119}$$

と表わされる。ここで，$\psi^*(\cdot)$ はマザーウェーブレットと呼ばれ，$1/a$ は「周波数の足」で周波数に関わるパラメータ，b は「時刻の足」で時刻に関わるパラメータである。ウェーブレット解析では，時刻や周波数は陽な形では出てこないので，これらの周波数や時刻の足を使って，時間–周波数分布を構成する。式 (4.119) を見るとわかるとおり，高い振動数 (大きな a) に対しては窓の幅が小さく，低い振動数 (小さな a) に対しては窓の幅が小さくなるようになっており，b を変化させて時間軸を移動しながら，$s(t)$ の積分変換をしている。

ウェーブレット解析には，大きく分けて，連続ウェーブレットと離散ウェーブレットがある。前者は a，b を連続変数として扱う積分変換で，後者は a，b を 2 の巾乗およびその倍数によって離散的に与えて展開する。離散ウェーブレットはさらに，過剰完全系，直交ウェーブレット，双直交ウェーブレットに分類できる。連続ウェーブレットは逆変換を一意に求めることはできないが，直交ウェーブレットは直交基底上でウェーブレット係数を求めているので一意に逆変換が可能である。しかし，直交ウェーブレットでは離散的な周波数と時刻の足をもっており，周波数は 2 の巾乗ごとにしか得られない。これは周波数については 1 オクターブごとの解像度しかないことを意味している。一方，時刻については，2 の巾乗の倍数で与えられる。したがって，高い周波数成分の信号は，時間の解像度は非常に高いけれども周波数の解像度が低く，逆に低い周波数成分の信号は，時間の解像度は低いけれども，周波数の解像度は高い，ということになる。

数学的には直交ウェーブレットはわかりやすく取り扱いも便利である。しかし，時間–周波数分布がどのようになっているかを見たい，というだけであれば連続ウェーブレットを使えば，より滑らかな時間–周波数分布が得られるので都合がよい場合もある。

なお，マザーウェーブレットの形状については，さまざまな関数が提案されているが，詳細は参考文献[19, 20]を参照されたい。

4.4.4 Wigner 分布と Cohen のクラス

Wigner 分布は 1932 年に Wigner によって最初に導入された[21]。Wigner がこの分布を導入した最初の動機は，ガスの第 2 ビリアル係数への量子補正の計算のためだったようである。その後，Ville によって特性関数を使って Wigner 分布が再構成され[22]，信号解析の分野に導入された[6]。そのため，Wigner 分布を Wigner-Ville 分布と呼ぶ場合もある。

しかし，この手法が広く知られるようになったのは，Classen and Mecklenbräuker による一連の論文によって，時間–周波数解析のための道具としての Wigner 分布の数学的な性質が明らかにされたためである[23~25]。最近では，Cohen[6] が Wigner 分布を体系だてて詳しく扱っている。

Wigner 分布は，一種の自己相関関数のフーリエ変換として表現される。任意の信号 $s(t)$ に対して，

$$C_c(\tau,t) = s^*\left(t - \frac{1}{2}\tau\right) \cdot s\left(t + \frac{1}{2}\tau\right) \tag{4.120}$$

を定義し，そのフーリエ変換

$$V(\omega,t) = \int_{-\infty}^{\infty} C_c(\tau,t) e^{-j\omega\tau} d\tau \tag{4.121}$$

を Wigner 分布と呼ぶ。ここで $*$ は共役複素数である。Wigner 分布は時間–周波数分布に期待される性質のほとんどを満足しており，その数学的性質は非常に素直でたいへん優れたものである。しかし，「正値性を満足しない」ことと，「クロス項の影響」という大きな問題を抱えている。

クロス項の影響により，本来存在しない周波数や時刻の部分に Wigner 分布が値をもってしまうのである。たとえば，2 つの異なる周波数をもつ信号の和を解析すると，それらの信号の周波数の丁度真ん中あたりの周波数にも信号があるかのような結果になってしまう。与えた信号が 2 種類だとわかっていれば，どれがクロス項によって生じたゴーストであるかを予想できるが，一般には信号とゴーストの区別はつかない。

Wigner 分布はその定義からわかるとおり，逆変換はできない。任意の時間–周波数分布を与えて逆変換をしようとしても，それに対応する実時系列波形はまず存在しないからである。しかし，逆変換をしたいという要求に対しては，近似的な手法が提案されている。たとえば，本田・大濱[26] は Wigner 分布を，直交ウェーブレットによって張られる空間の上に投影することで，Wigner 分布に最も近い直交ウェーブレット係数を見つけて逆変換をする，という方法を提案している。時間–周波数分布から時系列波形への変換が一意に存在するのは直交ウェーブレット以外には簡単には見つからないことを考慮すると，このような近似方法は非常に巧妙

な手法であるといえよう。

Cohen[6] は Wigner 分布を一般化してすべての時間–周波数分布は,

$$V_c(\omega, t) = \frac{1}{4\pi^2} \iiint C_c(\tau, u)\phi(\theta, \tau) \cdot e^{-j\theta t - j\omega\tau + j\theta u} du\, d\tau\, d\theta \quad (4.122)$$

によって表現することができるとした。ここで, $\phi(\theta, \tau)$ は核 (kernel) である。この一般的な表現による時間–周波数分布を Cohen のクラスと呼ぶ。式 (4.121) の Wigner 分布は $\phi(\theta, \tau) = 1$ の特別な場合である。また, spectrogram も核をうまく選ぶことで, 式 (4.122) で表現できるため Cohen のクラスに属する。他にも, 種々の時間–周波数分布が Cohen のクラスに属することがわかっている。なかでも, 正値分布は正値性を有してかつ, 周辺条件を満足する唯一つの分布形である。その他の時間–周波数分布について, また, 核関数を用いた一般的な表現の詳細については, Cohen[6] を参照されたい。

4.5 Hilbert-Huang 変換

Hilbet-Huang 変換 (HHT) は Huang *et al.*[27] によって提案された時間–周波数解析手法である。Huang *et al.*[27] がその手法のひとまずの集大成であり, それ以前にも関連する内容の論文が出されている。また, 実データへの応用例として海の波や地震波に適用した例などがある (たとえば, Huang *et al.*[28])。

HHT の着想は非常に明快である。時系列波形を Hilbert 変換を用いて振幅と位相に分解し, その位相の時間微分が瞬時周波数になることを利用している。しかし, それだけでは, ある瞬間に 1 つの振動数成分の信号しか求められないうえ, 異なる振動成分を有する信号が混じっていると瞬時周波数を求めることができない。そのため, 瞬時周波数が異なるいくつかの信号に分解する。これを Huang らは intrinsic mode function (IMF) と呼んでいる。そして, IMF に分解するために empirical mode decomposition (EMD) method という方法が提案されている。なお, EMD を改良した ensemble empirical mode decomposition (EEMD) も提案されている[29]。

また, 瞬時周波数を精度よく求めるためには, IMF が 0 を挟んで正負でほぼ「対称」であることが必要であるため, 極大値は正で極小値は負となるように一種のフィルタリング処理を行う。Huang らはこれを sifting (ふるい分け) と呼んでいるが, このフィルタリング処理が IMF + EMD の根幹をなす。

以上が HHT の概要である。

4.5.1 瞬時周波数

Hilbert-Huang 変換 (HHT) について述べる前にいくつかの準備をしておく。まず, 瞬時周波数の考え方について議論する。

適当な信号 $s(t)$ を考える。$s(t)$ は実数でも複素数でもよいが, 取り扱いの便利さから複素信号とする。我々が実際に観測する信号は通常は実数であるから, 何らかの方法で虚部を付け加える必要がある。しかし, 今は虚部をどのようにして付け加えるか, については何も議論せずに,

$$s(t) = A(t)e^{j\phi(t)} = s_r(t) + js_i(t) \quad (4.123)$$

と表わせるものとする。ここで, $s_r(t)$ と $s_i(t)$ はいずれも実数信号で, $j = \sqrt{-1}$ である。

信号 $s(t)$ は種々の周波数の正弦波の重ね合わせとして,

$$s(t) = \frac{1}{\sqrt{2\pi}} \int S(\omega)e^{j\omega t} d\omega \quad (4.124)$$

と表わされる。このとき, $S(\omega)$ は各成分波の $s(t)$ への寄与の程度を表わしているということはこれまでに議論してきた通りである。この $S(\omega)$ は, 信号 $s(t)$ を用いると,

$$S(\omega) = \frac{1}{\sqrt{2\pi}} \int s(t)e^{-j\omega t} dt \quad (4.125)$$

によって与えられて, $s(t)$ のフーリエ変換である。このとき, $|S(\omega)|^2$ は単位周波数あたりのエネルギーを表わすので, これをエネルギースペクトル密度と呼ぶ。

$|S(\omega)|^2$ が周波数領域でのエネルギー密度を表わすならば, スペクトル密度の統計的な性質を表わすパラメータをいくつか誘導することができる。そのなかの一つである平均周波数はスペクトル密度の重心位置を与える振動数で,

$$\langle\omega\rangle = \int \omega |S(\omega)|^2 d\omega \quad (4.126)$$

によって求められる。これを, 時間領域の信号 $s(t) = A(t)e^{j\phi(t)}$ を使って書き直すと,

$$\langle\omega\rangle = \int \left(\phi'(t) - j\frac{A'(t)}{A(t)}\right) A^2(t) dt \quad (4.127)$$

となる。ここで, $'$ は時間微分で, 左辺は実数なので右辺の第 2 項は 0 でなくてはならない。よって,

$$\langle\omega\rangle = \int \phi'(t)|s(t)|^2 dt = \int \phi'(t)A^2(t) dt \quad (4.128)$$

を得る。$|s(t)|^2$ が時間領域でのエネルギー密度であることに注意すると, 式 (4.128) は, ある密度に対して, 何らかの関数の平均を求めると, それが平均周波数 $\langle\omega\rangle$ になる, ということを表わしている。その「何らかの関数」は当然, 平均操作をした結果, 平均周波数になるべき量の時刻 t における瞬時値でなくてはならない。

したがって，$\omega_i(t) = \phi'(t)$ とおいてこれを瞬時周波数 (instantaneous frequency) と呼ぶことにする。$\phi'(t)$ は時刻 t での信号の瞬間的な周波数を代表する量である，といえる。

ところで，信号 $s(t)$ がもしも実関数であれば，瞬時周波数は常に 0 となってしまって直感とはあわないことになる。たとえ，$s(t)$ が実信号であってもそれに対応する適当な複素信号を導入しなくてはならない，ということが理解されよう。

4.5.2 解析信号

実部が実信号 $s_r(t)$ と一致するような「適当な」複素信号 $z(t)$ を探す，という問題を考える。この複素信号の虚部 $s_i(t)$ は自由に決めてよいが，物理的にも数学的にも意味のあるものでなければならないのは当然である。

$$z(t) = s_r(t) + js_i(t) = A(t)e^{j\phi(t)} \tag{4.129}$$

において，$s_i(t)$ が決まれば，振幅と位相は，

$$A(t) = \sqrt{s_r^2 + s_i^2}, \quad \phi(t) = \tan^{-1}\frac{s_i}{s_r} \tag{4.130}$$

から求められ，瞬時周波数も次のように決まる。

$$\omega_i(t) = \phi'(t) = (s_r's_i - s_i's_r)/A^2 \tag{4.131}$$

残る問題は虚部 $s_i(t)$ をどのようにして決めるか，である。今，実信号 $s(t)$ のスペクトルを $S(\omega)$ とすると，$S(-\omega) = S^*(\omega)$ であるから，エネルギー密度 $|S(\omega)|^2$ は常に原点に関して対称となる。そのため，式 (4.126) に従って平均周波数を求めると，$\langle\omega\rangle \equiv 0$ となってしまって意味のある値が得られない。我々が知りたいのは，$\omega \geq 0$ での $|S(\omega)|^2$ に対する平均周波数である。これを求めるためには，式 (4.126) の積分範囲を非負の範囲にしてしまうか，負の周波数に対しては，スペクトルが 0 となるような信号を作るか，という 2 つの方法が考えられるであろう。後者の考え方は，一度，新しい信号を作ってしまえばそれ以降の議論で余計な手間をかける必要がなくなるため，取り扱いが簡単かつ便利である。それに，複素信号を一意的に決めるルールがあれば，瞬時周波数も曖昧さなしに決定できることになる。

この未知の信号を $z(t)$ として，それが満足すべき条件だけを書いてみると，

$$\langle\omega\rangle = \int_0^\infty \omega|S(\omega)|^2 d\omega = \int z^*(t)\frac{1}{j}\frac{d}{dt}z(t)dt \tag{4.132}$$

となる。これより，$z(t)$ は以下のようになる[6)]。

$$\mathcal{A}[s] = z(t) = s(t) + \frac{j}{\pi}\int\frac{s(t')}{t-t'}dt' \tag{4.133}$$

ここで $\mathcal{A}[s]$ は信号 $s(t)$ に対する解析信号であることを表わしており，式 (4.133) によって決められる複素信号 $z(t)$ を $s(t)$ の解析信号と呼ぶ。式 (4.133) をみると，$s(t)$ の解析信号 $z(t)$ はその実部が $s(t)$ と一致しており，虚部は $s(t)$ の Hilbert 変換になっている。

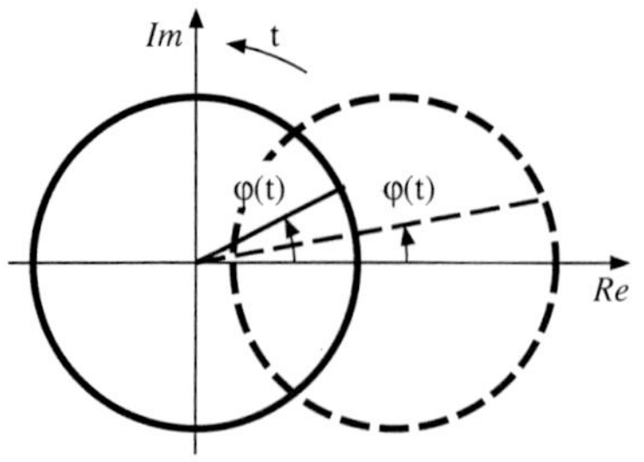

図 4.7　複素信号の位相角

以上より，ある実信号 $s(t)$ の瞬時周波数を求めるためには，その Hilbert 変換を求めて，それを虚部とする複素信号を作り，その位相の 1 階微分を計算すればよい，ということになる。

4.5.3 Intrinsic Mode Function

これまでの議論で，瞬時周波数を一意的に決定する方法を示した。しかし，求められた瞬時周波数が我々の実感とあっているか，は別の問題である。Huang *et al.*[27)] に分かりやすい例が載っているのでそれを引用する。

実信号 $s(t)$ を

$$s(t) = \sin t \tag{4.134}$$

と置く。もちろんこの関数の Hilbert 変換は $\cos t$ である。したがって，この関数の瞬時周波数は時間に依存することなく常に一定値をとり我々の期待した通りの結果となる。しかし，信号 $s(t)$ に $\alpha\ (\neq 0)$ だけオフセットをのせて，

$$s(t) = \alpha + \sin t \tag{4.135}$$

とすると，途端に瞬時周波数は時間とともにフラフラと変動してしまい，本来，この関数がとるべき振動数とは異なる値を示す。その理由は以下のように理解される。

図 4.7 は式 (4.134) および (4.135) から作られる解析信号の軌跡を複素平面上に表示したものである。ここで α の値は適当な実数としている。実線はオフセットがない場合 (式 (4.134))，破線はオフセットがある場合 (式 (4.135)) である。時刻 t とともに複素信号 $s(t)$ は軌跡のうえを移動していく。この図からわかるとおり，軌跡の形はオフセットの有無によらず同じである。しかし，オフセット α がある場合，軌跡の中心位置が α だけずれる。位相角は複素平面の原点と軌跡上の点がなす角として定義される。したがって，軌跡の中心と複素平面の原点が一致していれば，位相角 $\varphi(t)$ は t の変化に対して一定の割合で変化する，すなわち $\varphi'(t)$ が一定である。ところが，オフセットがあって軌跡の中心が複素平面の原点からずれている場合，$\varphi'(t)$ は t ととも

に変化する。その結果，瞬時周波数として検出される値は我々が期待しているものとは異なるものになるのである。このような問題を避けるためには，信号が複素平面上で複素平面の原点を中心として移動するように信号の軸の位置を置き直してから，Hilbert 変換を求めて瞬時周波数を求めなくてはならない。

Huang *et al.*[27] の考え方は信号がオフセットなしの正弦波のような形状になっていればよい，というものである。このように位置を整えた関数を Huang *et al.* は intrinsic mode function (IMF) と呼んでいる。IMF に期待されている性質は「対称であること」であるが，Huang *et al.* はこれを「信号の局所平均が 0 であること」と言い換えて，さらに，「すべての極大値は正値で，すべての極小値は負値であるような信号は IMF でありうる」としている。このように決めると，自動的に信号の中の極大値と極小値の数の差が 1 個以内となる。

4.5.4 Empirical Mode Decomposition

瞬時周波数は，その定義より 1 つの信号のある時刻において 1 つしか決められない。もとの信号が「周波数が時間に依存して変動するけれども，どの時刻においても 1 つの振動数のみで構成されている」というのであれば問題はない。しかし，通常はそのような都合のよい信号は考えにくい。

たとえば，$\omega = 1$ と $\omega = 2$ の正弦波の和で表わされる信号を考えると，その信号の瞬時周波数は $\omega = 1$ と 2 のどちらかを優先しなければいけない理由は何ひとつないため，結果として瞬時周波数は $\omega = 1$ と 2 の間を行ったり来たりすることになる。つまり，瞬時周波数は，本来なかったはずの周波数 $1 < \omega < 2$ の値もとってしまう。

そもそも異なる 2 つの信号の和からなる信号ならば，同じ時刻に 2 つの瞬時周波数が求められるべきでそれを無理に 1 つの瞬時周波数で表わそうとするから，このように瞬時周波数が安定しないのである。そこで，合理的な方法で信号を分離して，分離されたそれぞれの信号について瞬時周波数を求めれば，上のような問題は解決するであろう。

Huang *et al.*[27] は，この分離の方法を上で述べた IMF を求める方法とともに提案しており，それを empirical mode decomposition (EMD) と呼んでいる。

EMD の手続きはやってみると簡単であるが，文章で書くとわかりにくく感じられるかもしれない。しかし，あまり数式を使って説明する部分もなく，実際，Huang *et al.*[27] も文章で説明しているのでそれにそって述べる。まず，最初に，原信号から IFM を分離する。原信号が IMF であることはまずあり得ないことなので，IMF の条件を満足する信号を作ってそれ以外の「あまり」と分離するのである。原信号から IMF を分離した「あまり」についても，それを元にして改めて IMF を分離する，ということを繰り返す。最後に，振動しない信号 (極大値と極小値の個数の和が 1 個以下の信号) が残ったらそれは，トレンド成分としてそのまま残して EMD を終了する。

IMF は時間軸について対称でなければいけないので信号の真ん中を探してその真ん中が 0 になるように信号を変形すれば良い。この，「信号の真ん中」をいかにして決めるか，であるが，Huang *et al.*[27] では極大値の包絡線と極小値の包絡線の平均を真ん中とみなすとしている。また，これらの包絡線は cubic spline で近似する，としている。2 つの包絡線の平均を原信号から引き算して得られた信号が IMF であれば，それを原信号から差し引いて残りの信号から次の IMF を分離すればよい。しかし，1 回目の処理で分離された信号が IMF であることはまれである。そのため，分離された信号について改めて包絡線をつくってその平均を差し引くという作業を行い，分離された信号が IMF になるまで繰り返す。

4.5.5 HHT の計算手順

HHT を用いた解析の流れがわかるように，以下に解析の手順を箇条書きにして整理しておく。以下では，原信号を $s_0(t)$ とする。

(i) $i = 0$ とおく。

(ii) 信号 $s_i(t)$ の極大値，極小値の包絡線 $\hat{s}_i(t)$，$\check{s}_i(t)$ を cubic spline を用いて各々決定する。

(iii) 信号の真ん中を $m_{i0}(t) = (\hat{s}_i(t) + \check{s}_i(t))/2$ によって決定する。

(iv) i 番目の IMF 候補を $h_{i0}(t) = s_i(t) - m_{i0}(t)$ によって求める。しかし，一般に，$h_{i0}(t)$ は IMF にはならない。そこで，

1) $k = 0$ とおく。
2) $h_{ik}(t)$ の極大値の包絡線 $\hat{h}_{ik}(t)$，極小値の包絡線 $\check{h}_{ik}(t)$ を cubic spline を用いて決定する。
3) 信号の真ん中を $m_{i(k+1)}(t) = (\hat{h}_{ik}(t) + \check{h}_{ik}(t))/2$ によって決定する。
4) IMF 候補 $h_{ik}(t)$ の改良版を $h_{i(k+1)}(t) = h_{ik}(t) - m_{i(k+1)}(t)$ によって求める。
5) $h_{i(k+1)}(t)$ が IMF になっていれば，次のステップ (v) へ進み，そうでなければ，$k = k + 1$ とおいて 2) に戻る。

(v) i 番目の IMF を $c_i(t) = h_{i(k+1)}(t)$ とする。

(vi) i 番目の IMF の残差を $s_{i+1}(t) = s_i(t) - c_i(t)$

とおく。

(vii) $s_{i+1}(t)$ が振動していなければ，トレンド成分として残し，計算を終了する。そうでなければ，$i=i+1$ とおいて (ii) に戻る。

このアルゴリズムを見るとわかるように，i に関する外側のループ (すなわち，(i)～(vii)) と k に関する内側のループ (すなわち，1)～5)) が存在する。外側のループはIMF に分解していくプロセスで，i 番目の IMF はそれぞれ意味のある関数として瞬時周波数を計算するために用いられる。しかし，内側のループでは，i 番目の IMF を求めるための収束のプロセスなので，最後の k に到達すれば，その途中ででてきた関数は全部捨てられる。このような各ループの役割を理解しておけばプログラミングそのものは非常に容易である。

以上のプロセスにより，$n-1$ 個の IMF が分離されたとすると，以下のように表わせる。

$$s_0(t) = \sum_{i=0}^{n-1} c_i(t) + s_n(t) \qquad (4.136)$$

次に得られた IMF から時間–周波数特性を求める。これは以下のような手順で計算できる。

(i) $i=0$ とおく。

(ii) $c_i(t)$ の Hilbert 変換 $\check{c}_i(t)$ を求める。

(iii) $c_i(t)$ の解析関数 $\mathcal{A}[c_i] = c_i(t) + j\check{c}_i(t)$ を構成し，その振幅 $A_i(t)$ と位相 $\phi_i(t)$ を式 (4.130) により計算する。

(iv) $\phi_i(t)$ の時間微分 $\phi'_i(t)$ を求めて，それをもって各時刻 t での瞬時周波数とする。これにより，時刻 t，瞬時周波数 $\phi'_i(t)$，振幅 $A_i(t)$ の 3 次元データ $(t, \phi'_i(t), A_i(t))$ を得る。

(v) $i=i+1$ とおいて (ii) に戻り，$i=n-1$ となるまで繰り返す。

以上の手順により，時間–周波数分布としての Hilbert スペクトルが計算される。得られた Hilbert スペクトルの時間軸方向の分解能はデータのサンプリング間隔と同じで，周波数軸方向の分解能は，いくつの IMF に分解されるか，に依存する。また，当然であるが，ある特定時刻にデータが存在しない周波数も多く生じる。

4.6 基　線　補　正

地震計を用いて地盤震動を記録すると，多くの場合，センサーやデータロガーのドリフトなどによって基線が時間とともにずれる。フォースバランス型のフィードバック型加速度計の場合には，突然，基線が階段関数的にずれる，という現象もよく知られている。もちろん，地震計の設置場所が断層運動によって傾いたという物理的要因によって基線がずれる，ということも考えられる。しかし，このような基線のずれがいつ，どのようにして発生したかを記録のみから判断することは極めて困難である。

基線ずれの原因は電子デバイスや抵抗，センサーのバネなどの温度特性によるもの，回路の 1/f ノイズによる長周期領域での不規則な変動，地震計を設置している地盤が地震によって傾いたことによるもの，などが考えられる。ペンを用いて紙に記録を残していた時代の地震計であれば，地震動を感じてトリガーがかかってから紙送り装置が起動した後，紙送りが安定するまでの紙送り速度の揺らぎが周波数変調として記録されたり，ペンと紙の摩擦が記録の周波数特性に影響を与えていた。

速度出力の場合，変位を得るためには 1 階の積分だけですむため基線補正はあまり深刻ではないことが多いが，加速度出力の場合，変位を得るためには 2 階の積分を行うため，加速度記録の中のわずかな基線ずれが積分によって変位波形に顕著に現われることが多い。そのため加速度記録の 2 階積分によって地盤の永久変位を推定することは一般には難しい。

強震動記録や微動記録のいずれであっても，記録にはなんらかの基線ずれが含まれていると考えるのが妥当である。基線ずれの要因を同定することは容易ではないため，通常は適当な仮定をおいて基線補正をすることになる。

基線補正にはこれまでさまざまな手法が提案されてきた。どのようなセンサーによって記録されたか，どのような解析を行いたいか，によって基線補正の方法は自ずと限定されるであろう。以下には有効と思われる基線補正の手法を簡単に示す。

4.6.1 ハイパスフィルタを用いる方法

最も簡単な基線補正の手法は，解析区間の記録をすべて足して平均をとり，それを直流成分とみなしてその分だけオフセットを取り除くというものである。時刻 t_i ごとに離散化された時系列波形を $x(t_i)$ とすると，

$$x(t_i) = x(t_i) - \frac{1}{N}\sum_{j=1}^{N} x(t_j) \qquad (4.137)$$

によってオフセットを取り除いた波形が得られる。ここで N は離散化された波形のデータ数である。およそ単純な方法であるが，速度波形から変位を調べたり，加速度波形から速度を調べたりするような 1 階積分ですむような場合に積分された波形のおおよその形状を知るためには簡単で有用である。このような方法では，無理矢理，直流成分が出ないようにオフセットがゼロとなるように平行移動させているだけなので，速度波形をもとに地震後の永久変位がどのくらいあったかを知りたい，といった用途には使うことができない。

式 (4.137) は直流成分を取り除くだけであるが，温度ドリフトなどの長周期領域のノイズ成分までまとめてハイパスフィルタで取り除いてしまう，という方法もしばしば用いられる。センサーの長周期側の感度はそれぞれ異なるが，一般に長周期になるほどセンサーの感度は悪くなり，一方，1/f ノイズのようなノイズは長周期になるほどレベルが大きくなる。そのため，ある周期帯域より長周期領域では信号はノイズに埋もれる。センサーと記録装置，入力信号のレベルの組合せによってどの程度長周期領域まで正しく記録できているか，は異なるが，おおよその目安をつけて一定の周期以上の長周期成分を取り除く。

ハイパスフィルターは時間領域，周波数領域のいずれにおいても利用することは容易であるが，記録を回収後に後処理でフィルターをかける場合はフーリエ変換を用いて周波数領域で処理をすることも多い。

古くは，例えば，後藤ほか[30] は紙に記録されたSMAC-B2 型強震計の記録の基線補正を検討するにあたって，種々のカットオフ周波数を検討したうえで，0.1Hz で 0，0.15Hz で 1 となるように直線的な周波数特性を有するフィルタを用いるのが妥当だ，と述べている。このときのフィルタ関数 $F(f)$ は，f を振動数とすると，

$$F(f) = \begin{cases} 0 & (0 \leq f \leq 0.1) \\ \dfrac{f-0.1}{0.15-0.1} & (0.1 \leq f \leq 0.15) \\ 1 & (0.15 \leq f) \end{cases} \tag{4.138}$$

で表わされる。

木下ほか[31] は K-NET95 型地震計の開発にあたって，地震のコーナー周波数をある程度議論できる記録を得ることができるか，を検討している。いくつかの検討例では，大きな地震動であれば，0.05Hz 程度，非常に小さな地震動であれば 0.5Hz 程度にカットオフ周波数を設定することが望ましいことを示している。

しかし，一般にカットオフ周波数がいくらならよいのか，ということは言えない。そのため，結局のところ，センサーの振幅分解能程度までが議論できるように，地震の規模，震源距離を考慮して遮断周波数を決めるしかない，ということになる。

4.6.2　基線ずれの時間関数を仮定する方法

基線ずれが時間的にどのように変化するか，を仮定しておいて，実際の記録に対して最小自乗法などを用いてその関数形を決定してそれを取り除く，という方法もしばしば用いられてきた。

多くの場合，加速度記録において階段関数的な基線ずれや，時間に対して直線的に変化する基線ずれを仮定している。このように適当な関数を基線ずれとして仮定し，それを観測記録にフィットさせる方法は多くの方法が提案されている。これらの手法に関するレビューはたとえば Javelaud *et al.*[32,33] に詳しい。

例えば，Trifunac *et al.*[34] は加速度記録において時間に対して直線的に変化する基線ずれを仮定してこれを最小自乗法で決定したのち，積分して得られた速度波形においても改めて時間に対して直線的に変化する基線ずれを仮定してこれを微分して加速度波形に加えて基線補正とする，という方法を提案している。実際には，途中でローパスフィルタを用いて長周期成分を抽出してそれを差し引くなどの処理を行っており，速度波形における直線的な基線ずれをそのたびに補正し，最終的に基線補正された波形が安定するまで繰り返す，という非常に手間をかけて補正する方法である。この方法は Trifunac 法と呼ばれたり，CALTECH 法と呼ばれたりしているようである。

また，Boore *et al.*[35] が提案している加速度波形の基線を 1 次関数 (速度波形の基線を 2 次関数) で近似する方法では，まず，最初に地震動到達前の部分の平均値によって直流成分を取り除き，地震動到達後の速度波形を 2 次関数でフィットさせてその 1 階微分 (線形関数) を加速度波形から取り除き，適当なカットオフ周波数をもつハイパスフィルタを通して基線補正とする，というプロセスをとっている。

さらに，これらの手法をより一般化して，基線ずれを高次の多項式で近似し，最小自乗法でパラメータを決定する方法も提案されているが (たとえば，Graizer[36])，ここでは参考文献を示すにとどめる。

いずれの手法も基線を表わす関数を仮定して，加速度記録を積分して得られる速度波形と基線の関数が最もフィットするように決定する，という基本的な方針に違いはない。いずれも基線の関数決定に多くの任意性があるために，解析途中の処理において細かいノウハウが必要となり，そのノウハウの部分がそれぞれの手法を特徴づけているにすぎない。

関数をあてはめる手法の基本的な例として，加速度記録の基線が時間の 1 次関数として表現できるものと仮定した大崎の手法[5] を示しておく。観測から得られた加速度波形を $\ddot{x}(t)$，基線補正された加速度波形を $\hat{\ddot{x}}(t)$ として，

$$\hat{\ddot{x}}(t) = \ddot{x}(t) - (a_0 + a_1 t) \tag{4.139}$$

と表わして，このときの変位の自乗誤差 ϵ を最小とするように a_0，a_1 を定めようとするものである。記録の継続時間を T とすると，$\dot{x}(T) = 0$ であるから，a_0 は a_1 を用いて，

$$a_0 = \frac{\dot{x}(T) - a_1 T^2/2}{T} \tag{4.140}$$

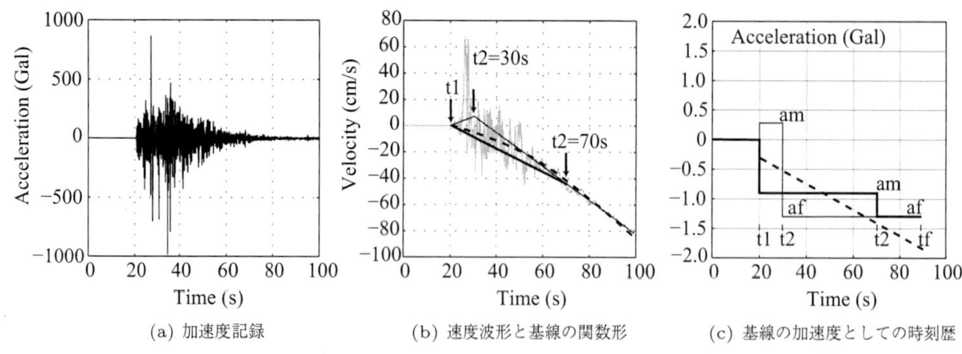

(a) 加速度記録　(b) 速度波形と基線の関数形　(c) 基線の加速度としての時刻歴

図 4.8　Boore らの手法による基線の同定例 (Boore and Bommer[35], Javelaud[33])

と表わせるので，

$$\epsilon = \int_0^T \left\{ x(t) - \left(\frac{1}{2} a_0 t^2 + \frac{1}{6} a_1 t^3 \right) \right\} \tag{4.141}$$

として，$d\epsilon/da_1 = 0$ となる a_1 を決めればよい。

大崎の手法のようにひとつの多項式によって基線ずれを仮定する場合には，フォースバランス型加速度計でしばしば見られるような記録の途中で突然，階段関数的に基線がずれるような基線ずれが複数回あるような記録を扱うことができない。加速度記録の基線ずれが複数回にわたって発生するような場合は複数の階段関数の組合せによる基線ずれをモデル化することができる。このような場合には速度波形では基線を表わす直線が途中で折れ曲がったような形となり，速度波形を 2 本の直線からなる折れ線によって補正する，という方法も考えられる。このようにして，センサーの「飛び」を補正した後に，改めて多項式を用いた基線補正を適用することでよりよい変位の推定が可能となることが期待される。しかし，加速度波形を積分して得られた速度波形が折れ線で近似できそうである，ということがわかっても，センサーの「飛び」が発生した時刻とその振幅を客観的に決定するための方法は存在しないため，解析をする人によって異なる基線補正をすることになってしまう。たとえ，「飛び」が 1 回しか発生していなかったとしてもその発生時刻を決定するには解析をしている人の主観に依存するしかない。その結果，同じ加速度記録に対して基線の取り方が異なれば，その記録から得られる最大速度や最大変位，永久変位の推定量もまったく異なったものとなる。

Boore らによって提案されている基線ずれを同定する手法の適用例を図 4.8 に引用する[33,35]。これは，1999 年台湾集集地震の際に震源断層から約 1.9 km 離れた TCU129 で観測された記録に彼らの手法を適用した結果である。図 4.8(a) の加速度記録を見ただけでは基線ずれの有無ははっきりしないが，積分して得られる速度波形 (図 4.8(b)) を見ると大きくドリフトしていることがわかる。図 4.8(b) においては記録の 65 秒以降の後続波部分を直線でフィットさせたのち，$t_2 = 70$ 秒と初動 $t_1 = 20$ 秒の間を直線で結んだもの (太実線)，$t_2 = 30$ 秒まで後続波の基線を延長してから初動とを結んだもの (細実線)，$t_1 = 20$ 以降を 2 次関数でフィットさせたもの (破線) の 3 つが示されている。図 4.8(c) はその時間微分である。図 4.8(c) を比較するとまったく異なる基線関数であるにもかかわらず，図 4.8(b) において速度波形とともに示された基線の関数形を記録の速度波形と比較してみるといずれも実に尤らしく見える。

図 4.8(c) からわかるように，Boore らの方法は地盤の傾斜が震動中に複数回発生したような場合に想定される複雑な基線のずれ方にも対応できるという柔軟性を有する。その反面，図中の t_1 や t_2 の決定には大きな任意性があるだけでなく，そもそも何次の関数を適用すべきか，という基本的なところから大きな任意性をもっており，いかようにでも基線関数を仮定することができる。本当はどうだったんだ？ということについて知る術がないのはやむをえないとしても，解析をする人によってまったく異なる基線となってしまうというのは工学的な客観性が要求されるような場面ではいささか困ったことになると考えられる。

4.6.3　加速度波形にゼロを付加して振動数領域で基線ずれを同定する方法

Javelaud *et al.*[32] はこのような任意性の問題をある程度解決する手法を提案している。有限長さのデジタルデータをフーリエ変換する場合，デジタル計算機を用いて離散フーリエ変換を行うことになるが，その場合，連続関数のフーリエ変換と異なって振動数軸上の刻みは時間軸上での記録長さの逆数となる。したがって，長周期の信号が含まれていても信号の継続時間が十分長くなければ振動数軸上の刻みが粗いために十分に長周期成分の信号のフーリエ係数を高い分解能で得ることができなくなってしまう。

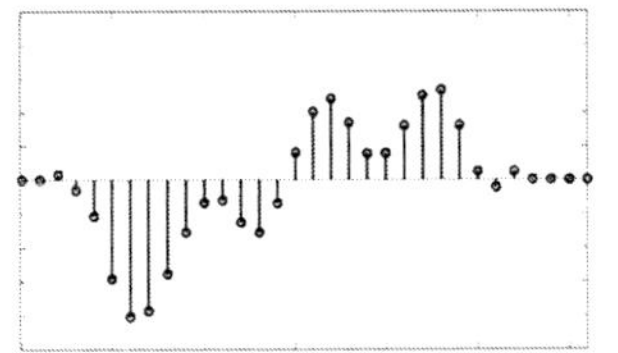
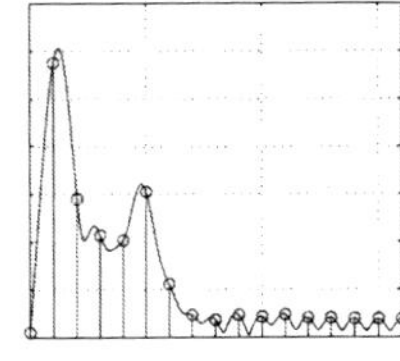
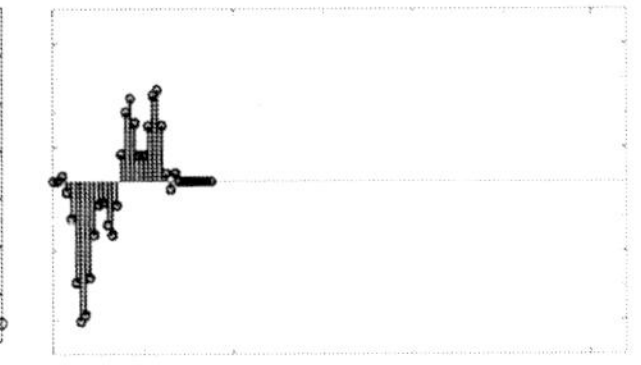
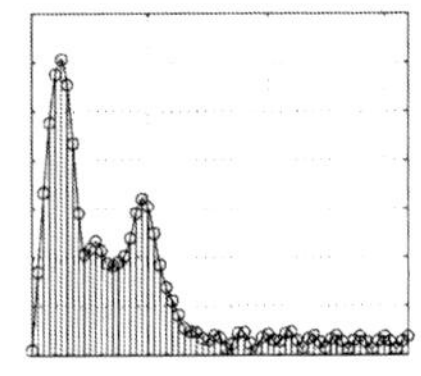
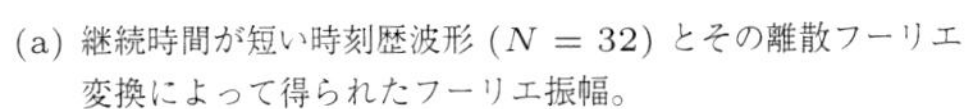

(a) 継続時間が短い時刻歴波形 ($N = 32$) とその離散フーリエ変換によって得られたフーリエ振幅。

(b) 継続時間が短い時刻歴波形 ($N = 32$) に $2^7 = 128$ 個のゼロを付加してから離散フーリエ変換することによって得られたフーリエ振幅。

図 4.9 サンプリング間隔が等しく後続のゼロの付加の有無によってデータ個数が異なる時刻歴波形のフーリエ振幅。○で示した値が離散値として得られる。実線は連続フーリエ変換によって得られるであろうフーリエ振幅 (Javelaud[33])。

図 4.9 に時刻歴波形に多数の後続のゼロを付加して離散フーリエ変換をすることで得られたフーリエ振幅を示している。時刻歴波形はまったく同じでサンプリングレートも同じであるからフーリエ振幅の形状はまったく同じである。しかし，ゼロを付加して長い記録をつくってから離散フーリエ変換すると，振動数軸上の刻みが細かくなって補間されるためフーリエ振幅の形状の特徴がわかりやすくなっている。時刻歴波形にゼロをいくら付加しても信号が本来もっている情報量が増えるわけではないが，本来信号がもっているはずの情報を見やすい形で引き出すことは可能である。また，長周期領域の信号が 1/f ノイズによってマスクされている場合にはボックス関数由来のフーリエ振幅を同定することができないため，記録が長周期領域まで十分な S/N を有していることが前提であることは言うまでもない。

Javelaud *et al.*[32] はボックス関数のフーリエ振幅が図 4.10 のようになることを利用して，もし，基線ずれが時間軸上で階段関数のような変化をするのであれば，フーリエ振幅の長周期部分の形状から階段関数の形状を一意的に決定できると考えた。実際，観測記録に 2^{23} 個や 2^{24} 個という大量のゼロを付加してフーリエ変換をすると図 4.11 の右上に示すようにボックス関数のフーリエ振幅と同じ形状が見られる場合がある。

図 4.11 の例は 2007 年新潟県中越沖地震の際に小千谷 (NIG019) で得られた記録である。長周期領域のボックス関数のフーリエ振幅の形とよく一致している部分から階段関数の形状を同定したものが左上図に細い線で示されており，図中の枠囲みにその関数の振幅とステップの位置が示されている。なお，階段関数の振幅は非常に小さいため図中では異なるスケールで描かれている。この階段関数を基線ずれとして補正した後，積分をして速度波形および変位波形を求めたものがそれぞれ図 4.11 の下段の左および右の図である。図中には補正前の積分結果が細線で，補正後の積分結果が太線で描かれている。速度波形では補正の有無による違いはあまり大きくないが，変位波形では補正をしない場合は明らかに異常な残留変位となっている。補正をしてから得られた変位波形は見ためには妥当な形状である。この補正によって得られた変位は近隣の GPS 観測点によって得られた変位波形および残留変位と非常によい対応を示していることから，Javelaud らの手法によって妥当な基線補正を与えることができるものと考えられる。

上の例のように基線ずれが 1 回のステップのみである場合には，Javelaud らの方法は任意性がまったくないため誰が解析しても同じ結果が得られる。この点で，彼らの手法はこれまでに提案されてきた多くの手法に比べて優れている。その一方で，図 4.8 のように複数のステップを与えなくてはうまく説明できないような基線ずれには対応できないことには注意が必要である。

4.6.4 Hilbert-Huang 変換を応用した方法

基線ずれの関数形を仮定することなく基線補正を行うために，Huang *et al.*[27] によって提案されている empirical mode decomposition (EMD) が用いられることがある。4.5 節で述べた通り EMD ではフーリエ変換とは逆に短周期成分から順に抽出され，最後に長周期成分および非振動成分 (ドリフト) が得られる。

また，EMD はその手法のもつ性質により，非定常，非線形な信号にも追随可能であるとされており，地震動記録のような非定常過程に対しても適用可能である。フーリエ変換によるフィルタ処理では本来定常過程に対して適用すべき手法を無理矢理，非定常過程である地震動記録に用いているようなものであるから，解析時に色々と不都合が生じていると考えるのが適当であろう。

Kinoshita *et al.*[37] は地震動記録に含まれる地震計接地面の並進運動と傾きの影響を分離するために EMD を用いている。傾きの影響は長周期成分として現われるとして，それを連続する長周期側の IMF の和として表わしている。翠川・三浦[38] は 1968 年十勝沖地震の際に八戸港で記録された記録紙の再デジタル化におい

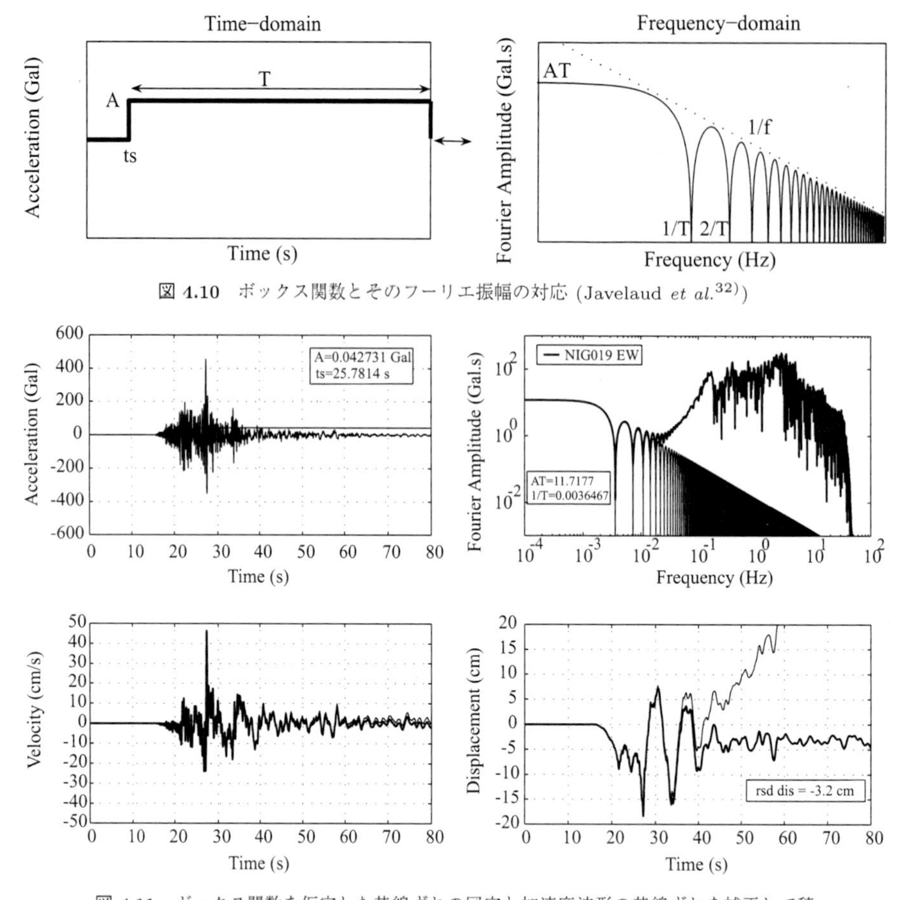

図 4.10　ボックス関数とそのフーリエ振幅の対応 (Javelaud *et al.*[32])

図 4.11　ボックス関数を仮定した基線ずれの同定と加速度波形の基線ずれを補正して積分をすることによって得られた速度，変位波形 (Javelaud *et al.*,[32])。左上：2007 年新潟県中越沖地震の際の小千谷 (NIG019) の加速度波形 (東西成分)。細線と枠囲みは基線ずれとして同定された階段関数。右上：ゼロを付加した加速度記録のフーリエ振幅と同定されたボックス関数のフーリエ振幅。加速度記録の長周期成分にボックス関数の特徴が見られる。左下：加速度記録の積分によって得られた速度波形。右下：加速度記録の 2 階積分によって得られた変位波形。いずれも細線は補正なし，太線は補正あり。

て EMD を適用して，基線補正を行っている。翠川・三浦は EMD によるモード分解においてホワイトノイズを付加してより安定した分解を行う手法であるアンサンブル EMD (EEMD)[29] を適用している。EEMD を用いて同定された基線の例を図 4.12 に示す。EMD (または EEMD) によって最後に残るドリフト成分だけが必ずしも基線ずれに相当するとは限らない，というのが Kinoshita *et al.*[37] の主張であり，翠川・三浦[38] も長周期側の 5 つの IMF を足し合わせたものを基線とみなしている。

基線ずれとみなす信号の抽出にあたって，長周期側の IMF のうちどこまでの次数を基線ずれとして採用するかは目視による判断によらざるを得ない。しかし，非常に長周期の変動であるため，もとの波形と重ねて見ることでおおよそは誰もが妥当と思える適切なモードを選ぶことができそうである。もちろん解析者による差は生じるがそれはそれほど大きなものではないと期待される。EMD はこのように，接地面の傾きのような非常に長周期ではあるが，低次の多項式では表現できないような基線のずれを効率よく抽出して取り除くことができる場合がある。

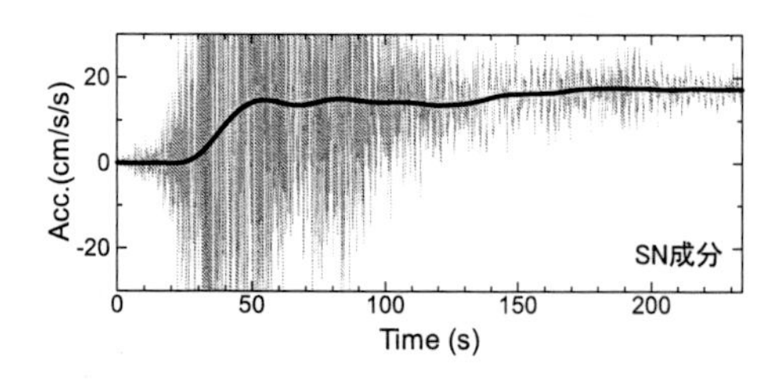

図 4.12　経験的モード分解法 (EMD) を用いた基線ずれの同定の例。背景の薄線は加速度記録，太線が同定された基線ずれ (翠川・三浦[38])。

4.7 計 器 補 正

4.7.1 固有周期と減衰定数の決定

3.6 節で述べたとおり，動コイル型速度計を用いる場合は，センサーの設置状態での固有周期と減衰定数を正しく求めて計器補正を行うことが重要である。固有周期よりも短周期領域の地盤震動のみを扱う場合でも，固有周期の周辺では図 3.12 に見られる通り，位相は大きくずれている。アレー観測により位相速度を求めたい場合などは，センサー間の位相ずれは位相速度の推定精度を著しく損ねるため，計器補正を行うことの意味は大きい。

動コイル型速度計の固有周期と減衰定数を同定するには，既に述べた通り，地震計の設置状態で振り子のステップレスポンスおよび必要ならば自由振動を記録し，その波形から求めることができる。シャント抵抗を接続しない (図 3.22 の SW1 を off にする) 状態で地震計のコイルに一瞬だけ電流を流せば (同 SW2 を短時間に on/off する)，振り子は自由振動をする。固有周期は，記録からは波形がゼロを通過する時間間隔を求めるだけで得られる。

減衰定数 h はシャント抵抗を接続した上で，コイルに電流を流して (図 3.22 の SW2 を on にして) 振り子の過渡応答が落ち着くまでしばらく待った後，コイルの電流を停めれば (図 3.22 の SW2 を off にすれば) 振り子は減衰自由振動を行うので図 3.9 のような波形を描く。図中の y_1 と y_1' の長さを適当な方法で測って $\delta' = \ln(y_1/y_1')$ を求めて式 (3.27) に当てはめれば容易に h が得られる。1 回のステップレスポンスだけでは微動などの影響を受けて振幅を正しく読み取れない可能性が高いため，繰り返しステップレスポンスを記録して，それぞれ h を求めた後，平均から減衰定数を求めることが望ましい。

y_1 や y_1' の値を測らなくても，ステップレスポンスの波形に対して，インパルスに対する 1 自由度系の理論応答波形をフィットさせることで，固有周期と減衰定数を同時に求めることもできる。動コイル型速度計のコイルに電流を流してしばらく待つと，電磁誘導による力によって振り子は中立位置からずれた位置で釣り合って静止する。その後，電流を突然止めると，振り子は力の釣り合いを失って中立位置へ戻る。これは，振り子に階段関数の形の強制変位を与えることと同じである。動コイル型速度計は，コイルと磁石によって微分回路を構成しているため階段関数の 1 階微分であるインパルス関数に対する応答が出力されることになる。したがって，動コイル型速度計のインパルス応答は式

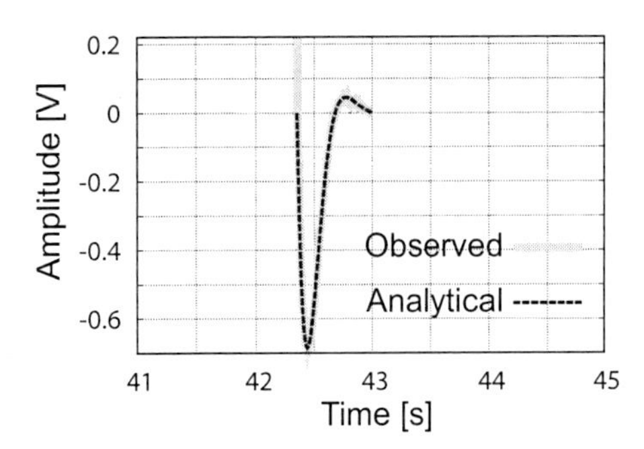

図 4.13 観測地点で記録したステップレスポンスと理論インパルス応答関数のフィッティングの例

(3.19) より，

$$\hat{y} = \hat{A}e^{-h\omega t}\cos(\omega' t - \hat{\varphi}) \qquad (4.142)$$

という形で表わされる関数形となる。ここで式 (3.15) より，$\omega' = \omega\sqrt{1-h^2}$ である。また，式 (3.20a), (3.20b) からわかるとおり，$\hat{A}$ および $\hat{\varphi}$ は h, ω, 初期変位，初速度の関数である。

ステップレスポンスは，図 3.23 の装置ではトグルスイッチの切り替えで電流の on/off を制御している。理屈の上ではスイッチを切り替えた瞬間に電流が流れて振り子が応答するはずであるが，実際には応答まで少しタイムラグがあり，応答の立ち上がりも理論のようにスパッと立ち上がるわけではない。そのため，一般にステップレスポンスを記録する際の初期変位や初速度は不明で，式 (4.142) の振幅 $\hat{A}$ や位相ずれ $\hat{\varphi}$ は未知数として扱うことになる。

ステップレスポンスによって得られた波形に対して，h, ω, $\hat{A}$, $\hat{\varphi}$ の 4 つの変数を未知数として式 (4.142) をフィットさせればよいのであるが，極値があうことを重視するように目的関数を設定するなど，本質ではないけれどもプログラムを書く上ではちょっとした工夫が必要となる。図 4.13 に観測地点で記録したステップレスポンスと，理論インパルス応答曲線をフィットさせた例を示す。微動レベルがステップレスポンスに比べて十分に小さいところでは非常にきれいに関数をフィットさせることができて，極めて妥当な減衰定数と固有振動数の値を得ることができる。しかし，微動レベルがとても高くてどうしてもうまくフィットできない場合もあり，そのような場合は上に述べたように，図 4.13 の極値の位置を目視で決めて y_1 と y_1' を定規で測って比を求める，という方法が確実である。人間の感覚とはかくもアバウトかつ正確である，ということを実感する。

固有周期を決めるだけならば，非減衰自由振動波形のゼロクロスの位置を定めるだけなので，自動的に求めてもあまりおかしな値になったりすることはない。そのため，ステップレスポンスを定規で測るのがどうしても

面倒な場合には以下のようにして固有周期から減衰定数を推定することも可能である。

コイルに働く力 F，コイルに流れる電流 I は，コイルの磁束密度 B，コイルの長さ L，振り子の変位 $x(t)$ を用いて，

$$F = IBL \tag{4.143}$$

と表わせる。ここに，I はコイルに流れる電流，B はコイルの磁束密度，L はコイルの長さである。このとき，振り子が外力に対して単位時間にする仕事は，振り子の変位を $x(t)$ とすると，

$$VI = F\dot{x} = IBL\dot{x} \tag{4.144}$$

となる。いま，$G = BL$ とおくと，式 (4.143)，(4.144) は，$V = G\dot{x}$, $F = GI$ と書けるので，オームの法則により，

$$I = \frac{V}{R_S + R_C} = \frac{G\dot{x}}{R_S + R_C} \tag{4.145}$$

$$F = IBL = \frac{G^2\dot{x}}{R_S + R_C} \tag{4.146}$$

と表わせる。ここで，R_S はシャント抵抗，R_c はコイル抵抗で，$G = BL$ を用いた。

一方，減衰振動する振り子の運動方程式は，減衰定数を h，振り子の固有円振動数を ω_0，地動の変位を $u(t)$ とすると，

$$\ddot{x} + 2h\omega\dot{x} + \omega^2 x = -\ddot{y}(t) \tag{4.147}$$

と書けるが，このとき，式 (4.146) で表わされる F が振り子 (質量 M) に作用するので，式 (4.147) は次のように書くこともできる。

$$\ddot{x} + \omega^2 x = -\ddot{u}(t) - \frac{G^2}{R_S + R_C}\frac{\dot{x}}{M} \tag{4.148}$$

式 (4.147)，(4.148) の $\dot{x}$ の係数を比較し，ω と振り子の固有周期 T との関係 $\omega = \frac{2\pi}{T}$ を用いると，

$$h = \left\{\frac{G^2}{4\pi(R_S + R_C)M}\right\} T_0 = KT_0 \tag{4.149}$$

が得られる。

K はセンサーの特性によってのみ定まる定数であるから，式 (4.149) より，振り子の固有周期と減衰定数の間には線形関係が成り立っていることがわかる。

このことを利用すると，事前に異なる T の値に対して h の値を求めておき，式 (4.149) をあてはめて直線回帰によって統計的に適当な K を定めておけば，観測の際の設置状態の地震計の固有周期 T を測るだけで減衰定数も求めることができることになる。理論上は，式 (4.149) のように h と T は原点を通る比例関係を示すはずであるが，実際には機械的な誤差等により完全な比例関係にならずオフセットがのっていると仮定して，

$$h = K_0 T + K_1 \tag{4.150}$$

のような回帰式について K_0 と K_1 を求めるのが適当である。

このように振り子の減衰定数 h と固有周期 T の間には比例関係があるはずであるが，実は，固有周期が短い地震計の場合，ばらつきが大きくてあまり明瞭に式 (4.150) の関係を決めることができない。固有周期が長い地震計の場合は比較的うまくあてはまるので，ステップレスポンスをとるのに時間がかかる長周期地震計を用いる場合にこの関係式を利用するのは有効である。

4.7.2　振動数領域での計器補正

以上のようにして，なんらかの方法で観測時のセンサーの設置状態での固有周期と減衰定数を決定したら，式 (3.56a)，(3.56b) を用いて地動速度を直接求めることができる。これらの式を使う場合は振動数領域で地動速度のフーリエ係数を求めてからフーリエ逆変換によって地動速度を求めればよい。

計器補正を行った例を図 4.14，4.15 に示す。図 4.14 は固有周期 10 秒と 1 秒の動コイル型速度計を互いに横に並べて記録した波形を計器補正をせずにそのまま描いたものである。同じ地盤震動を記録しているはずであるが，センサーの周波数特性が全然違うため当然のようにまったく違う波形が描かれている。これらの波形に地震計の設置状態での固有周期と減衰定数を用いて計器補正を施したものが図 4.15 である。図 4.14 と図 4.15 は縦軸のスケールが互いに異なるので 10 秒計の変化はわかりにくいのであるが，例えば，50 秒あたりの波形は計器補正の前後で大きく変わっている。一方，1 秒計はドラスティックに波形が変わっている。図 4.15 の (a) と (b) を比較するとわかる通り，1 秒計の計器補正結果のほうがわずかに振幅が小さいように見えるが，両者は振幅，位相共に非常によい一致を示している。この例では，周期 5～6 秒程度の脈動が卓越していて，計器補正後の振幅は 0.1 mkine 程度であるので，NHNM の脈動が一番卓越しているあたりの振幅レベルとほぼ同じくらいである。図 4.15 の比較から，1 秒計であっても NHNM くらいの振幅レベルであれば，振り子の固有周期よりはるかに長い周期である 5～6 秒あたりの周期帯域の脈動でも正しく測れていることがわかる。

4.7.3　時間領域での計器補正

周波数領域で計器補正を行えるのであるから一般にはそれで十分なのであるが，時間領域で逐次的に計器補正をすることができれば便利なこともある。動コイル型速度計の出力から地動速度を推定するために s 領域 (ラプラス領域) で求められる伝達関数を双一次変換

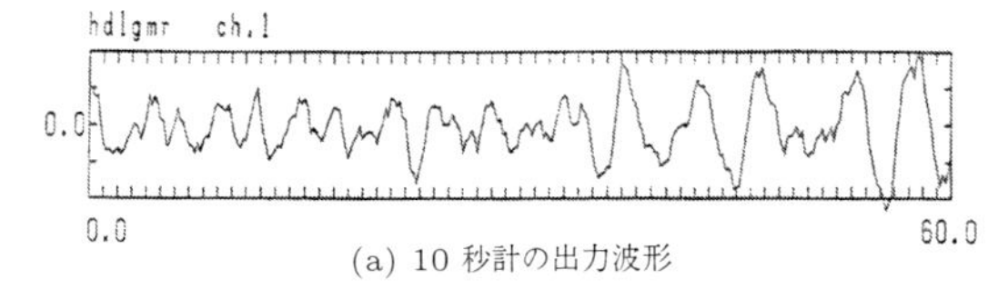

(a) 10 秒計の出力波形

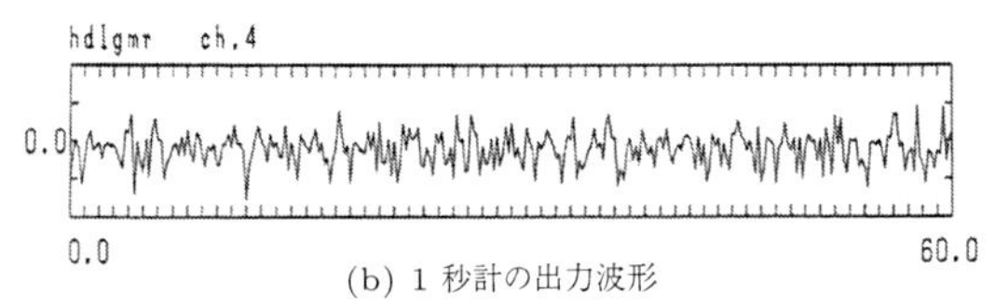

(b) 1 秒計の出力波形

図 4.14 固有周期 10 秒と 1 秒の動コイル型速度計の出力波形 (計器補正なし)

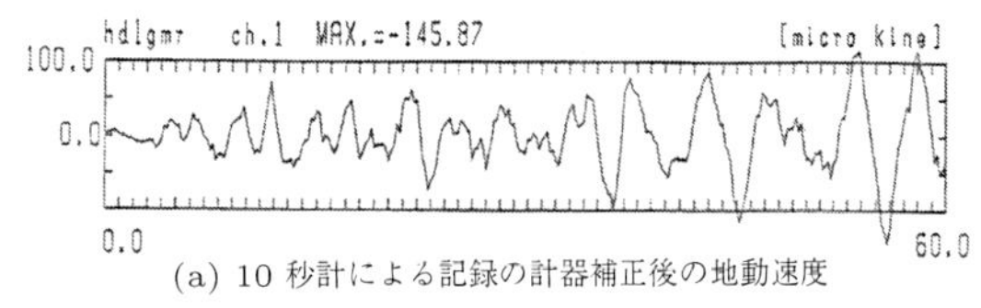

(a) 10 秒計による記録の計器補正後の地動速度

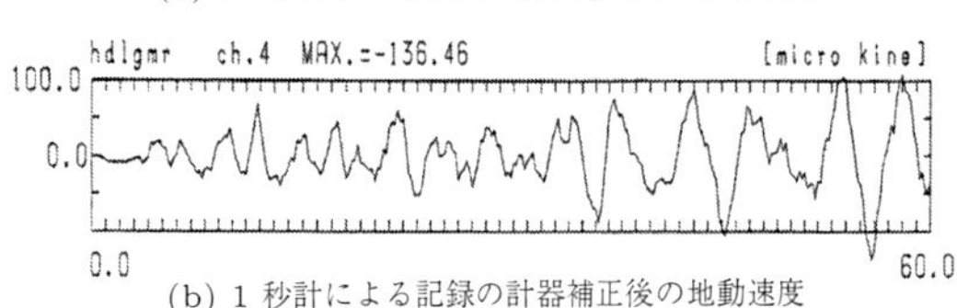

(b) 1 秒計による記録の計器補正後の地動速度

図 4.15 固有周期 10 秒と 1 秒の動コイル型速度計の出力に対して計器補正を適用して得られた地動速度

を用いて Z 領域へ写像し，時間領域の離散データから逐次的に地動を推定する手法について以下に述べる。

a. 力学モデルに基づく地動速度の推定

1 自由度振り子の運動方程式は式 (3.28) より，

$$\ddot{x} + 2h\omega\dot{x} + \omega^2 x = -\ddot{y} \tag{4.151}$$

と表わされる。変数の取り扱いが式 (3.28) と異なっていて，$\ddot{x}$，$\dot{x}$，x はそれぞれ振り子の加速度応答，速度応答，変位応答を表わし，h は減衰定数，ω は地震計の固有円振動数，$\ddot{y}$ は地動加速度である。

式 (4.151) のラプラス変換をとると，

$$s\dot{X}(s) + 2h\omega\dot{X}(s) + \frac{\omega^2}{s}\dot{X}(s) = -s\dot{Y}(s) \tag{4.152}$$

となり，$\dot{X}(s)$，$\dot{Y}(s)$ はそれぞれ $\dot{x}$，$\dot{y}$ のラプラス変換である。両辺に s を掛けると，次式を得る。

$$(s^2 + 2h\omega s + \omega^2)\dot{X}(s) = -s^2\dot{Y}(s) \tag{4.153}$$

このとき $X(s)$ から $Y(s)$ への伝達関数は，

$$\frac{\dot{Y}(s)}{\dot{X}(s)} = -\frac{s^2 + 2h\omega s + \omega^2}{s^2} \tag{4.154}$$

と表わされる。ここで双一次変換の式 (4.65) より $s = \dfrac{2}{\Delta t}\cdot\dfrac{z-1}{z+1}$ を代入 して，両辺に $1 - 2z^{-1} + z^{-2}$ を掛けて整理すると，

$$\begin{aligned}&\dot{Y}(z) - 2\dot{Y}(z)z^{-1} + \dot{Y}(z)z^{-2}\\ &= -(\omega'^2 + 2h\omega' + 1)\dot{X}(z) - 2(\omega'^2 - 1)\dot{X}(z)z^{-1}\\ &\quad - (\omega'^2 - 2h\omega' + 1)\dot{X}(z)z^{-2}\end{aligned} \tag{4.155}$$

を得る。Z 領域と時間領域の関係式，$\dot{Y}(z) \Leftrightarrow \dot{y}_{(t)}$，$\dot{Y}(z)z^{-1} \Leftrightarrow \dot{y}_{(t-1)}$，$\dot{Y}(z)z^{-2} \Leftrightarrow \dot{y}_{(t-2)}$ 等を用いると，式 (4.155) は，以下のようになる。

$$\begin{aligned}&\dot{y}_{(t)} - 2\dot{y}_{(t-1)} + \dot{y}_{(t-2)} = -(\omega'^2 + 2h\omega' + 1)\dot{x}_{(t)}\\ &- 2(\omega'^2 - 1)\dot{x}_{(t-1)} - (\omega'^2 - 2h\omega' + 1)\dot{x}_{(t-2)}\end{aligned} \tag{4.156}$$

ここで x, y の下付文字 (t), $(t-1)$, $(t-2)$ は離散時刻を表わしており，$t-1, t-2$ は t よりそれぞれ 1 ステップ，2 ステップ前を表わす。式 (4.156) を $\dot{y}_{(t)}$ について整理すると，

$$\begin{aligned}\dot{y}_{(t)} &= A_1\cdot\dot{x}_{(t)} + A_2\cdot\dot{x}_{(t-1)} + A_3\cdot\dot{x}_{(t-2)}\\ &\quad + B_2\cdot\dot{y}_{(t-1)} + B_3\cdot\dot{y}_{(t-2)}\end{aligned} \tag{4.157}$$

が得られる。ここで，$A_1 = -(\omega'^2 + 2h\omega' + 1)$, $A_2 = -2(\omega'^2 - 1)$, $A_3 = -(\omega'^2 - 2h\omega' + 1)$, $B_2 = 2$, $B_3 = -1$ である。式 (4.157) を用いることで振り子の速度応答の現在を含む過去 3 ステップの値を用いて漸化的に地動速度を得ることができる。

なお，上記の計算によって地動を求めると長周期領域で誤差が累積して波形がドリフトし (発散し)，基線が大きくずれる場合がある。この問題を回避するためには 4.6 節で述べた基線補正の手法を適用するのが簡単である。

また，Z 領域での伝達関数は式 (4.154) に双一次変換の式 (4.65) を代入すると分母に $(z-1)^2$ が現われるため，1 なる極をもつ。4.1.8 項で述べたように Z 領域の伝達関数は極が単位円の内側にあるとき安定であるから，式 (4.157) を安定に収束させるためには，極の位置を強制的に単位円の内側に移動させる，すなわち，伝達関数の分母の $(z-1)^2$ を $(z-0.99)^2$ などに置き換えることで安定な収束を得ることができる。この場合は，極が複素平面の原点に近いほど安定するが，地動の推定誤差が大きくなる。

b. 動コイル型地震計出力からの地動速度の推定

動コイル型の速度計の電圧出力から地動速度を推定するためのデジタルフィルタ の構成について述べる。基本的な計算方法は前項と同じである。

運動方程式は式 (3.52) より

$$\ddot{V} + 2h\omega\dot{V} + \omega^2 V = -\Gamma\frac{Mr}{KR}\dddot{y} \tag{4.158}$$

であった。ここでは右辺の外力を y_0 から y に置き換えている。また，ドットの数は時間微分の階数を示し，V は電圧，h は減衰定数，ω は地震計の固有角振動数である。

$A = \Gamma \dfrac{Mr}{KR}$ とおいて，ラプラス変換を行うと，

$$(s^2 + 2h\omega s + \omega^2)V(s) = -As^2\dot{Y}(s) \qquad (4.159)$$

となり，出力電圧値から地動速度への伝達関数，

$$\frac{\dot{Y}(s)}{V(s)} = -\frac{1}{A}\frac{s^2 + 2h\omega s + \omega^2}{s^2} \qquad (4.160)$$

が得られる。力学モデルに基づく推定の際と同様に双一次変換を表わす式 (4.65) を式 (4.160) に代入し，両辺に $1 - 2z^{-1} + z^{-2}$ を掛けて整理すると，

$$\begin{aligned}&\dot{Y}(z) - 2\dot{Y}(z)z^{-1} + \dot{Y}(z)z^{-2} = \\ &-\frac{1}{A}(\omega'^2 + 2h\omega' + 1)V(z) - \frac{2}{A}(\omega'^2 - 1)V(z)z^{-1} \\ &-\frac{1}{A}(\omega'^2 - 2h\omega' + 1)V(z)z^{-2} \qquad (4.161)\end{aligned}$$

が得られる。Z 領域と時間領域の関係を用いて，式 (4.161) を逆 Z 変換して整理すると，

$$\begin{aligned}\dot{y}_{(t)} &= A_1 \cdot V_{(t)} + A_2 \cdot V_{(t-1)} + A_3 \cdot V_{(t-2)} \\ &\quad + B_2 \cdot \dot{y}_{(t-1)} + B_3 \cdot \dot{y}_{(t-2)} \qquad (4.162)\end{aligned}$$

となる。ここで，$A_1 = -\frac{1}{A}(\omega'^2 + 2h\omega' + 1)$，$A_2 = -2\frac{1}{A}(\omega'^2 - 1)$，$A_3 = -\frac{1}{A}(\omega'^2 - 2h\omega' + 1)$，$B_2 = 2$，$B_3 = -1$ である。

式 (4.162) を用いることで地震計の応答電圧の現在を含む過去 3 ステップの値を用いて漸化的に地動速度を推定することができる。このことは，原理的には地震計の電圧出力をほぼリアルタイムに処理して地動に変換して出力するようなデジタルフィルタを構成することができることを示している。しかし，前項と同様に，伝達関数の極が 1 であるため式 (4.162) は安定して収束しない。そのためリアルタイム処理を行う場合は，高域通過 (ハイパス) フィルタを通すか，伝達関数の極の位置を単位円の内側に移動させるなどの工夫が必要である。これらのデジタルフィルタの構成方法によって式 (4.162) による出力は周波数特性が変わるため，必要とする震動の周波数域を考慮して極の位置などを調整しなくてはならない。

文　　献

1) 砂原善文：確率システム理論，電子情報通信学会，コロナ社，1979.
2) 小倉久直：確率過程入門，森北出版，1998.
3) Yaglom, A.M., *Stationary Random Functions*, translated and edited by R.A. Silverman, Prentice-Hall, New Jersey, 1962.
4) Box, G.E.P., Jenkins, G.M., and Reinsel, G.C., *Time Series Analysis*, Prentice-Hall, New Jersey, 1994.
5) 大崎順彦：新・地震動のスペクトル解析入門，鹿島出版会，1994.
6) コーエン，L.：時間–周波数解析，吉川昭・佐藤俊輔訳，朝倉書店，1998.
7) Huang, N.E. and Shen, S.S.P., *Hilbert-Huang Transform and Its Applications*, Interdisciplinary Mathematical Sciences, Vol.5, World Scientific, Singapore, 2005.
8) 柳井浩：Z 変換とその応用，日科技連出版社，1998.
9) 三上直樹：はじめて学ぶデジタル・フィルタと高速フーリエ変換，CQ 出版，2005.
10) 黒子：フーリエ変換の第一歩，物理のかぎしっぽ，物理のかぎプロジェクト，http://hooktail.sub.jp/fourieralysis/Fourier/ (最終閲覧日：2018 年 12 月 31 日)
11) zkii：フーリエ変換，デジタル・デザイン・ノート，http://zakii.la.coocan.jp/fourie/0_contents.htm (最終閲覧日：2018 年 12 月 31 日)
12) Cooley, J.W. and Tukey, J.W., "An algorithm for the machine calculation of coplex Fourier series," *Math. of Comput.*, **19**, 287–301, 1965.
13) 盛川仁・丸山敬：条件付確率場の理論と応用，京都大学学術出版会，2001.
14) 亀田弘行・池淵周一・春名攻：確率・統計解析，新体系土木工学 2，技報堂出版，1981.
15) 西村昭彦・室野剛隆：所要降伏震度スペクトルによる応答値の算定，鉄道総研報告，**13**(2), 47–50, 1999.
16) Priestley, M.B., "Evolutionary spectra and non-stationary processes," *J. Roy. Stat. Soc.*, Ser. B., **27**, 204–237, 1965.
17) Mark, W.D., "Spectral analysis of the concolution and filtering of non-stationary stochastic processes," *J. Sound and Vib.*, **11**(1), 19–63, 1970.
18) 亀田弘行：強震地震動の非定常パワースペクトルの算出法に関する一考察，土木学会論文報告集，235, 55-62, 1975.
19) チュウイ，C.L.：ウェーブレット入門，桜井明・新井勤訳，東京電機大学出版局，1993.
20) Daubechies, I., *Ten Lectures on Wavelets*, CBMS-NSF 61, SIAM, 1992.
21) Wigner, E., "On the quantum correction for thermodynamic equilibrium," *Phys. Rev.*, **40**, 749–759, 1932.
22) Ville, J., "Theorie et applications de la notion de signal analytique," *Cable et Transmissions*, **2A**, 61–74, 1948. Trans. from French by I. Selin, RAND Corporation Technical Report T-92, 1958.
23) Classen, T.A.C.M. and Mecklenbräuker, W.F.G., "The Wigner distribution — A tool for time-frequency signal analysis, PART I: Continuous-time signals," *Phillips J. Res.*, **35**(3), 217–250, 1980.
24) Classen, T.A.C.M. and Mecklenbräuker, W.F.G., "The Wigner distribution — A tool for time-frequency signal analysis, PART II: Discrete-time signals," *Phillips J. Res.*, **35**(4/5), 276–300, 1980.
25) Classen, T.A.C.M. and Mecklenbräuker, W.F.G., "The Wigner distribution —A tool for time-

frequency signal analysis, PART III: Relations with other time-frequency signal transformations," *Phillips J. Res.*, **35**(6), 372–389, 1980.

26) 本田利器・大濱吉礼：ウェーブレットを用いた Wigner 分布からの波形合成，土木学会論文集，No.696/I-58, 273–283, 2002.

27) Huang, N.E. *et al.*, "The empirical mode decomposition and the Hilbert spectrum for nonlinear and no-stationary time series analysis," *Proc. Roy. Soc. of Lond.* Ser. A, **454**, 903–995, 1998.

28) Huang, N.E., Chen, C.C., Huang, K., Salvino, L.W., Long, S.R., and Fan, K.L., "A new spectral representation of earthquake data: Hilbert Spectral analysis of station TCU129, Chi-Chi, Taiwan, 21 September 1999," *Bull. Seismol. Soc. Am.*, **91**, 1310–1338, 2001.

29) Wu, Z. and Huang, N.E., "Ensemble empirical mode decomposition: A noise assisted data analysis method," *Adv. in Adaptive Data Analy.*, **1**, 1–41, 2009.

30) 後藤尚男・亀田弘行・杉戸真太・今西直人：ディジタルフィルターによる SMAC-B2 加速度計記録の補正について，土木学会論文報告集，277, 57–69, 1978.

31) 木下繁夫・上原正義・斗沢敏雄・和田安司・小久江洋輔：K-NET95 型強震計の記録特性，地震，第 2 輯，**49**(4), 467–481, 1997.

32) Javelaud, E.H., Ohmachi, T., and Inoue, S., "A Quantitative approach for estimating coseismic displacements in the near field from strong-motion accelerographs," *Bull. Seismol. Soc. Am.*, **101**, 1182–1198, 2011.

33) Javelaud, E.H., *Near-Field Displacements and Rotations Estimated by Quantitative Analysis in the Frequency Domain using Zero Padded Strong-Motion Accelerograms*, Doctral thesis, Tokyo Institute of Technology, 2013.

34) Trifunac, M.D., Udwadia, F.E., and Brady, A.G., "Analysis of errors in digitized strong-motion accelerograms," *Bull. Seismol. Soc. Am.*, **63**, 157–187, 1973.

35) Boore, D.M. and Bommer, J.J., "Processing of strong-motion accelerograms: needs, options and consequences," *Soil Dyn. and Earthq. Eng.*, **25**, 93–115, 2005.

36) Graizer, V.M., "Determination of the true ground displacement by using strong-motion records," *Izvestiya, Phys.Solid Earth*, Academy of Sciences, USSR, **15**, 875–885, 1979.

37) Kinoshita, S., Ishikawa, H., and Satoh, T., "Tilt motions recorded at two WISE sites for the 2003 Tokachi-Oki earthquake (M8.3)," *Bull. Seismol. Soc. Am.*, **99**, 1251–1260, 2009.

38) 翠川三郎・三浦弘之：1968 年十勝沖地震の八戸港湾での強震記録の再数値化，日本地震工学会論文集，**10**(2), 12–21, 2010.

5

地盤構造の探査

地震動予測を行うためには，どのような方法で予測するにしても何らかの方法で地盤構造をモデル化することが必要となる。単純な1次元成層構造を仮定することもあれば，3次元の複雑なモデルを必要とすることもある。表層地盤を知る場合は，構造物の建設時に行われるボーリングのデータを収集することである程度のモデル化が可能な場合もある。しかし，地震基盤に至る深い構造が必要な場合には，費用の観点からもボーリングのような直接的な方法はあまり現実的ではない。また，ある地域の地震動を予測するためには，広域にわたって地盤構造が空間的にどのようになっているか，を知る必要があり，ボーリングのような点の情報だけから面の情報を得ることは難しい。

いかに高度な地震動予測手法を用いたとしても，その予測精度は地盤構造モデルの精度に依存するため，地盤構造をいかに精度よく推定するか，は極めて重要である。地震がいつ，どこで発生するかを精確に予測することは現時点では極めて困難であるが，地盤構造は地震発生前に十分に時間をかけて調査をすることである程度の精度でモデル化することが可能である。それによって，もし，地震が発生したらどのような地震動分布になるかといった予測の精度が向上し，防災対策の方針を立てる際にも極めて有効である。このような観点からも地盤構造の探査は地震防災において投資が確実に活かされる分野であるとも言える。

この章では，地盤構造をいかにして推定するか，について述べる。地盤構造の推定法は物理探査と総称されるが，人工地震探査，微動探査，重力探査などが地震動予測を念頭においた物理探査手法としてしばしば用いられる。以下では，人工地震探査と微動探査に絞って，その手法や解析法について述べる。

5.1　地盤のモデル化

地震動評価に必要な地下構造モデルのパラメータは，P波・S波速度，密度，S波とP波のQ値(減衰定数)である。これらのうちで，堆積層の密度は，比較的変化が小さく，地震波伝播に及ぼす影響は小さく，地盤モデル作成時の仮定の差による影響は少ない。地震動評価では，主要動となるS波が対象となることが多く，地盤におけるS波速度がモデル化の際の最も重要なパラメータである。地盤のS波速度構造を推定するために，さまざまな探査手法が開発されている。後述の微動探査は，有力なS波速度構造探査法のひとつとなっているが，1次元構造の推定に適用されることがほとんどである。詳細な地下構造を推定できる反射法地震探査ではP波速度探査が主力であり，得られるP波速度構造をS波に変換する必要がある。そのために，P波とS波速度の関係式がいくつか提案されている。図5.1は，関東平野の2つの深井戸でのP波とS波速度の比較である[1)]。P波速度1.7 km/s以上については直線的な関係があるが，工学的基盤より浅い，より低速度の部分については，深部地盤における関係とは異なっていることがわかる。また，こうした経験式は，地域によって異なることもあり，これらの式の使用に際しては，基礎となっているデータの地域性の有無について注意が必要である。

Q値は，地震動の振幅に直接影響するパラメータである。とくに，Q値の小さい堆積層を長い距離伝播する波動の評価では，その設定が重要となる。一般的に，Q値には周波数依存性があるが，物理探査で推定できるQ値は周波数が高く，現時点では，地震動評価の対象となる周波数範囲のQ値の推定は，中小地震による地震記録の分析によるところが大きい。

上述の地下構造パラメータをどのような形でモデル化するかは，地震動評価の目的や周波数範囲などによっ

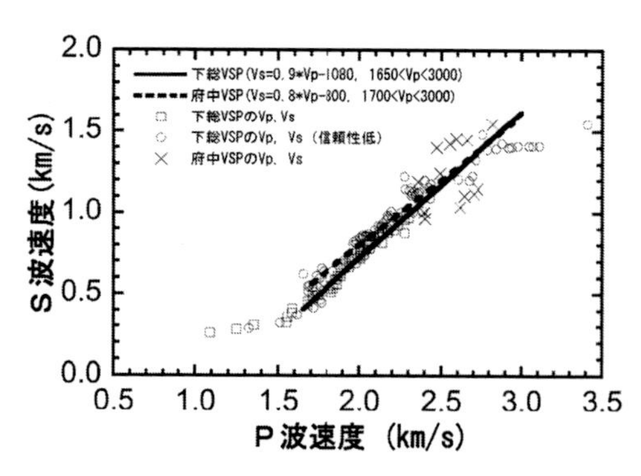

図 5.1　P波とS波の速度の関係[1)]

て変わる。最も単純なモデル化は1次元成層モデルである。鉛直に伝播するS波だけを評価するのであれば，対象地点直下の地震基盤までのS波の1次元分布をモデル化することによって，地盤での増幅特性を評価することができる。わが国の堆積平野では，顕著な不整合面がある場合がほとんどであり，1次元地盤構造モデルの作成では，複数の均質な層構造が仮定されている。しかし，実際のS波速度分布には不整合面だけでなく，堆積層内でS波速度が漸増するような場合もある。さらに，地盤モデルを作成するための探査手法やデータの量と質に応じて得られる地下構造情報が異なり，それらに応じた地盤のモデル化にならざるを得ないことも認識しておくべきである。

上記の1次元地下構造のモデル化は，比較的パラメータ設定が容易である。しかし，盆地端部や地下構造が急変する地域がある場合には，前述したように，2, 3次元的な地下構造の影響を考慮しなければならない。最近では，計算機能力の向上とともに，研究や入力地震動評価の実務において，大規模な平野の3次元地下構造の影響を考慮した評価が次第に多くなってきている。しかし，多くの事例では，3次元地下構造モデルは，複数の均質な地層による近似がほとんどである。将来的には，より短周期成分の解析的な手法による評価のために，地層内の物性の不均質な分布のモデル化も必要となると考えられる。

堆積平野での3次元地下構造モデルを作成する試みは，1990年代より，物理探査の情報 (屈折波走時，微動の位相速度，重力等) に基づいて，いくつかの地域で試みられ，長周期強震動の評価に用いられてきた。各種の地下構造データを取りまとめて，強震動予測に用いる地下構造のモデル作成の標準的な考え方は，地震調査研究推進本部 (以下，地震本部と呼ぶ) による「震源断層を特定した地震の強震動予測手法 (レシピ)」[2] の一部としてまとめられた。この地下構造モデル作成に関するレシピには，1次元地下構造情報や空間的な物理探査データから3次元地下構造モデルを作成し，地震記録 (たとえば，地震動の水平動/上下動スペクトル比など) との比較によってモデルを修正する手順が示されている。さらに，モデルの地震動説明能力を中小地震による地震動の3次元シミュレーションで確認することも地下構造のモデル化の重要な手順として含まれている。この考え方に基づいて，工学的基盤での強震動を評価するための全国の地下構造モデルが構築され[3,4]，地震本部の「全国1次地下構造モデル」や防災科学技術研究所の「J-SHIS 深部地盤モデル」として公開されている。これらによって日本全国の工学的基盤よりも深い地下構造の3次元モデルを簡単に入手できるようになった

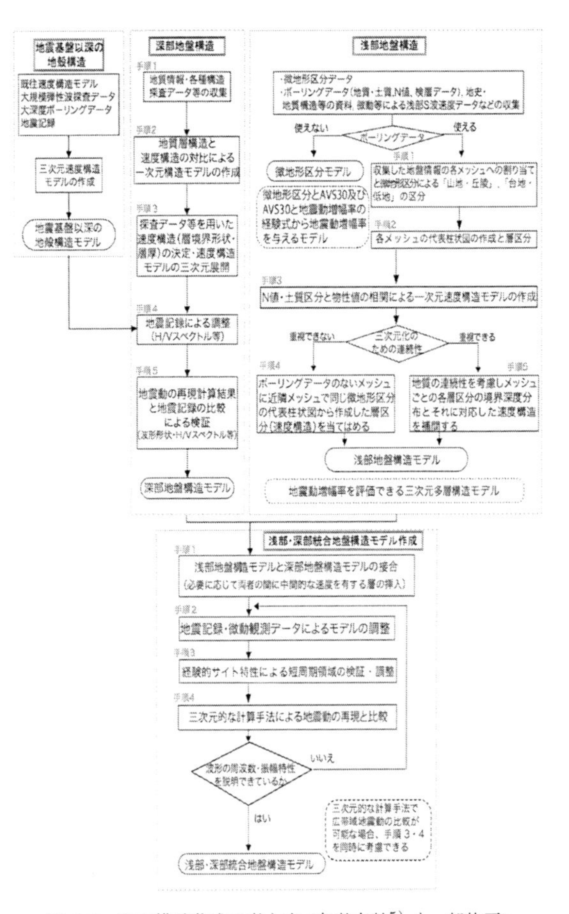

図 5.2 地下構造作成の考え方 (参考文献[5] を一部修正)

工学的意義は大きい。なお，これらは，広域を対象として工学的基盤での強震動を評価するための地下構造モデルであり，主に周期3～4秒以上の長周期強震動予測に使われることを前提として作成されたものであることには注意が必要である。

近年の計算機能力の向上によって，広域を対象とした解析的手法によって，周期1秒以下の強震動の計算も可能となってきている。前述のように，短周期地震動の増幅は，浅部地盤での増幅効果が主体であり，深部地盤の影響は長周期地震動に顕著であると考えられてきた。しかし，浅部地盤が数十mと厚い地域では，浅部地盤での短周期表面波の影響も顕著となり，1次元的な増幅効果だけでは十分でなくなる。そこで，浅部地盤と深部地盤を接続して，地表から地震基盤までの切れ目のない地盤構造モデル (浅部・深部統合地盤モデル) を構築する地下構造モデル作成法も修正へ向けての試みが行われている[5]。この考え方では，図 5.2 に示すように，地殻・マントル，深部地盤，浅部地盤のそれぞれのモデル化が別途行われ，さらに，浅部・深部地盤のモデルの統合化の部分で構成されている。浅部地盤のモデル化

では，多量のボーリング調査や微動探査の結果に地質学や地形学的な知見を考慮した3次元モデル化も含まれている。さらに，浅部地盤と深部地盤の間の人工的な不連続を生じないような操作も行われ，両者が統合化される。すでに，首都圏では，浅部・深部地盤統合モデルが提案され，その一部としてS波速度350 m/sを有する地層を工学的基盤とした深部地盤モデルが「関東地方の浅部・深部統合地盤構造モデル」として公開されている。

5.2 地震探査法

地震探査法は，加振機や火薬発破などの人工的振動源により発生する地震波を用いて，地震学的手法により地下構造を調べる探査法である (たとえば，佐々ほか[6])。着目する地震波の種類により，屈折法，反射法，検層法などがある。はじめの2つは，地表面で得られる地震波データを用いるものである。屈折法では，屈折波初動の到着時間を用いており，地球物理学，構造物建設などの目的で使われることが多い。一方，反射法は，地層境界面での反射波を用いるものであり，主に石油資源探査のために開発された方法である。また，検層法は，地表面での人工加振で生じた地震波をボーリング孔で計測するもので，上記2つの手法とは基本的に異なるものである。以下では，屈折法と反射法に基づく地震探査について説明する。

5.2.1 屈折波と反射波の特徴

図5.3のような地表面に平行な地層境界を有する2層からなる地下構造モデルを考える。地表震源から，さまざまな方向に出射された波には，

① 地表に沿って伝播する波 (直達波),
② 第2層目との境界で反射する波 (反射波),
③ 第2層目に透過していく波 (透過波),
④ 第2層目に到達した後，境界面に沿って伝播する波 (屈折波)

が含まれている。

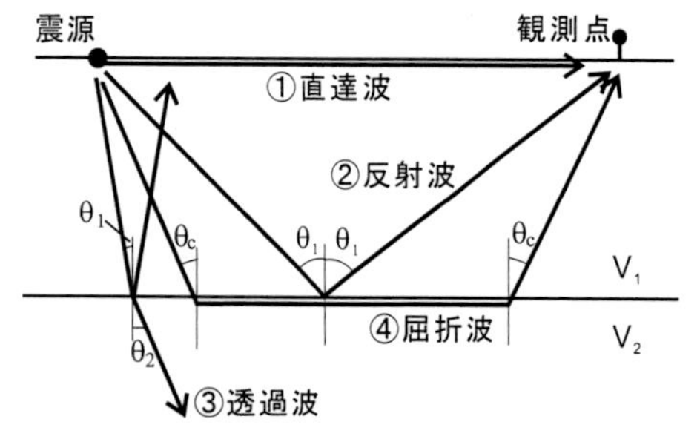

図 5.3　震源から出射される実体波

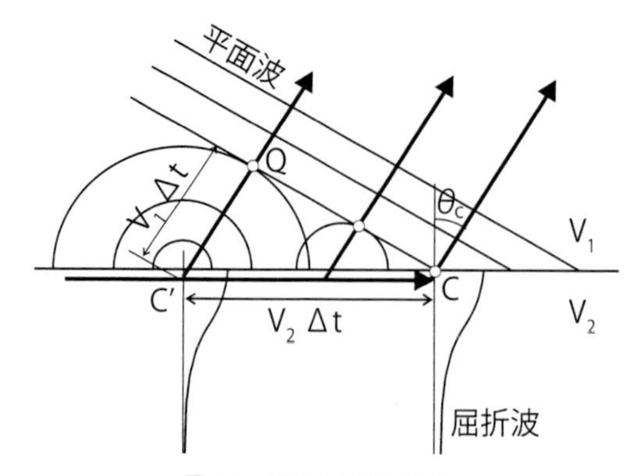

図 5.4　屈折波伝播の模式図

2.3節で述べたように，地震波が境界面に入射すると，反射波と透過波が生じる。反射波は，入射角と同じ角度で反射する。一方，透過波は，スネルの法則

$$\frac{\sin\theta_1}{V_1} = \frac{\sin\theta_2}{V_2} \tag{5.1}$$

に応じた屈折角で下層に伝播する。式 (5.1) によれば，透過波の入射角 θ_1 が大きくなると，θ_2 も大きくなる。しかし，ある角度 (θ_c) で屈折角は，90度となる。この場合には，通常の透過波ではなく，境界面に沿って伝播する屈折波が生じる。この屈折波は，境界面から下方に離れるに従って振幅を減じる特徴をもち，エバネッセント波となる (たとえば，レイ・ウォレス[7])。この屈折波が生じるときの入射角を臨界角といい，

$$\theta_1 = \sin^{-1}\left(\frac{V_1}{V_2}\right) \equiv \theta_c \tag{5.2}$$

と定義される。この臨界角以上の入射角では，反射係数は，常に1となる全反射となっている。

境界面に沿って第2層の上面を伝播する屈折波の速度は V_2 である。境界面では，変位と応力の連続条件が成り立っているので，下層での屈折波に引きずられて上層へも波が伝播することになり，地表面にまで達することになる。このメカニズムを幾何学的に説明する。図5.4

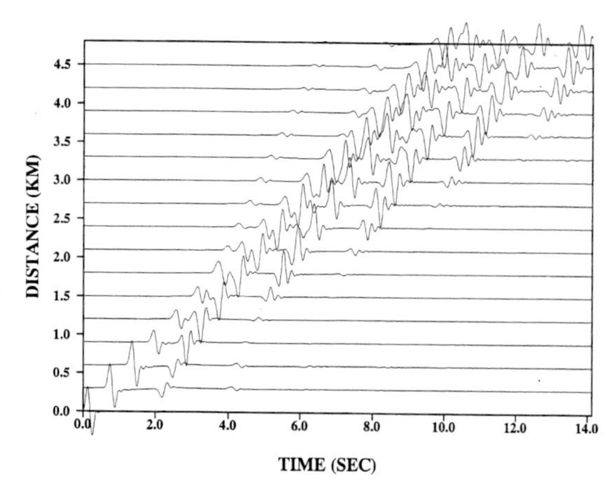

図 5.5　2層モデルでの計算波形

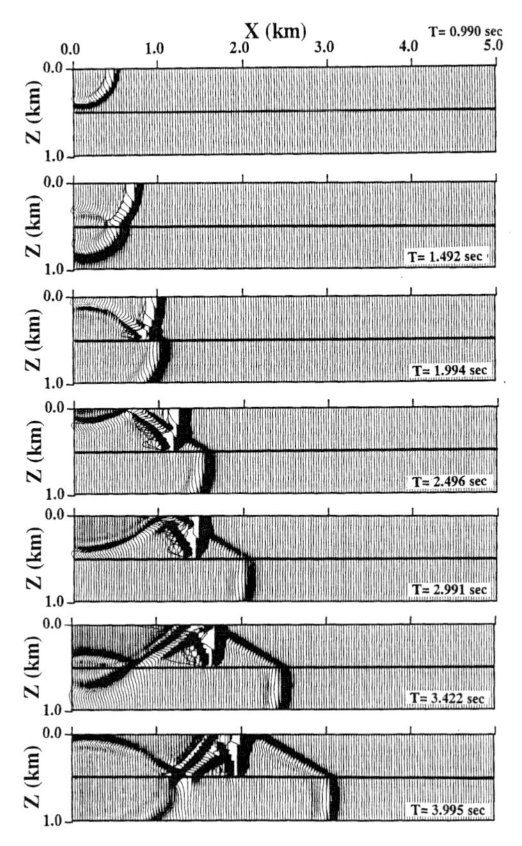

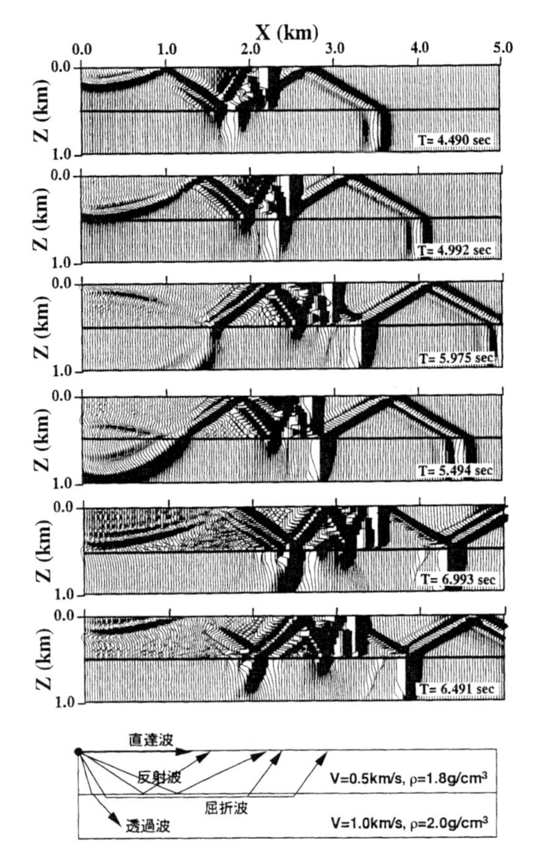

図 5.6 スナップショットと地下構造モデル

のように，屈折波が点 C' まで伝播したとすると，ホイヘンスの原理により，2 次的に生じる波動は，点 C' を中心にして上層へ円形状の波面を形成しながら広がる。Δt 時間後には，上層での波面は，半径 $V_1\Delta t$ の円となる。一方，屈折波は，Δt の時間に第 2 層目を $V_2\Delta t$ だけ進んで点 C に到達している。したがって，点 C と半径 $V_1\Delta t$ の円の弧の接線 (CQ) が平面波状の波面を形成することになる。すなわち，境界面に沿って下層内部を伝播する屈折波によって，上層では平面波が生じ，それが地表面まで到達することになる。このときの上層への出射角は，

$$\sin\theta = \frac{V_1\Delta t}{V_2\Delta t} = \frac{V_1}{V_2} \tag{5.3}$$

となり，臨界角と等しくなる。

屈折波の挙動を理解するために，水平な境界面を有する 2 層モデルに点震源を置いて，SH 波動場を波動方程式の差分法 (詳細は，第 7 章を参照) によって求めてみる。結果は，図 5.5 と 5.6 に示されている。図 5.5 は，図 5.6 の下に示した 2 次元モデルの地表面で計算される変位波形である。また，図 5.6 の上は，スナップショット (各時間における変位の分布図) であり，黒い部分が振幅の大きい部分を示し，伝播する主要な波動の波面がわかる。左の地表面にある震源から距離約 2 km までは，直達波が初動になっており，それ以降では屈折波が初めに到着していることがわかる。図 5.6 のスナップショットでも波面の違いとして直達波と屈折波を明瞭に区別することができる。屈折波は上層内部に伝播すると，直線状の波面をもつ平面波になっている。また，直達波や反射波に比べて，屈折波の振幅は非常に小さいことも特徴である。実際の探査では，観測記録でノイズが大きい場合には，屈折波初動の到着時間の適切な計測が難しくなるのは，この特徴のためである。

5.2.2 屈折波の走時

図 5.7 のように，地表の点 A を震源として発生した地震波のうち，直達波の走時 (震源から観測点までの地震波の伝播時間) は，

$$T_1 = \frac{x}{V_1} \tag{5.4}$$

である。また，反射波の走時は，

$$T_2 = \frac{\sqrt{\left(\frac{1}{2}x\right)^2 + h^2}}{V_1} \tag{5.5}$$

である。さらに，屈折波の走時は，A-B-C-D の経路での時間の和

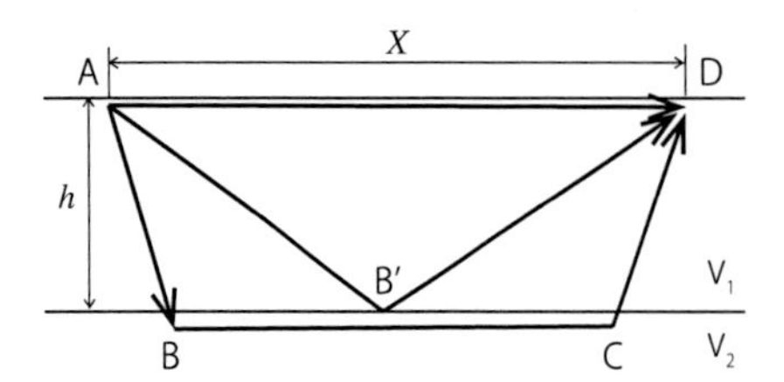

図 5.7　水平 2 層構造モデル

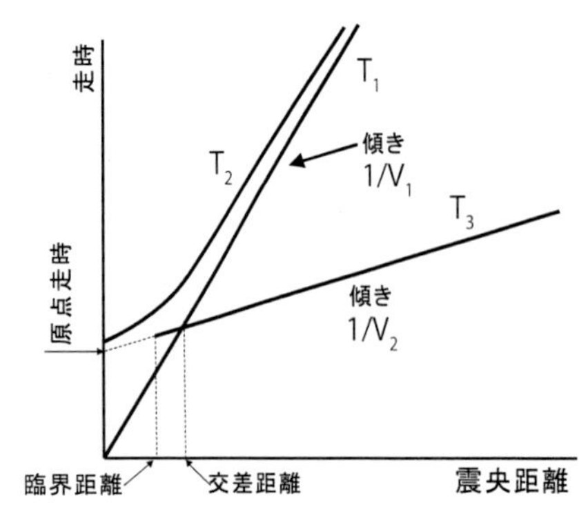

図 5.8　水平 2 層構造モデルでの走時曲線

$$T_3 = \frac{AB}{V_1} + \frac{BC}{V_2} + \frac{CD}{V_1} \tag{5.6}$$

である。臨界角 θ_c を用いれば，屈折波の走時は，

$$\begin{aligned} T_3 &= \frac{x - 2h\tan\theta_c}{V_2} + 2\frac{h}{V_1\cos\theta_c} \\ &= \frac{2h}{V_1\cos\theta_c}\left(1 - \frac{V_1}{V_2}\sin\theta_c\right) + \frac{x}{V_2} \\ &= \frac{2h\cos\theta_c}{V_1} + \frac{x}{V_2} = t_1 + \frac{x}{V_2} \end{aligned} \tag{5.7}$$

となる。ここで，$V_1/V_2 = \sin\theta_c$ を用いた。t_1 は，インターセプトタイム (原点走時) と呼ばれており，境界面の深さ h に関する量である。

3 つの波の走時を模式的に書くと，図 5.8 のようになる。そこで，初動走時データを計測して，図のように横軸を震央距離，縦軸を走時とする走時曲線を作成し，直達波 (T_1) と屈折波 (T_3) に対応する直線の傾きの逆数から各層の伝播速度が得られる。さらに，インターセプトタイムより深さを求めることができる。なお，臨界距離より震央距離の小さい観測点では，屈折波は観測されない。これが屈折法地震探査の解析手法の基本となる。

図 5.8 は，水平成層地盤モデルに対する走時曲線であり，屈折波の傾きから得られる速度は，地層の真の速度となる。しかし，境界面が水平でない場合には，屈折波の初動走時の傾きは，地層の真の速度と異なり，見かけ上の速度となる。

図 5.9 のような一様に傾斜する境界面をもつ 2 層構造を考える。境界面の傾斜角を ξ とすれば，点 A から点 D に到達する屈折波の走時は，

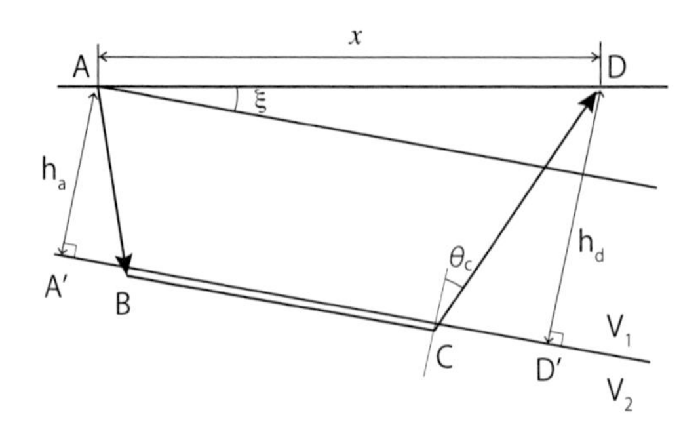

図 5.9　一様傾斜 2 層モデル

$$\begin{aligned} T_a &= \frac{AB}{V_1} + \frac{BC}{V_2} + \frac{CD}{V_1} = \frac{h_a}{V_1\cos\theta_c} \\ &\quad + \frac{A'D' - (h_a + h_d)\tan\theta_c}{V_2} + \frac{h_d}{V_1\cos\theta_c} \\ &= \frac{h_a + h_d}{V_1\cos\theta_c}\left(1 - \frac{V_1}{V_2}\sin\theta_c\right) + \frac{x\cos\xi}{V_2} \\ &= \frac{h_a + h_d}{V_1}\cos\theta_c + \frac{x\cos\xi}{V_2} \end{aligned} \tag{5.8}$$

ここで，h_a や h_d は，点 A と D での境界面への垂線の距離である。ところで，

$$h_d = h_a + x\sin\xi \tag{5.9}$$

であるので，点 A から B への走時は，h_d を削除すれば，

$$\begin{aligned} T_a &= \frac{x\cos\xi}{V_2} + \frac{2h_a + x\sin\xi}{V_1}\cos\theta_c \\ &= \frac{x}{V_1}\left(\frac{V_1}{V_2}\cos\xi + \cos\theta_c\sin\xi\right) + \frac{2h_a}{V_1}\cos\theta_c \\ &= \frac{x}{V_1}(\sin\theta_c\cos\xi + \cos\theta_c\sin\xi) + t_a \\ &= \frac{x}{V_1}\sin(\theta_c + \xi) + t_a \end{aligned} \tag{5.10}$$

となる。インターセプトタイム t_a は，平行層の場合 (式 (5.7) を参照) と同様である。しかし，走時曲線の傾きは，

$$\frac{\sin(\theta_c + \xi)}{V_1} \equiv \frac{1}{V_2^-} \tag{5.11}$$

である。これは，水平成層モデルの場合の速度

$$\frac{1}{V_2} = \frac{\sin\theta_c}{V_1} \tag{5.12}$$

と異なり，真の速度ではなく，見かけ速度となる。

一方，点 D を震源として点 A で観測される屈折波走時曲線は，同様にして

$$\begin{aligned} T_d &= \frac{x\cos\xi}{V_2} + \frac{2h_d - x\sin\xi}{V_1}\cos\theta_c \\ &= \frac{x}{V_1}(\sin\theta_c\cos\xi - \cos\theta_c\sin\xi) + \frac{2h_d}{V_1}\cos\theta_c \\ &= \frac{x}{V_1}\sin(\theta_c - \xi) + t_d \end{aligned} \tag{5.13}$$

である。この場合の見かけ速度は，

$$\frac{\sin(\theta_c - \xi)}{V_1} \equiv \frac{1}{V_2^+} \tag{5.14}$$

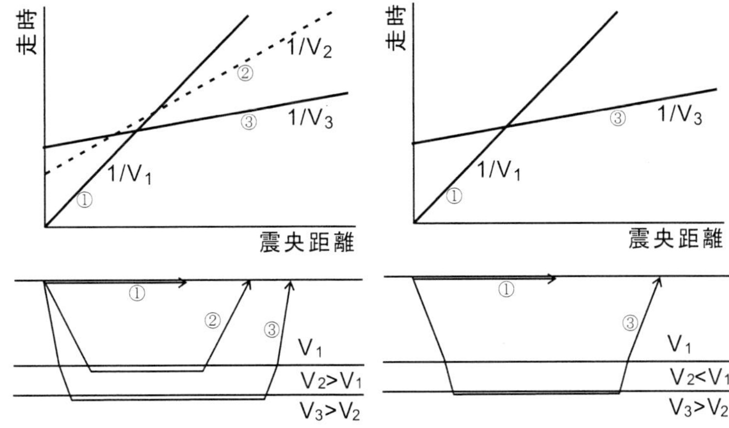

図 **5.10**　hidden layer 問題の例

となり，真の速度より大きくなる。

以上のことより，地下構造を求めるには，次のようにする。まず，各震源により得られる屈折波の走時曲線の傾きより見かけ速度を求めれば，

$$\theta_c + \xi = \sin^{-1}\left(\frac{V_1}{V_2^-}\right) \tag{5.15a}$$

$$\theta_c - \xi = \sin^{-1}\left(\frac{V_1}{V_2^+}\right) \tag{5.15b}$$

により，θ_c と ξ がわかる。また，2 層目の地層の真の速度は，

$$V_2 = \frac{V_1}{\sin\theta_c} \tag{5.16}$$

から求めることができる。なお，この場合にも，V_1 は，直達波の走時の傾きから得ることができる。

上記で説明したモデル以外のさまざまなモデルに対しても屈折波の理論走時が示されている。詳しくは，参考文献[6,8] を参照されたい。

屈折法地震探査では，探査対象となる層の上面での屈折波が初動として観測されなければならない。しかし，いくつかの場合には屈折波が初動として現われないことがある。これを hidden layer 問題という。以下では，hidden layer 問題としていくつか想定される場合について説明する。

図 5.10 の左は，第 2 層の層厚が薄く，第 3 層の速度が速いために，第 2 層を伝播した屈折波が初動として現われない例である。この場合には，後続する第 2 層を伝播する屈折波の走時がわかれば，モデルを作ることができる。右図の例は，第 2 層の速度が第 1 層のそれよりも小さいために，第 2 層の上面を伝播する屈折波が生じない場合である。こうした hidden layer が存在する場合には，初動データに基づく走時解析では実際と異なるモデルが得られることになる。この場合には，上記の屈折法のデータ解析法が適用できないことになる。トモグラフィ法などのより高度な解析方法が必要となる。

5.2.3　タイムターム法

現実の地盤の境界面は，水平や一様な傾斜でなく，複雑な凸凹を有している。こうした場合には，簡単な仮定を導入することによって，屈折波の初動走時を計算できる。図 5.11 のように，境界面が水平でない 2 層地盤モデルを考える。境界面深度の変動の傾斜が大きくないと仮定すれば，A'B' がほぼ水平であると考えることができる。そのとき，震源 A から観測点 B へ伝播する屈折波の初動走時 T_{AB} は，

$$\begin{aligned} T_{AB} &= \frac{h_a\cos\theta_c}{V_1} + \frac{AB}{V_2} + \frac{h_b\cos\theta_c}{V_1} \\ &= t_a + \frac{AB}{V_2} + t_b \end{aligned} \tag{5.17}$$

と表現できる。ここで，t_a と t_b は，タイムタームもしくは遅れ時間と呼ばれ，第 1 層の厚さに関係する量である。同様にして，C から B への走時 T_{CB} と A から C への走時 T_{AC} は，

$$T_{CB} = t_c + \frac{BC}{V_2} + t_b \tag{5.18a}$$

$$T_{AC} = t_a + \frac{AC}{V_2} + t_c \tag{5.18b}$$

である。したがって，以下の式

$$T_{AB} + T_{CB} - T_{AC} = 2t_b \tag{5.19}$$

が得られ，走時の観測量だけから，B 点でのタイムタームが得られることになる。ただし，ここでは，傾斜が大きくないと仮定しているので，t_b は方向に依存せず，こ

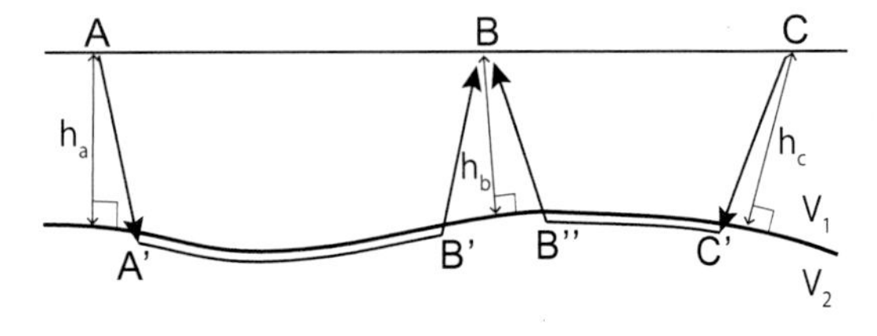

図 **5.11**　はぎとり法の説明

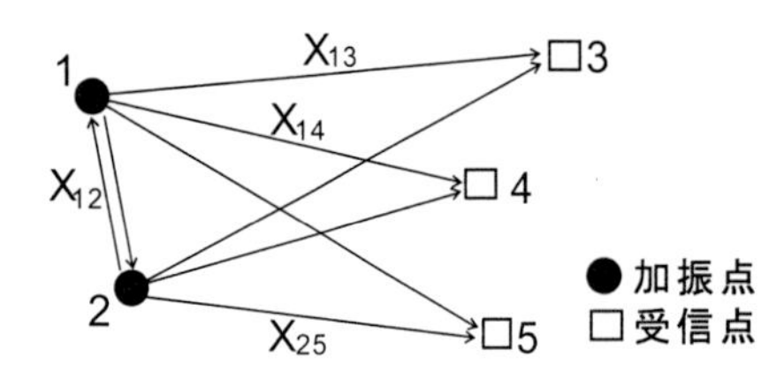

図 5.12　タイムターム法の観測点分布の例

の観測点近傍では一定であるとしている。t_b がわかれば，式 (5.17) を用いて，

$$T_{AB} - t_b = t_a - \frac{AB}{V_2} \equiv T'_{AB} \tag{5.20}$$

となる。これを震央距離に対してプロットした T' 曲線の切片と傾きから t_a と 2 層目の速度が得られる。同様にして，t_c も求めることができる。こうした方法は，はぎとり法と呼ばれている。

はぎとり法をより一般的に考えるために，発信点と受信点が直線状になく，空間的に分布している場合を考える。いま，図 5.12 のように，3 つの受信点 (3, 4, 5) において 2 つの加振点 (1 と 2) による人工地震波の観測が行われ，屈折波初動の走時データが計測されていると考える。

加振点 i と受信点 j の震央距離を X_{ij} とすると，その観測走時 T_{ij} は，式 (5.17) により，

$$T_{ij} = t_i + \frac{X_{ij}}{V_2} + t_j \tag{5.21}$$

となる。これらの式で未知数は，各点のタイムターム t_i と t_j，2 層目の速度 V_2 である。したがって，図 5.12 の場合には，未知数が 6 個であり，6 個以上の観測データがあれば，最小自乗法によって，それらを解くことができる。その場合の観測方程式は，

$$\begin{Bmatrix} T_{13} \\ T_{14} \\ T_{15} \\ T_{23} \\ T_{24} \\ T_{25} \\ T_{12} \\ T_{21} \end{Bmatrix} = \begin{bmatrix} 1 & 0 & 1 & 0 & 0 & X_{13} \\ 1 & 0 & 0 & 1 & 0 & X_{14} \\ 1 & 0 & 0 & 0 & 1 & X_{15} \\ 0 & 1 & 1 & 0 & 0 & X_{23} \\ 0 & 1 & 0 & 1 & 0 & X_{24} \\ 0 & 1 & 0 & 0 & 1 & X_{26} \\ 1 & 1 & 0 & 0 & 0 & X_{12} \\ 1 & 1 & 0 & 0 & 0 & X_{21} \end{bmatrix} \begin{Bmatrix} t_1 \\ t_2 \\ t_3 \\ t_4 \\ t_5 \\ 1/V_2 \end{Bmatrix} \tag{5.22}$$

である。この式は，

$$\boldsymbol{y} = \boldsymbol{A}\boldsymbol{x} \tag{5.23}$$

と書くことができる。第 6 章で説明する $\boldsymbol{A}$ の一般逆行列 $\boldsymbol{A}^{-g}$ を用いて，最小自乗法に基づく解は，

$$\boldsymbol{x} = \boldsymbol{A}^{-g}\boldsymbol{y} \tag{5.24}$$

から得ることができる。タイムタームがわかれば，第 1 層の速度 V_1 を与えることによって，各地点での層厚は，

$$h_i = \frac{t_i V_1}{\cos\theta_c} \tag{5.25}$$

により算出できる。ここで，θ_c は，V_1 と V_2 から決まる臨界角である。この方法は，タイムターム法と呼ばれ，空間的に分布している屈折波初動データの分析で使われている[9)]。

5.2.4　反射法地震探査

図 5.3 に示した地震波の波線のうちの②の反射波の走時は，双曲線状になる。その曲率は，第 1 層の速度 V_1 によって変わるので，速度を算出することが可能である。さらに，図 5.8 に示すように，震央距離が 0 の位置で，この双曲線の谷があり，その縦軸の値である走時は，反射面と地表の間の往復走時となるので，反射面までの深度も算出できる。しかし，図 5.8 でわかるように，他の波よりも反射波は，遅れて到着するので，正確な到着時間の評価が難しい。そこで，反射法では，反射波の走時だけでなく，反射波の振幅や形状に着目したデータ処理を行うことで，反射波を強調し，その同定を容易にさせて，反射波を地盤構造の推定に用いている。これらのうち，最も主要なデータ処理方法を以下で説明する。

反射法では，地表の直線上に多くの観測点と加振点を配置して，人工地震波の観測が行われる。図 5.13 に示すように，ひとつの加振点からの地震波は，地層境界面の異なる点で反射して地表の観測点で観測される。たとえば，図 5.13 の左上の図の場合には，加振点 S1 から放射された地震波のうちのひとつは，地層境界面の点 a で反射し，地表の観測点 R3 で記録される。ひとつの加振点での加振による複数の観測点の地震波の記録を共通加振点 (CSP; common scatter point) 記録という[6)]。複数の加振点での加振による地震波を観測すると，加振点と観測点のさまざまな組合せの記録が得られることになる。加振点と観測点の中間点の地下に反射点があると考えると，地層境界面上の同じ地点で反射した反射波を含む加振点と観測点の組合せの記録だけを集めることができる (図 5.13 の右)。これを共通反射点 (CDP; common depth point) 記録という。

CDP 記録を集めると，各加振点–観測点の組合せでの反射波は，模式的に図 5.14 の左図のようになっている。震央距離が 0 の地点での反射波の往復走時は，$2h/V_1$ である。震央距離が大きくなると，反射波の到着時間には，走時遅れが生じる。したがって，この走時遅れを知ることができれば，この走時遅れを補正することによって，震央距離 x1 から x4 での記録を震央距離が 0 である地点の記録と同じであると取り扱うことができる。そのためには，図 5.14 の右図のように伝播経路の距離に

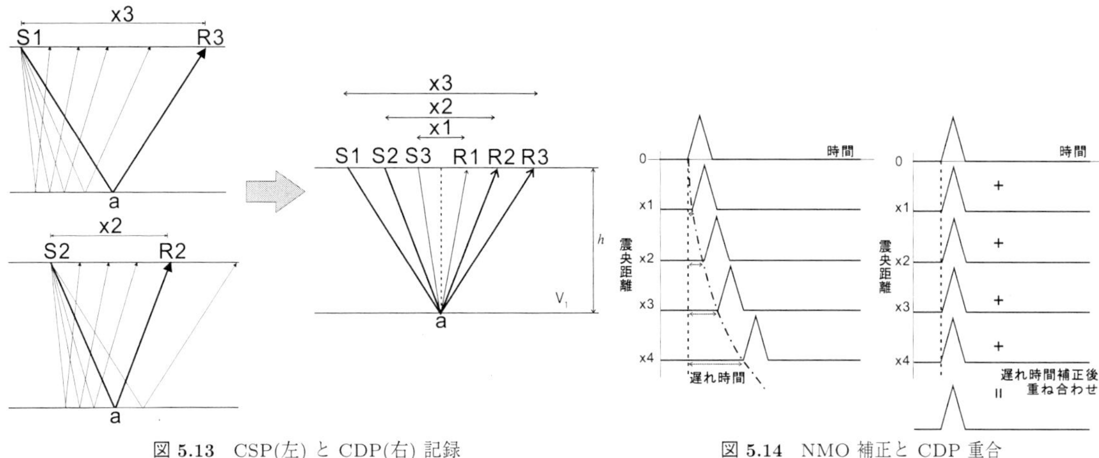

図 5.13 CSP(左) と CDP(右) 記録

図 5.14 NMO 補正と CDP 重合

応じた走時遅れだけ各観測点の記録を時間軸で前に引き戻せばよいことになる。この操作は，NMO (normal moveout) 補正と呼ばれている。具体的には，つぎのような操作が行われる。まず，ある速度を仮定し，各加振点と観測点の組の震央距離に応じた遅れ時間を計算して，その分だけ波形を時間軸で戻す。これらの操作をすべての記録に行い，それらの波形をすべて足し算する。この操作は，CDP 重合と呼ばれている。さまざまな速度を仮定して，CDP 重合を行い，重ね合わせた波形の振幅を求める。さまざまな速度での重合波形のなかで最も反射波の振幅が大きくなる速度を選べば，それが最も適切な速度と考えてよい。この速度での補正によって，反射波の到着時刻が図 5.14 の右図のように，震央距離がゼロの地点と同じに揃うことになり，反射波を強調するために最良の NMO 補正が行われたことを意味する。こうした操作では，複数の記録を積算することによってノイズに対して反射波のみの振幅を大きくすることができ，反射波を同定しやすくできることになる。

図 5.15 には，CSP 記録に NMO 補正を行い，さらに，それらを重合した結果 (右の波形) が示されている。各観測点に対してこのように重合した波形を並べることによって，各地点直下の地層境界面で反射した波でみた地層断面を得ることができる。これが反射法地震探査による地盤構造の推定の基本的な考え方である。このほかにも，反射波の SN 比を向上させるためにさまざまなデータ処理が行われている (たとえば，佐々ほか[6]，物理探査学会[8])。

5.2.5 地震探査の実例

関東平野は，大規模な平野であり，地震動予測を目的とした地震探査が数多く実施されてきた。とくに，同地域での長周期地震動に影響を及ぼす深部地盤構造を対象にした地震探査の結果について紹介する。

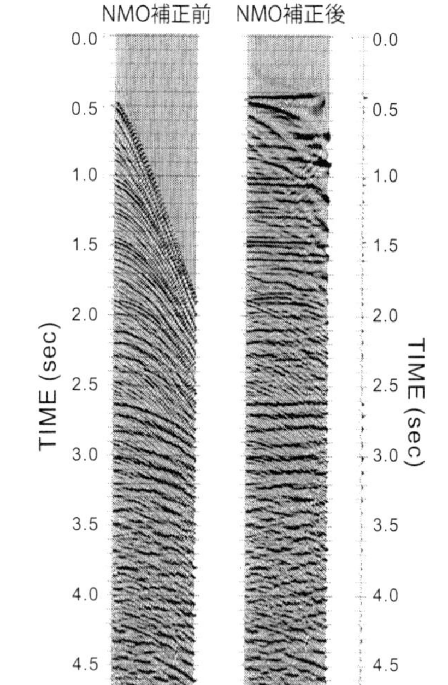

図 5.15 NMO 補正後の波形 (右)

図 5.16 は，東京都夢の島から西方の高尾山に向かう測線で実施された屈折法地震探査の結果である[11]。下の図は，夢の島の地中での火薬発破による地震波の上下成分の速度記録を示し，上の図は推定された P 波速度構造である。各記録の P 波初動の到着時間から得られる走時データの解析から P 波速度構造が推定された。高尾より西側では，地震基盤 (P 波速度 5.35 km/s) が地表附近に存在している。一方，関東平野の中央の夢の島では，地震基盤の深度は，約 2.5 km となっている。盆地中央部から端部に至る盆地特有の地下構造がみられる。

図 5.17 には，関東平野南西部の横浜市北部で実施さ

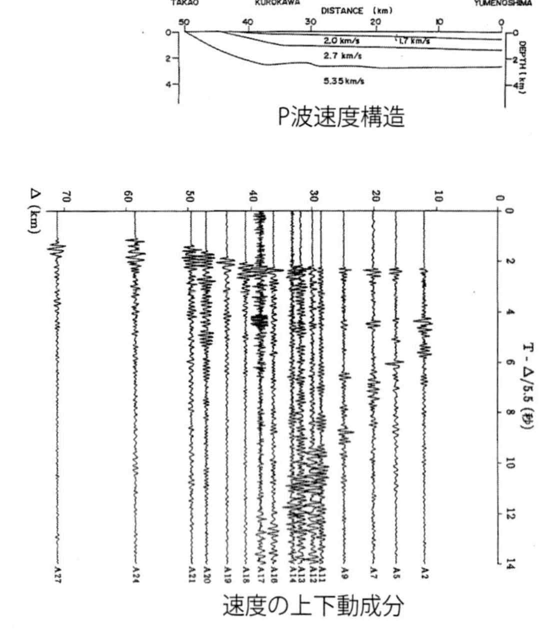

図 5.16　屈折法地震探査の例。上下動成分の速度記録 (下)[10] と P 波速度構造 (上)[11]

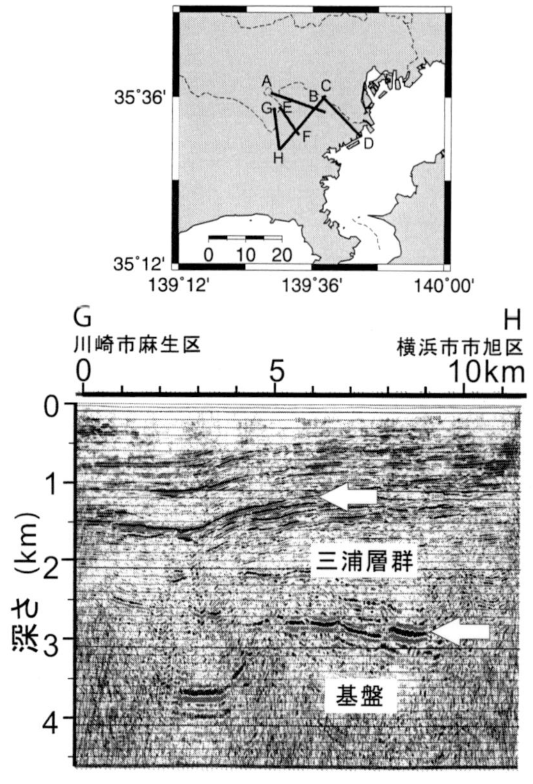

図 5.17　横浜北部 (G-H 測線) での地震探査の結果[12]

れた反射法地震探査による地層断面の可視化結果が示されている[12]。図の縦軸は深度で，横軸は測線上の距離であり，各距離の地点で CDP 重合された地震波記録を横に並べたものである。縦軸の深度は，各地層の速度が推定された後に反射波の往復時間から深度に換算されたものである。また，色の濃さで地震波の振幅の大きさを表示している。従って，色が濃い部分は，反射波の振幅が大きいことを意味している。図には，振幅の大きい反射波が連続していくつか認められ，顕著な反射面の存在を示している。黒線で示されているものは，ボーリングなどの他の地質データなども考慮して解釈された，主要な地層境界面である。最も下の基盤は先第三紀層であり，南 (H) から北 (G) に向かってやや浅くなり，真ん中付近で基盤深度が 2.7 km から 3.4 km と急に深くなっている。その上の境界面は，より新しい地層である三浦層群上面であると考えられており，基盤に比べると緩やかに変化している。屈折法地震探査の結果に比べると，反射法地震探査では，より詳細な地下の構造をイメージングすることが可能であることがわかる。

5.3　微 動 探 査 法

5.3.1　微動探査法の概要

微動探査法は重力探査とならんで，他の物理探査手法に比べて比較的簡単な観測といつでもどこでも観測が可能，という特徴によって広く用いられている。微動探査法は，特に日本で普及しているようであるが，その適用性の高さから近年では多くの国々で利用されるようになっている。

微動とは，体に感じないような微少な震動のことであるが，その震源は人工的な活動によるものと自然現象によるものがあると考えられている。人工的な活動とは，自動車や鉄道の走行，工場における機械類の運転など，人間の社会活動にともなって行われているさまざまな活動のことである。このような人間の社会活動に伴う震動の周波数帯域は比較的短周期のものが多く，ほとんどのものが 1 秒よりも短周期の震動である，と考えられている。

一方，自然現象にともなう微動は，主として海の波によるもので，その周期帯域は 1 秒よりも長周期であり，日本では 3 秒前後の周期の波が観測されることが多い。1 秒から 10 秒程度の周期帯をやや長周期領域と呼ぶことがあるが，このような周期帯域の微動のことを特に脈動と呼んで区別する場合がある。日本では，冬に観測される脈動は季節風で励起された日本海の高い波によるもの，夏に観測される脈動は太平洋のうねりが大陸棚にぶつかって生ずるもの，という説もある。実際，低気圧の接近に伴って遠く日本から離れた海域の波が高くなると，脈動のレベルも高くなる，という高い相関関係のあることが知られており，脈動レベルの変動から天気の変化を予測する，ということもかつては行われていたようである。

上に述べた通り，脈動は海の波をその震源とすると考えられるため，海岸から数千 km 以上も遠く離れた地域では脈動のレベルが極めて低くやや長周期領域ではほとんど微動を観測できないのではないか，との予測も成り立つが，実際に筆者が中国雲南省麗江盆地で行った観測では，海岸からはるかに数千 km も離れているにもかかわらず，十分なレベルの脈動を観測することができた。微動の震源に関しては，海の波以外にどのようなものが考えられるのか，海からほとんど減衰しないで伝播してくるのか，など興味のつきない話題である。

微動探査手法には，大きく分けて 2 つの手法が知られている。一つは，1 地点で直交水平 2 成分と鉛直成分の計 3 成分の微動を観測し，これを対象地域内を移動しながら多数の地点で記録していく，という単点観測の方法で，もう一つは，ある地点で正三角形またはそれに近い形状で多点で同時観測するというアレー観測を行う方法である。

前者については，通常は水平動と上下動のスペクトル比 (H/V) をとってそのピークを与える周期が基盤岩の相対的な深さの変化に対応する，ということを前提とした観測手法である。3 成分の単点観測は比較的容易に実施できるため，広域をカバーして相対的な基盤の変化を調べる，という目的には適当な手法である。しかし，基盤までの絶対値としての深さを知ることは難しいため，必要に応じてアレー観測を実施して両者の結果を見比べながら適切な地盤モデルを構築することが必要である。

アレー観測については，正三角形の頂点と中心の 4 点，または，正三角形を 2 重にした 7 点での同時観測を行うことが多い。観測記録の解析法によっては，アレーの形状として正三角形であることにはこだわらなくてもよいことになっているが，あまりいびつな形状のアレーを構成すると微動の伝播方向によっては，精度が著しく劣る場合があるので注意を要する。通常は，微動の上下動のみを観測し，観測された微動は主として Rayleigh 波の基本モードである，ということを仮定してその位相速度を推定する。そのうえで，得られた位相速度を満足するような地盤構造を探索する，という方法がとられる。

観測によって得られた分散曲線を満足するような速度構造は無数に存在しうるが，自由度を減らして現実的な解を得るためにさまざまな工夫が行われている。地質情報やボーリングなどの先見情報を利用することができれば，比較的容易に地盤構造を絞りこむことができる。また，そのような先見情報がない場合でも，アレーを構成する観測点の一部またはすべてで 3 成分の観測をして，H/V が Rayleigh 波の ellipticity (楕円率) に対応するであろう，という制約条件を与えたり，3 成分のアレー観測によって Love 波の位相速度も求めてこれを制約条件とする，表面波の高次モードまで利用する，あるいは，別の物理量として重力異常値から決まる密度構造を用いて構造の絞り込みを行う方法などが用いられている。

また，広い周波数帯域で位相速度を得るためにはアレーの大きさをさまざまに変化させながら観測をすることが必要となり，広域をカバーするように多数の地点でアレー観測を実施することは，困難な場合が多い。よって，広域での 3 次元構造を決定するためには，アレー観測だけではなく，先に述べた 1 地点での 3 成分観測を組み合わせたり，重力観測を併用した観測計画をたてることで効率よく，かつ高い精度の地盤構造探査を実現する，といった方法が用いられる場合もある。

以下では，現在，広く用いられている微動探査手法を概観し，その後，アレー観測記録の解析手法の一つである空間自己相関 (SPAC) 法の理論についてやや詳しく述べる。

5.3.2 水平動/上下動スペクトル比の利用

1 地点で 3 成分の微動を観測して水平動/上下動スペクトル比 (H/V) を計算し，そのピークを与える周期から基盤までの深さの相対的な変化を知ろうという方法は，その観測の容易さも手伝って非常に広く利用されている。しかし，その根拠となる物理的背景についてはいまだにはっきりとした結論が出ていない。特に，微動を構成する弾性波が実体波か，表面波か，ということでその物理的解釈が異なるが，最近では，微動は主として表面波で構成されているという考え方に基づいた解釈がなされることが多いようである。また，近年では拡散波動場の理論を適用することで H/V の物理的意味を明らかにし，地盤構造の推定に利用しようとする考え方もできている[13,14]。

微動が実体波で構成されると考えて，その場合には，H/V が地盤の増幅特性を直接的に表わすものである，とする手法が Nakamura's method[15] として世界的にも広く知られているが，その物理的な根拠については諸説がある。ただし，微動を数値的に発生させたいくつかのモデル計算によると，基盤と堆積層の音響インピーダンス比が大きい (コントラストがはっきりしている) 場合には，H/V のピーク周期は，実体波，表面波のいずれの波動として考えてもそれほど異なった値にはならない，ということが示されている。ただし，H/V の絶対値が地盤の増幅特性に対応するかどうか，についてはよくわからない，とされている(たとえば，Lachet and Bard[16])。実際，地震観測記録と微動を比較して，増幅率がうまく説明できるかどうかを調べた例は多いが，うまく対応がつく場合もあれば，そうでない場合もあるようである。

H/V のピーク周期の変化はある程度は基盤深さの空間的な変化に対応するものと考えられるが，対象とする地域で地層を構成する地盤材料がほぼ同じであるような場合にはピーク周期はどこかの音響インピーダンス比が大きい(速度コントラストが高い)境界に対応することが期待される。しかし，ひとつの対象地域内にさまざまな地盤材料が入り交じっているような場合には，場所によってピーク周期が対応する境界面が異なることになって，まったく現実とは異なる構造を推定してしまう危険があることにも注意が必要である。

これは，H/V だけからは判断が難しいが，微動が表面波，しかも Rayleigh 波が主たる成分である，と仮定できるならば，Rayleigh 波の ellipticity と H/V を比較することである程度は見当がつくものと期待される。しかし，次のアレー観測の項で述べるように 3 成分のアレー観測から Love 波と Rayleigh 波のエネルギー構成の比を求めると，Love 波がかなり高い割合で混じっており，このことを考慮すると，H/V がどの程度 Rayleigh 波の ellipticity の理論値に対応しなくてはならないか，という点についてはあまりよくわからない，というのが現状と言えよう。

図 5.18 にある場所において反射法によって得られている基盤までの深さと H/V のピーク周期の関係を反射法の東西測線にそってプロットしたものを挙げておく。折れ線が H/V のピーク周期で線の色の濃い，薄いは水平動成分のそれぞれ NS (南北)，EW (東西) 成分に対応している。● が反射法による解釈図から読み取った基盤岩までの深さをプロットしたものである。なんとなく，対応がついている，という程度であるが，大雑把には，H/V のピーク周期で基盤までの深さの相対的な変化が表現されていると言えるであろう。

当面は，3 成分単点観測から得られる記録において，利用できる量は H/V のピーク周期であり，必要ならば次に述べるアレー観測の記録とあわせて議論するのが妥当であろう，というのが筆者の本書の執筆時の考えである。

実際のところ，最近の地盤構造推定に関する研究の動向を見ていると，単純に H/V のみを用いる，という手法はかつてに比べて著しく減少し，次項に述べるアレー観測をおこなって，物理的意味が明確な位相速度を推定した上で速度構造を求めようとする手法が主流になってきているようである。3 成分単点観測による地盤構造の推定手法はその簡便さから広く普及したが，計測器の低価格化，特に GPS によって校正される高精度の時計の普及による記録の同期の容易化により，アレー観測を実施することに対する敷居が低くなった，ということも現在の傾向を後押ししているのではないか，と考えている。

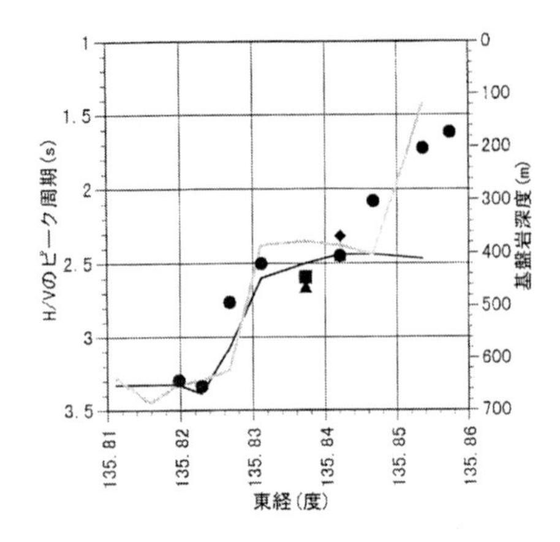

図 5.18　H/V のピーク周期と基盤岩までの深さの関係

5.3.3　アレー観測に基づく位相速度の推定法

アレー観測記録を用いた位相速度の推定法には，センブランス解析，周波数-波数スペクトル (F-K) 法，空間自己相関 (SPAC) 法がよく用いられる。

センブランス解析は狭いバンドパスフィルタをかけることで，周波数成分ごとに 2 地点間の波の相互相関を調べる，という手法である。相互相関関数の最も高いピークを与える時間が 2 点間の波の見かけの伝播時間である，とみなし，異なる方位をもつ観測地点間ごとに見かけの伝播時間を求めて伝播方向と伝播速度を推定する。これをさまざまな周波数について調べることで，群速度の分散曲線を得ることができる。

F-K 法は，時間と空間 2 次元の多次元フーリエ変換によって周波数-波数スペクトルを計算し，そのスペクトル値が大きいところから周波数ごとの伝播方向と伝播速度を推定する方法である。しかし，観測記録は時間方向の解像度の高さに比べて，空間方向の解像度が著しく低いために，直接，多重フーリエ変換を行っても，ノイズに信号が埋もれてしまい，正しく伝播速度を求めることは難しい。そこで，ノイズの影響を避けるために，ノイズを低減するための方法がいくつか提案されている。一つは，Beam Forming 法といわれる手法で，信号を重ね合わせる (スタッキングする) ことでノイズを低減させようという考え方である[17]。また，最尤法 (Maximum Likelihood Method; MLM) といわれる統計学的な手法を用いて最も尤もらしい部分を取り出す方法も用いられている[18]。MLM を用いた F-K 法は精度が高いと考えられており，近年では，F-K 法では多くの場合 MLM を用いて解析されている。

SPAC 法は微動が定常確率過程であるという仮定の元では，空間自己相関係数が位相速度の関数である，という関係式を用いて位相速度を求めようとするものである[19~21]。アレー観測の際に，観測点を同心円状に配置し，かつ，同じ円周上の観測点は互いに等間隔に並んでいなくてはならない，といった観測点配置上の制約が厳しかったこと，また，上に述べた 2 つの手法と異なり，波動の伝播方向を知ることはできない，といった特徴をもつために，1990 年頃まではほとんど用いられることはなかった。しかし，理論が非常に簡単で理解しやすいことなどが見直されて，近年，再評価され，広く用いられてきている。SPAC 法では原理的に空間自己相関係数を計算するために必要な記録は 2 地点での同時観測記録である，という点に着目して，2 点の同時観測を繰り返すことで，ある種の条件下では，通常の SPAC 法と同程度の精度で位相速度を推定することが可能であることも示されており，観測機材や人員の大幅な節約が可能となる手法も提案されている[22]。また，微動が Rayleigh 波と Love 波で構成されていると仮定して，3 成分のアレー観測記録から SPAC 法を用いて Rayleigh 波と Love 波を分離し，それぞれの位相速度を推定することも可能である[23~25]。

近年，アレーの中心にセンサーを必要としない Centerless Circular Array(CCA) 法の提案[26,27] や表面波の高次モードの取り扱いも考慮した SPAC 法の一般化[28] と拡張[29]，複素コヒーレンス関数 (CCF; complex coherence function) を用いた SPAC 法の新しい解釈と拡張[30]，CCF を用いた直線アレーによる Rayleigh 波の位相速度の推定法の提案[31]，地震波干渉法と SPAC 法との理論的関係[32] が明らかにされるなど，微動探査法にかかわる理論は大きく進展している。さらに，これらの理論に基づく解析プログラムが公開されており[33]，一昔前には想像もできなかったほど微動探査法の敷居は低くなっている。しかし，これらの理論のすべてを網羅することは筆者の能力を大きく越えるため，以下では空間自己相関法の基本的な理論について述べるに留める。

5.3.4 空間自己相関法 (上下動成分)

これまでアレー観測記録の解析において，しばしば利用されてきたのは微動の上下動成分のみを用いて Rayleigh 波の基本モードの位相速度を推定しようとする方法である。上下動成分には Love 波は含まれないので解析が容易である，ということがその主たる理由である。まず，本項では上下動成分に関する位相速度の推定法を示し，次項で 3 成分の微動観測した場合に Rayleigh 波と Love 波の位相速度を求める手法について述べる。

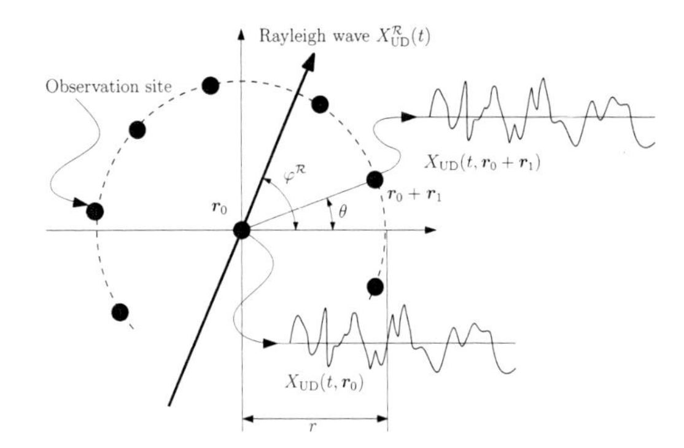

図 5.19 Rayleigh 波の伝播方向と観測点の配置

平面上の任意の位置ベクトル $\boldsymbol{r}$ における微動の上下動成分を $X_{UD}(t, \boldsymbol{r})$ と表わす。ここで，t は時刻を表わす。いま，$\boldsymbol{r}_0$ を中心とする半径 r の円形アレー上の中心点および円周上で微動を観測しているものとし，円周上の観測点の位置を $\boldsymbol{r}_0 + \boldsymbol{r}_1$ とする。このとき，適当な軸と，$\boldsymbol{r}_1$ がなす角を θ とすると，$\boldsymbol{r}_1 = (r\cos\theta, r\sin\theta)$ である。また，Rayleigh 波は $\varphi^{\mathcal{R}}$ の方向に伝播しているものとする。以上のパラメータを図 5.19 に示す。

各観測点 $\boldsymbol{r}_0$ および $\boldsymbol{r}_0 + \boldsymbol{r}_1$ における微動の上下動成分が Rayleigh 波のみから構成されていて，それが定常確率過程であると仮定すると，$X_{UD}(t, \boldsymbol{r})$ は 4.2.6 項において示したように，以下のようにスペクトル表示される。

$$X_{UD}(t, \boldsymbol{r}) = \iiint \exp\left[i\omega t + i\boldsymbol{k}^{\mathcal{R}}\boldsymbol{r}\right] dZ_{UD}(\omega, \boldsymbol{k}^{\mathcal{R}}) \tag{5.26}$$

ここで，ω，$\boldsymbol{k}^{\mathcal{R}}$ はそれぞれ Rayleigh 波の振動数，波数ベクトル，$dZ_{UD}(\omega, \boldsymbol{k}^{\mathcal{R}})$ は直交増分過程で，

$$E[dZ^*_{UD}(\omega, \boldsymbol{k}^{\mathcal{R}})dZ_{UD}(\omega', \boldsymbol{k}'^{\mathcal{R}})] = \begin{cases} E[|dZ_{UD}(\omega, \boldsymbol{k}^{\mathcal{R}})|^2] & (\text{if } \omega = \omega', \boldsymbol{k}^{\mathcal{R}} = \boldsymbol{k}'^{\mathcal{R}}) \\ 0 & (\text{if } \omega \neq \omega', \boldsymbol{k}^{\mathcal{R}} \neq \boldsymbol{k}'^{\mathcal{R}}) \end{cases} \tag{5.27}$$

を満たし，表面波の伝播方向にのみ値を有する関数となる。ただし，$E[\ \cdot\ ]$ は期待値演算，$*$ は複素共役を表わす。このとき，微動のパワースペクトル密度関数 $h_{UD}(\omega, \boldsymbol{k}^{\mathcal{R}})$ を用いて，

$$E[|dZ_{UD}(\omega, \boldsymbol{k}^{\mathcal{R}})|^2] = h_{UD}(\omega, \boldsymbol{k}^{\mathcal{R}})d\omega d\boldsymbol{k}^{\mathcal{R}} \tag{5.28}$$

と表わせる。

微動の上下動成分の 2 地点間の空間自己相関を求めると，

$$E[X^*_{UD}(t, \boldsymbol{r}_0)X_{UD}(t, \boldsymbol{r}_0 + \boldsymbol{r}_1)] = \iiint \exp[i\boldsymbol{k}^{\mathcal{R}}\boldsymbol{r}]h_{UD}(\omega, \boldsymbol{k}^{\mathcal{R}})d\omega d\boldsymbol{k}^{\mathcal{R}} \tag{5.29}$$

となる。ここで，$\boldsymbol{k}^{\mathcal{R}} = (k^{\mathcal{R}}\cos\varphi^{\mathcal{R}}, k^{\mathcal{R}}\sin\varphi^{\mathcal{R}})$ であるから，$d\boldsymbol{k}^{\mathcal{R}} = k^{\mathcal{R}}dk^{\mathcal{R}}d\varphi^{\mathcal{R}}$ が得られ，さらに，$\boldsymbol{r} = (r\cos\theta, r\sin\theta)$ なる関係を用いると，式 (5.29) は以下のように書き改められる。

$$S_{UD}(t,\boldsymbol{r}_0,\boldsymbol{r}_0+\boldsymbol{r}_1) \equiv E[X^*_{UD}(t,\boldsymbol{r}_0)X_{UD}(t,\boldsymbol{r}_0+\boldsymbol{r}_1)]$$
$$= \iiint \exp[ik^{\mathcal{R}}r\cos(\varphi^{\mathcal{R}}-\theta)] \quad (5.30)$$
$$\cdot h_{UD}(\omega, k^{\mathcal{R}}\cos\varphi^{\mathcal{R}}, k^{\mathcal{R}}\sin\varphi^{\mathcal{R}})k^{\mathcal{R}}d\omega dk^{\mathcal{R}}d\varphi^{\mathcal{R}}$$

Rayleigh 波が主として基本モードのみからなっていると仮定すると，$k^{\mathcal{R}}$ は ω の 1 価関数として表わすことができる。すなわち，適当な関数 $f(\omega)$ が存在して，$k^{\mathcal{R}} = f(\omega)$ の形で書ける。このとき，振動数 ω を固定してその成分波を考えるならば，波数 $k^{\mathcal{R}}$ も固定される。したがって，振動数 ω の成分波に関する表面波の空間自己相関は，

$$S_{UD}(r,\omega,\theta) = \int_{-\pi}^{\pi} \exp[ik^{\mathcal{R}}r\cos(\varphi^{\mathcal{R}}-\theta)] \cdot h_{UD}(\omega,k^{\mathcal{R}},\varphi^{\mathcal{R}})k^{\mathcal{R}}d\varphi^{\mathcal{R}} \quad (5.31)$$

となる。式 (5.31) において，$r = 0$ とおくと以下の微動の上下動成分のパワーを表わす式を得る。

$$\bar{S}_{UD}(0,\omega) \equiv S_{UD}(0,\omega,\theta) = \int_{-\pi}^{\pi} h_{UD}(\omega,k^{\mathcal{R}},\varphi^{\mathcal{R}})k^{\mathcal{R}}d\varphi^{\mathcal{R}} \quad (5.32)$$

次に，円形アレーの円周上の多数の点で観測をしているという仮定のもとで，式 (5.31) について θ に関する方位平均をとる。すなわち，

$$\bar{S}_{UD}(r,\omega) = \frac{1}{2\pi}\int_{-\pi}^{\pi} S_{UD}(r,\omega,\theta)d\theta = \frac{1}{2\pi}\int_{-\pi}^{\pi} h_{UD}(\omega,k^{\mathcal{R}},\varphi^{\mathcal{R}})k^{\mathcal{R}}d\varphi^{\mathcal{R}} \cdot \int_{-\pi}^{\pi}\exp[ik^{\mathcal{R}}r\cos(\varphi^{\mathcal{R}}-\theta)]d\theta \quad (5.33)$$

となる。ここで，

$$J_0(k^{\mathcal{R}}r) = \frac{1}{2\pi}\int_{-\pi}^{\pi}\exp[ik^{\mathcal{R}}r\cos(\varphi^{\mathcal{R}}-\theta)]d\theta \quad (5.34)$$

となることを利用すると，

$$\bar{S}_{UD}(r,\omega) = J_0(z^{\mathcal{R}}) \cdot \int_{-\pi}^{\pi} h_{UD}(\omega,k^{\mathcal{R}},\varphi^{\mathcal{R}})k^{\mathcal{R}}d\varphi^{\mathcal{R}} = \bar{S}_{UD}(0,\omega)\cdot J_0(z^{\mathcal{R}}) \quad (5.35)$$

となり，空間自己相関関数が求められる。ここで，$J_0(\cdot)$ は第 1 種 0 次ベッセル関数で，$z^{\mathcal{R}}$ は Rayleigh 波の位相速度 $c^{\mathcal{R}}(\omega)$ を用いて，$z^{\mathcal{R}} \equiv k^{\mathcal{R}}r = \omega r/c^{\mathcal{R}}(\omega)$ と表わされる。さらに，式 (5.32) に示す中心点 $(r = 0)$ における微動のパワーを用いて式 (5.35) を正規化すると，

$$\rho_{UD}(r,\omega) \equiv \frac{\bar{S}_{UD}(r,\omega)}{\bar{S}_{UD}(0,\omega)} = J_0(z^{\mathcal{R}}) \quad (5.36)$$

となり，空間自己相関係数が得られる。

岡田は[20]，空間自己相関係数を求めるための正規化にあたって，式 (5.36) のように $\bar{S}_{UD}(0,\omega)$ で正規化する代りに，中心点 $\boldsymbol{r}_0$ と円形アレーの円周上の観測点 $\boldsymbol{r}_0+\boldsymbol{r}_1$ におけるパワーの積の平方根を用いることで，観測システムの特性の違いなどによる観測点ごとの影響を取り除くことができ，より精度のよい結果が得られる，と述べている。すなわち，式 (5.36) の $\frac{\bar{S}_{UD}(r,\omega)}{\bar{S}_{UD}(0,\omega)}$ のかわりに

$$\rho_{UD}(r,\omega) = \frac{1}{2\pi}\int_{-\pi}^{\pi}\frac{S_{UD}(r,\omega,\theta)}{\sqrt{P_{UD}(0,0,\omega)\cdot P_{UD}(r,\theta,\omega)}}d\theta \quad (5.37)$$

によって空間自己相関係数を評価するのである。ここで，$P_{UD}(r,\theta,\omega)$ は $(r\cos\theta, r\sin\theta)$ における微動の上下動成分の振動数が ω なる成分波のパワーである。したがって，$r = 0$，$\theta = 0$ のとき，$P_{UD}(0,0,\omega) = \bar{S}_{UD}(0,\omega)$ である。

以上の理論展開によれば，式 (5.31) において振動数 ω をもつ微動の成分波を取り出して議論をしているため，観測記録から空間自己相関係数 $\rho_{UD}(r,\omega)$ を計算する際に成分波ごとに解析することが求められているようにみえる。しかし，時間領域で成分波ごとに相関を計算することは非常に計算時間を要するためあまり効率がよいとは言えない。松岡ら[21] が述べている通り，高速フーリエ変換を利用して振動数領域で空間自己相関係数を効率よく計算することが可能であるので，その考え方を以下に示す。

今，簡単のために中心点での波形を $x_o(t)$，半径 r の円形アレー上のある一点での波形を $x_r(t)$ と書き直す。この 2 点間での波形の空間自己相関は，相互相関関数

$$C_{or}(\tau) = E[x_o(t)x_r(t-\tau)] \quad (5.38)$$

において，$\tau = 0$ としたものに相当する。$x_o(t)$ と $x_r(t)$ のクロススペクトルを $S_{or}(\omega)$ とすると，相互相関関数は，

$$C_{or}(\tau) = \int_{-\infty}^{\infty} S_{or}(\omega)e^{i\omega\tau}d\omega \quad (5.39)$$

と表わされるので，$\tau = 0$ とすると，

$$C_{or}(0) = \int_{-\infty}^{\infty} S_{or}(\omega)d\omega \quad (5.40)$$

となる。この式は，$S_{or}(\omega)d\omega$ が $x_o(t)$ と $x_r(t)$ の同一時刻 $(\tau = 0)$ での相互相関の振動数 ω からの寄与分を表わすことを示している。

$S_{or}(\omega)$ の実部をコ・スペクトル $K_{or}(\omega)$ とすると虚部 (クオドラチャ・スペクトル) は奇関数であることから，

$$C_{or}(0) = \int_{-\infty}^{\infty} K_{or}(\omega)d\omega \quad (5.41)$$

と表わされる。この式より，$S_{or}(\omega)$ の実部が空間自己

相関において振動数 ω の成分波からの寄与分を表わしていることがわかる。

一方，有限時間 T なる 2 つの波形 $x_o(t)$，$x_r(t)$ のクロススペクトルは，それぞれのフーリエ変換 $X_o(\omega)$，$X_r(\omega)$ を用いて，

$$S_{or}(\omega) = \frac{2\pi}{T} E[X_o^*(\omega) X_r(\omega)] \tag{5.42}$$

によって求められる。$x_o(t)$，$x_r(t)$ から $X_o(\omega)$，$X_r(\omega)$ を数値的に求める際には，高速フーリエ変換 (Fast Fourier Transform; FFT) を用いることで容易に計算が可能である。実際の波形の記録時間が十分に長ければ，それを有限な時間 T ごとに区切って，それぞれの区間ごとに FFT を用いて複素フーリエ係数を求め，$X_o^*(\omega)$ と $X_r^*(\omega)$ の積を計算した後，算術平均を取ればよい。

以上より，式 (5.37) は，観測波形のフーリエ変換から容易に求められるクロススペクトルの実部を用いて書き直すことができる。すなわち，

$$\rho_{UD}(r, \omega) = \frac{1}{2\pi} \int_{-\pi}^{\pi} \frac{\Re[S_{or}(\omega, \theta)]}{\sqrt{S_{oo}(\omega) \cdot S_{rr}(\omega, \theta)}} d\theta \tag{5.43}$$

によって求められる。ここで，$\Re[\cdot]$ は実部を表わし，中心点での波形を $x_o(t)$，円形アレー上の点 $(r\cos\theta, r\sin\theta)$ における波形を $x_r(t, \theta)$，それぞれの複素フーリエ係数を $X_o(\omega)$，$X_r(\omega, \theta)$ とすると，

$$S_{or}(\omega, \theta) = \frac{2\pi}{T} E[X_o^*(\omega) X_r(\omega, \theta)] \tag{5.44a}$$

$$S_{oo}(\omega) = \frac{2\pi}{T} E[X_o^*(\omega) X_o(\omega)] \tag{5.44b}$$

$$S_{rr}(\omega, \theta) = \frac{2\pi}{T} E[X_r^*(\omega, \theta) X_r(\omega, \theta)] \tag{5.44c}$$

である。

このようにして，円形アレーにおける上下動の同時観測記録から式 (5.43) を用いて空間自己相関係数 $\rho_{UD}(r, \omega)$ を求めることができる。すなわち，観測記録から式 (5.36) の左辺が決定される。右辺は $z^{\mathcal{R}} = \omega r / c^{\mathcal{R}}(\omega)$ の関数であるが，r は観測の際に決定しており既知である。ω はパラメータとして種々の ω について式 (5.36) を満足する位相速度 $c^{\mathcal{R}}(\omega)$ を探すことによって Rayleigh 波の分散曲線が得られる。$\rho_{UD}(r, \omega)$ は $c^{\mathcal{R}}(\omega)$ の線形関数ではないため一意的に解を見つけることはできないが，一般には $\rho_{UD}(r, \omega)$ の最も長周期側の山から谷までの間で式 (5.36) を満足する $c^{\mathcal{R}}(\omega)$ をグリッドサーチのような手法を用いて探索すればよい。

5.3.5 空間自己相関法 (3 成分)

微動のアレー観測を行って地盤を推定しようとする場合，前項で述べたように，多くの場合，上下動成分のみを観測し，それに基づいて Rayleigh 波の位相速度を

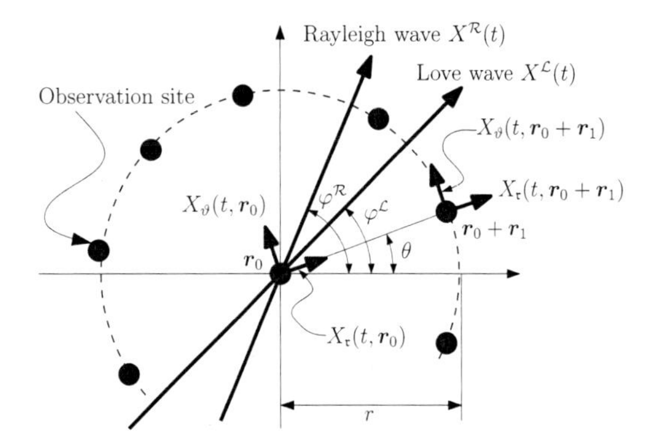

図 5.20　表面波の伝播方向と観測点の配置

推定しており，水平動成分に含まれる Love 波の位相速度についてはあまり関心が払われてこなかった。これは，多数の 3 成分地震計をアレーに展開して同時観測することが，実際の作業として非常に手間がかかる，ということと無関係ではないであろう。しかし，Rayleigh 波の位相速度のみならず，Love 波の位相速度を用いることで地盤の速度構造の推定精度を高め得る，という可能性も無視できない。

Aki[19] は，SPAC 法の提案に際して，Rayleigh 波ばかりでなく，Love 波の位相速度の推定法についても言及しているが，Rayleigh 波と Love 波を別々に定式化しているため，微動中の表面波の自然な表現にはなっていなかった。岡田・松島[23] はこの問題を改善するために，より適切な定式化に基づいて水平動の空間自己相関係数を誘導し，実際の観測記録に適用して妥当な結果を得ている[24]。また，山本ほか[34, 35]，西村・盛川[36] もそれぞれ岡田・松島の定式化[23] にしたがって 3 成分の微動アレー観測記録から Rayleigh 波と Love 波の位相速度を推定することに成功している。

以下では，岡田・松島[23] をもとに，Morikawa[25] にしたがって Rayleigh 波と Love 波が異なる方向に伝播している場合を陽な形で定式化し，3 成分のアレー観測記録を用いて表面波の位相速度を推定する方法を示す。

平面上の任意の位置ベクトル $\boldsymbol{r}$ における微動を $(X_\mathfrak{r}(t, \boldsymbol{r}), X_\vartheta(t, \boldsymbol{r}))$ と表わす。ここで，t は時刻を，$X_\mathfrak{r}$，X_ϑ はそれぞれある地点 $\boldsymbol{r}_0$ に対する微動の半径成分，接線成分である。いま，$\boldsymbol{r}_0$ を中心とする半径 r の円形アレー上の中心点および円周上で微動を観測しているものとし，円周上の観測点の位置を $\boldsymbol{r}_0 + \boldsymbol{r}_1$ とする。このとき，適当な軸と，$\boldsymbol{r}_1$ がなす角を θ とすると，$\boldsymbol{r}_1 = (r\cos\theta, r\sin\theta)$ である。また，Rayleigh 波および Love 波はそれぞれ $\varphi^{\mathcal{R}}$，$\varphi^{\mathcal{L}}$ の方向に伝播しているものとする。以上のパラメータを図 5.20 に示す。

各観測点 $\boldsymbol{r}_0$ および $\boldsymbol{r}_0 + \boldsymbol{r}_1$ における微動の水平動成分が Rayleigh 波と Love 波のみから構成されていると

すると，各観測点で観測される微動は，

$$X_{\mathfrak{r}}(t,\boldsymbol{r}) = X^{\mathcal{R}}(t,\boldsymbol{r})\cos(\varphi^{\mathcal{R}}-\theta) - X^{\mathcal{L}}(t,\boldsymbol{r})\sin(\varphi^{\mathcal{L}}-\theta) \quad (5.45)$$

$$X_{\vartheta}(t,\boldsymbol{r}) = X^{\mathcal{R}}(t,\boldsymbol{r})\sin(\varphi^{\mathcal{R}}-\theta) + X^{\mathcal{L}}(t,\boldsymbol{r})\cos(\varphi^{\mathcal{L}}-\theta) \quad (5.46)$$

と表わされる。ここで，$X^{\mathcal{R}}$，$X^{\mathcal{L}}$ はそれぞれ Rayleigh 波および Love 波を表わす。

4.2.6 項において示したように，微動が定常確率過程ならば $X^{\mathcal{S}}(t,\boldsymbol{r})$ は以下のようにスペクトル表示される。ただし，上付き文字 $^{\mathcal{S}}$ は Rayleigh 波または Love 波を表わしており，適宜，$^{\mathcal{R}}$ または $^{\mathcal{L}}$ と読み替えるものとする。このとき，

$$\cos(\varphi^{\mathcal{S}}-\theta)X^{\mathcal{S}}(t,\boldsymbol{r}) = \iiint \cos(\varphi^{\mathcal{S}}-\theta)\exp\left[i\omega t + i\boldsymbol{k}^{\mathcal{S}}\boldsymbol{r}\right]dZ^{\mathcal{S}}(\omega,\boldsymbol{k}^{\mathcal{S}})$$

$$\sin(\varphi^{\mathcal{S}}-\theta)X^{\mathcal{S}}(t,\boldsymbol{r}) = \iiint \sin(\varphi^{\mathcal{S}}-\theta)\exp\left[i\omega t + i\boldsymbol{k}^{\mathcal{S}}\boldsymbol{r}\right]dZ^{\mathcal{S}}(\omega,\boldsymbol{k}^{\mathcal{S}}) \quad (5.47)$$

である。ここで，ω，$\boldsymbol{k}^{\mathcal{S}}$ はそれぞれ振動数，波数ベクトル，$dZ^{\mathcal{S}}(\omega,\boldsymbol{k}^{\mathcal{S}})$ は直交増分過程で，

$$E[dZ^{\mathcal{S}*}(\omega,\boldsymbol{k}^{\mathcal{S}})dZ^{\mathcal{S}}(\omega',\boldsymbol{k}'^{\mathcal{S}})] = \begin{cases} E[|dZ^{\mathcal{S}}(\omega,\boldsymbol{k}^{\mathcal{S}})|^2] & (\text{if } \omega=\omega', \boldsymbol{k}^{\mathcal{S}}=\boldsymbol{k}'^{\mathcal{S}}) \\ 0 & (\text{if } \omega\neq\omega', \boldsymbol{k}^{\mathcal{S}}\neq\boldsymbol{k}'^{\mathcal{S}}) \end{cases} \quad (5.48)$$

を満たし，表面波の伝播方向にのみ値を有する関数となる。微動のパワースペクトル密度関数 $h^{\mathcal{S}}(\omega,\boldsymbol{k}^{\mathcal{S}})$ を用いると，以下のように表わせる。

$$E[|dZ^{\mathcal{S}}(\omega,\boldsymbol{k}^{\mathcal{S}})|^2] = h^{\mathcal{S}}(\omega,\boldsymbol{k}^{\mathcal{S}})d\omega d\boldsymbol{k}^{\mathcal{S}} \quad (5.49)$$

次に，微動の水平動成分の空間自己相関係数を求める。すなわち，半径成分，接線成分について，

$$\begin{aligned} E[X_{\mathfrak{r}}^*(t,\boldsymbol{r}_0)X_{\mathfrak{r}}(t,\boldsymbol{r}_0+\boldsymbol{r}_1)] &= E\big[\{\cos(\varphi^{\mathcal{R}}-\theta)X^{\mathcal{R}*}(t,\boldsymbol{r}_0)\} \cdot \{\cos(\varphi^{\mathcal{R}}-\theta)X^{\mathcal{R}}(t,\boldsymbol{r}_0+\boldsymbol{r}_1)\}\big] \\ &+ E\big[\{\sin(\varphi^{\mathcal{L}}-\theta)X^{\mathcal{L}*}(t,\boldsymbol{r}_0)\} \cdot \{\sin(\varphi^{\mathcal{L}}-\theta)X^{\mathcal{L}}(t,\boldsymbol{r}_0+\boldsymbol{r}_1)\}\big] \end{aligned} \quad (5.50)$$

$$\begin{aligned} E[X_{\vartheta}^*(t,\boldsymbol{r}_0)X_{\vartheta}(t,\boldsymbol{r}_0+\boldsymbol{r}_1)] &= E\big[\{\sin(\varphi^{\mathcal{R}}-\theta)X^{\mathcal{R}*}(t,\boldsymbol{r}_0)\} \cdot \{\sin(\varphi^{\mathcal{R}}-\theta)X^{\mathcal{R}}(t,\boldsymbol{r}_0+\boldsymbol{r}_1)\}\big] \\ &+ E\big[\{\cos(\varphi^{\mathcal{L}}-\theta)X^{\mathcal{L}*}(t,\boldsymbol{r}_0)\} \cdot \{\cos(\varphi^{\mathcal{L}}-\theta)X^{\mathcal{L}}(t,\boldsymbol{r}_0+\boldsymbol{r}_1)\}\big] \end{aligned} \quad (5.51)$$

を検討する。ただし，Rayleigh 波と Love 波は互いに独立であると仮定し，

$$E\big[\{\cos(\varphi^{\mathcal{R}}-\theta)X^{\mathcal{R}*}(t,\boldsymbol{r}_0)\} \cdot \{\sin(\varphi^{\mathcal{L}}-\theta)X^{\mathcal{L}}(t,\boldsymbol{r}_0+\boldsymbol{r}_1)\}\big] = 0 \quad (5.52)$$

$$E\big[\{\sin(\varphi^{\mathcal{L}}-\theta)X^{\mathcal{L}*}(t,\boldsymbol{r}_0)\} \cdot \{\cos(\varphi^{\mathcal{R}}-\theta)X^{\mathcal{R}}(t,\boldsymbol{r}_0+\boldsymbol{r}_1)\}\big] = 0 \quad (5.53)$$

$$E\big[\{\sin(\varphi^{\mathcal{R}}-\theta)X^{\mathcal{R}*}(t,\boldsymbol{r}_0)\} \cdot \{\cos(\varphi^{\mathcal{L}}-\theta)X^{\mathcal{L}}(t,\boldsymbol{r}_0+\boldsymbol{r}_1)\}\big] = 0 \quad (5.54)$$

$$E\big[\{\cos(\varphi^{\mathcal{L}}-\theta)X^{\mathcal{L}*}(t,\boldsymbol{r}_0)\} \cdot \{\sin(\varphi^{\mathcal{R}}-\theta)X^{\mathcal{R}}(t,\boldsymbol{r}_0+\boldsymbol{r}_1)\}\big] = 0 \quad (5.55)$$

を用いた。

次に，式 (5.50)，(5.51) の Rayleigh 波および Love 波の空間自己相関を求める。式 (5.48) を用いると，以下の関係式が得られる。

$$\begin{aligned} &E\big[\{\cos(\varphi^{\mathcal{S}}-\theta)X^{\mathcal{S}*}(t,\boldsymbol{r}_0)\} \cdot \{\cos(\varphi^{\mathcal{S}}-\theta)X^{\mathcal{S}}(t,\boldsymbol{r}_0+\boldsymbol{r}_1)\}\big] \\ &= \iiint \cos^2(\varphi^{\mathcal{S}}-\theta)\exp[i\boldsymbol{k}^{\mathcal{S}}\boldsymbol{r}]h^{\mathcal{S}}(\omega,\boldsymbol{k}^{\mathcal{S}})d\omega d\boldsymbol{k}^{\mathcal{S}} \end{aligned} \quad (5.56\text{a})$$

$$\begin{aligned} &E\big[\{\sin(\varphi^{\mathcal{S}}-\theta)X^{\mathcal{S}*}(t,\boldsymbol{r}_0)\} \cdot \{\sin(\varphi^{\mathcal{S}}-\theta)X^{\mathcal{S}}(t,\boldsymbol{r}_0+\boldsymbol{r}_1)\}\big] \\ &= \iiint \sin^2(\varphi^{\mathcal{S}}-\theta)\exp[i\boldsymbol{k}^{\mathcal{S}}\boldsymbol{r}]h^{\mathcal{S}}(\omega,\boldsymbol{k}^{\mathcal{S}})d\omega d\boldsymbol{k}^{\mathcal{S}} \end{aligned} \quad (5.56\text{b})$$

ここで，$\boldsymbol{k}^{\mathcal{S}} = (k^{\mathcal{S}}\cos\varphi^{\mathcal{S}}, k^{\mathcal{S}}\sin\varphi^{\mathcal{S}})$ であるから，$d\boldsymbol{k}^{\mathcal{S}} = k^{\mathcal{S}}dk^{\mathcal{S}}d\varphi^{\mathcal{S}}$ が得られ，さらに，$\boldsymbol{r} = (r\cos\theta, r\sin\theta)$ なる関係を用いると，式 (5.56a)，(5.56b) は以下のように書き改められる。

$$\begin{aligned} S_c^{\mathcal{S}}(t,\boldsymbol{r}_0,\boldsymbol{r}_0+\boldsymbol{r}_1) &\equiv E\big[\{\cos(\varphi^{\mathcal{S}}-\theta)X^{\mathcal{S}*}(t,\boldsymbol{r}_0)\} \cdot \{\cos(\varphi^{\mathcal{S}}-\theta)X^{\mathcal{S}}(t,\boldsymbol{r}_0+\boldsymbol{r}_1)\}\big] \\ &= \iiint \cos^2(\varphi^{\mathcal{S}}-\theta)\exp[ik^{\mathcal{S}}r\cos(\varphi^{\mathcal{S}}-\theta)] \cdot h^{\mathcal{S}}(\omega, k^{\mathcal{S}}\cos\varphi^{\mathcal{S}}, k^{\mathcal{S}}\sin\varphi^{\mathcal{S}})k^{\mathcal{S}}d\omega dk^{\mathcal{S}}d\varphi^{\mathcal{S}} \end{aligned} \quad (5.57\text{a})$$

$$\begin{aligned} S_s^{\mathcal{S}}(t,\boldsymbol{r}_0,\boldsymbol{r}_0+\boldsymbol{r}_1) &\equiv E\big[\{\sin(\varphi^{\mathcal{S}}-\theta)X^{\mathcal{S}*}(t,\boldsymbol{r}_0)\} \cdot \{\sin(\varphi^{\mathcal{S}}-\theta)X^{\mathcal{S}}(t,\boldsymbol{r}_0+\boldsymbol{r}_1)\}\big] \\ &= \iiint \sin^2(\varphi^{\mathcal{S}}-\theta)\exp[ik^{\mathcal{S}}r\cos(\varphi^{\mathcal{S}}-\theta)] \cdot h^{\mathcal{S}}(\omega, k^{\mathcal{S}}\cos\varphi^{\mathcal{S}}, k^{\mathcal{S}}\sin\varphi^{\mathcal{S}})k^{\mathcal{S}}d\omega dk^{\mathcal{S}}d\varphi^{\mathcal{S}} \end{aligned} \quad (5.57\text{b})$$

表面波が主として基本モードのみからなっていると仮定すると，$k^{\mathcal{S}}$ は ω の 1 価関数として表わすことができる。すなわち，適当な関数 $f(\omega)$ が存在して，$k^{\mathcal{S}} = f(\omega)$

の形で書ける。このとき，振動数 ω を固定してその成分波を考えるならば，波数 $k^{\mathcal{S}}$ も固定される。したがって，振動数 ω の成分波に関する表面波の空間自己相関は，

$$S_c^{\mathcal{S}}(r,\omega,\theta) = \int_{-\pi}^{\pi} \cos^2(\varphi^{\mathcal{S}} - \theta) \cdot \exp[ik^{\mathcal{S}} r\cos(\varphi^{\mathcal{S}} - \theta)] h^{\mathcal{S}}(\omega, k^{\mathcal{S}}, \varphi^{\mathcal{S}}) k^{\mathcal{S}} d\varphi^{\mathcal{S}} \tag{5.58a}$$

$$S_s^{\mathcal{S}}(r,\omega,\theta) = \int_{-\pi}^{\pi} \sin^2(\varphi^{\mathcal{S}} - \theta) \cdot \exp[ik^{\mathcal{S}} r\cos(\varphi^{\mathcal{S}} - \theta)] h^{\mathcal{S}}(\omega, k^{\mathcal{S}}, \varphi^{\mathcal{S}}) k^{\mathcal{S}} d\varphi^{\mathcal{S}} \tag{5.58b}$$

となる。

式 (5.58a)，(5.58b) の上付き文字 $^{\mathcal{S}}$ を $^{\mathcal{R}}$ および $^{\mathcal{L}}$ で読み替えて，式 (5.50) に代入し，微動の半径成分の振動数 ω なる成分波に関する空間自己相関を求めると以下のようになる。

$$\begin{aligned} S_{\mathfrak{r}}(r,\omega,\theta) &= \int_{-\pi}^{\pi} \cos^2(\varphi^{\mathcal{R}} - \theta) \exp[ik^{\mathcal{R}} r\cos(\varphi^{\mathcal{R}} - \theta)] \cdot h^{\mathcal{R}}(\omega, k^{\mathcal{R}}, \varphi^{\mathcal{R}}) k^{\mathcal{R}} d\varphi^{\mathcal{R}} \\ &+ \int_{-\pi}^{\pi} \sin^2(\varphi^{\mathcal{L}} - \theta) \exp[ik^{\mathcal{L}} r\cos(\varphi^{\mathcal{L}} - \theta)] \cdot h^{\mathcal{L}}(\omega, k^{\mathcal{L}}, \varphi^{\mathcal{L}}) k^{\mathcal{L}} d\varphi^{\mathcal{L}} \end{aligned} \tag{5.59}$$

式 (5.59) において，$r = 0$ とおくと，

$$\begin{aligned} S_{\mathfrak{r}}(0,\omega,\theta) &= \int_{-\pi}^{\pi} \cos^2(\varphi^{\mathcal{R}} - \theta) h^{\mathcal{R}}(\omega, k^{\mathcal{R}}, \varphi^{\mathcal{R}}) k^{\mathcal{R}} d\varphi^{\mathcal{R}} \\ &+ \int_{-\pi}^{\pi} \sin^2(\varphi^{\mathcal{L}} - \theta) h^{\mathcal{L}}(\omega, k^{\mathcal{L}}, \varphi^{\mathcal{L}}) k^{\mathcal{L}} d\varphi^{\mathcal{L}} \end{aligned} \tag{5.60}$$

となり，微動のパワーに関する関係式を得る。

次に，円形アレーの円周上の多数の点で観測をしているという仮定のもとで，式 (5.59) について θ に関する方位平均をとる。

$$\begin{aligned} \bar{S}_{\mathfrak{r}}(r,\omega) &= \frac{1}{2\pi} \int_{-\pi}^{\pi} h^{\mathcal{R}}(\omega, k^{\mathcal{R}}, \varphi^{\mathcal{R}}) k^{\mathcal{R}} d\varphi^{\mathcal{R}} \cdot \int_{-\pi}^{\pi} \cos^2(\varphi^{\mathcal{R}} - \theta) \exp[ik^{\mathcal{R}} r\cos(\varphi^{\mathcal{R}} - \theta)] d\theta \\ &+ \frac{1}{2\pi} \int_{-\pi}^{\pi} h^{\mathcal{L}}(\omega, k^{\mathcal{L}}, \varphi^{\mathcal{L}}) k^{\mathcal{L}} d\varphi^{\mathcal{L}} \cdot \int_{-\pi}^{\pi} \sin^2(\varphi^{\mathcal{L}} - \theta) \exp[ik^{\mathcal{L}} r\cos(\varphi^{\mathcal{L}} - \theta)] d\theta \end{aligned} \tag{5.61}$$

式 (5.74b)，(5.75) を用いて式 (5.61) の積分を実行すると，半径成分の空間自己相関関数が以下のように求められる。

$$\begin{aligned} \bar{S}_{\mathfrak{r}}(r,\omega) &= \frac{J_1(z^{\mathcal{L}})}{z^{\mathcal{L}}} \int_{-\pi}^{\pi} h^{\mathcal{L}}(\omega, k^{\mathcal{L}}, \varphi^{\mathcal{L}}) k^{\mathcal{L}} d\varphi^{\mathcal{L}} \\ &+ \left\{ J_0(z^{\mathcal{R}}) - \frac{J_1(z^{\mathcal{R}})}{z^{\mathcal{R}}} \right\} \int_{-\pi}^{\pi} h^{\mathcal{R}}(\omega, k^{\mathcal{R}}, \varphi^{\mathcal{R}}) k^{\mathcal{R}} d\varphi^{\mathcal{R}} \end{aligned} \tag{5.62}$$

ここで，$J_0(\,\cdot\,)$，$J_1(\,\cdot\,)$ はそれぞれ第 1 種 0 次および 1 次のベッセル関数である。また，$z^{\mathcal{R}}$ および $z^{\mathcal{L}}$ は，$z^{\mathcal{R}} \equiv k^{\mathcal{R}} r = \omega r / c^{\mathcal{R}}(\omega)$, $z^{\mathcal{L}} \equiv k^{\mathcal{L}} r = \omega r / c^{\mathcal{L}}(\omega)$ と定義され，$c^{\mathcal{R}}(\omega)$, $c^{\mathcal{L}}(\omega)$ はそれぞれ Rayleigh 波，Love 波の位相速度である。

同様にして接線成分についても以下のように空間自己相関関数を求めることができる。

$$\begin{aligned} \bar{S}_{\vartheta}(r,\omega) &= \frac{J_1(z^{\mathcal{R}})}{z^{\mathcal{R}}} \int_{-\pi}^{\pi} h^{\mathcal{R}}(\omega, k^{\mathcal{R}}, \varphi^{\mathcal{R}}) k^{\mathcal{R}} d\varphi^{\mathcal{R}} \\ &+ \left\{ J_0(z^{\mathcal{L}}) - \frac{J_1(z^{\mathcal{L}})}{z^{\mathcal{L}}} \right\} \int_{-\pi}^{\pi} h^{\mathcal{L}}(\omega, k^{\mathcal{L}}, \varphi^{\mathcal{L}}) k^{\mathcal{L}} d\varphi^{\mathcal{L}} \end{aligned} \tag{5.63}$$

$J_0(0) = 1$，$\lim_{z \to 0} J_1(z)/z = 1/2$ を式 (5.62)，(5.63) に用いると，微動のパワーに関する以下の関係式を得る。

$$\begin{aligned} \bar{S}_{\mathfrak{r}}(0,\omega) = \bar{S}_{\vartheta}(0,\omega) &= \frac{1}{2} \int_{-\pi}^{\pi} h^{\mathcal{R}}(\omega, k^{\mathcal{R}}, \varphi^{\mathcal{R}}) k^{\mathcal{R}} d\varphi^{\mathcal{R}} \\ &+ \frac{1}{2} \int_{-\pi}^{\pi} h^{\mathcal{L}}(\omega, k^{\mathcal{L}}, \varphi^{\mathcal{L}}) k^{\mathcal{L}} d\varphi^{\mathcal{L}} \end{aligned} \tag{5.64}$$

ここで，k が ω の 1 価関数であることを利用して，

$$\frac{1}{2} \int_{-\pi}^{\pi} h^{\mathcal{R}}(\omega, k^{\mathcal{R}}, \varphi^{\mathcal{R}}) k^{\mathcal{R}} d\varphi^{\mathcal{R}} \equiv h_0^{\mathcal{R}}(\omega; k^{\mathcal{R}}) = h_0^{\mathcal{R}}(\omega)$$

$$\frac{1}{2} \int_{-\pi}^{\pi} h^{\mathcal{L}}(\omega, k^{\mathcal{L}}, \varphi^{\mathcal{L}}) k^{\mathcal{L}} d\varphi^{\mathcal{L}} \equiv h_0^{\mathcal{L}}(\omega; k^{\mathcal{L}}) = h_0^{\mathcal{L}}(\omega)$$

とおけるので，

$$\bar{S}_{\mathfrak{r}}(0,\omega) = \bar{S}_{\vartheta}(0,\omega) = \frac{1}{2} h_0^{\mathcal{R}}(\omega) + \frac{1}{2} h_0^{\mathcal{L}}(\omega) \tag{5.65}$$

と書ける。これは，微動の半径成分と接線成分が Rayleigh 波と Love 波のパワーをそれぞれ半分ずつ分担している，という表現となっている。

方位平均によって求められた空間自己相関関数を中心点 $\boldsymbol{r}_0$ におけるパワーで正規化して空間自己相関係数を求める。まず，式 (5.62)，(5.63)，(5.64) の空間自己相関関数を $h_0^{\mathcal{R}}(\omega)$, $h_0^{\mathcal{L}}(\omega)$ を用いて書き直すとそれぞれ以下のようになる。

$$\bar{S}_{\mathfrak{r}}(r,\omega) = \frac{J_1(z^{\mathcal{L}})}{z^{\mathcal{L}}} h_0^{\mathcal{L}}(\omega) + \left\{ J_0(z^{\mathcal{R}}) - \frac{J_1(z^{\mathcal{R}})}{z^{\mathcal{R}}} \right\} h_0^{\mathcal{R}}(\omega) \tag{5.66a}$$

$$\bar{S}_{\vartheta}(r,\omega) = \frac{J_1(z^{\mathcal{R}})}{z^{\mathcal{R}}} h_0^{\mathcal{R}}(\omega) + \left\{ J_0(z^{\mathcal{L}}) - \frac{J_1(z^{\mathcal{L}})}{z^{\mathcal{L}}} \right\} h_0^{\mathcal{L}}(\omega) \tag{5.66b}$$

$$\bar{S}_{\mathfrak{r}}(0,\omega) = \bar{S}_{\vartheta}(0,\omega) = \frac{1}{2} \left\{ h_0^{\mathcal{R}}(\omega) + h_0^{\mathcal{L}}(\omega) \right\} \tag{5.66c}$$

微動のパワーに関する関係式 (5.66c) を用いて式 (5.66a) および (5.66b) を正規化し，さらに，次項で示す式 (5.76) を用いて整理すると，

$$\frac{\bar{S}_{\mathfrak{r}}(r,\omega)}{\bar{S}_{\mathfrak{r}}(0,\omega)} = \{J_0(z^{\mathcal{R}}) - J_2(z^{\mathcal{R}})\}\mathfrak{R}^{\mathcal{R}} + \{J_0(z^{\mathcal{L}}) + J_2(z^{\mathcal{L}})\}(1-\mathfrak{R}^{\mathcal{R}}) \quad (5.67)$$

$$\frac{\bar{S}_{\vartheta}(r,\omega)}{\bar{S}_{\vartheta}(0,\omega)} = \{J_0(z^{\mathcal{R}}) + J_2(z^{\mathcal{R}})\}\mathfrak{R}^{\mathcal{R}} + \{J_0(z^{\mathcal{L}}) - J_2(z^{\mathcal{L}})\}(1-\mathfrak{R}^{\mathcal{R}}) \quad (5.68)$$

となる。ここで，$\mathfrak{R}^{\mathcal{R}}$ は Rayleigh 波のパワー比で

$$\mathfrak{R}^{\mathcal{R}} = \frac{h_0^{\mathcal{R}}(\omega)}{h_0^{\mathcal{R}}(\omega) + h_0^{\mathcal{L}}(\omega)} \quad (5.69)$$

である。以上により，微動の水平動成分の空間自己相関係数が求められた。

式 (5.67), (5.68) の左辺は観測記録のクロススペクトルの実部を使って容易に計算可能である。一方，右辺は，3 つの未知数 $z^{\mathcal{R}}$, $z^{\mathcal{L}}$, $\mathfrak{R}^{\mathcal{R}}$ を含む非線形関数である。微動の上下動に関しては，既に空間自己相関係数と $z^{\mathcal{R}}$ の関係式が得られているので，3 つの未知数に対して 3 つの関係式が得られていることになる。

得られた関係式から，直接，未知数を一意に求めることは難しいが，グリッドサーチなどの方法を使って力ずくで未知数を探せば，位相速度を推定できる。なお，微動の上下動記録は Rayleigh 波のみを含む (と仮定している) ため，上下動記録から単独で Rayleigh 波の位相速度を求めることが可能である。この場合は，式 (5.67), (5.68) を解く際に，$z^{\mathcal{R}}$ を既知量として扱える。

以下では，微動の半径成分と接線成分に関する空間相互相関関数について簡単に検討を加えておく。次式で表わされる空間相互相関を考える。

$$\begin{aligned} &E[X_{\mathfrak{r}}^*(t,\boldsymbol{r}_0)X_{\vartheta}(t,\boldsymbol{r}_0+\boldsymbol{r}_1)] \\ &= E[X_{\vartheta}^*(t,\boldsymbol{r}_0)X_{\mathfrak{r}}(t,\boldsymbol{r}_0+\boldsymbol{r}_1)] \\ &= \sin(\varphi^{\mathcal{R}}-\theta)\cos(\varphi^{\mathcal{R}}-\theta) \\ &\qquad \cdot E[X^{\mathcal{R}*}(t,\boldsymbol{r}_0)X^{\mathcal{R}}(t,\boldsymbol{r}_0+\boldsymbol{r}_1)] \\ &\quad - \sin(\varphi^{\mathcal{L}}-\theta)\cos(\varphi^{\mathcal{L}}-\theta) \\ &\qquad \cdot E[X^{\mathcal{L}*}(t,\boldsymbol{r}_0)X^{\mathcal{L}}(t,\boldsymbol{r}_0+\boldsymbol{r}_1)] \end{aligned} \quad (5.70)$$

これまでの議論と同様にして，式 (5.57a) を式 (5.70) に代入し，振動数 ω なる成分波について θ に関する方位平均をとると，

$$\begin{aligned} \bar{S}_{\mathfrak{r}\vartheta}(r,\omega) &= \frac{1}{2\pi}\int_{-\pi}^{\pi} \sin(\varphi^{\mathcal{R}}-\theta)\cos(\varphi^{\mathcal{R}}-\theta) \\ &\quad \cdot \int_{-\pi}^{\pi} \exp[ik^{\mathcal{R}} r\cos(\varphi^{\mathcal{R}}-\theta)] \\ &\qquad \cdot h^{\mathcal{R}}(\omega,k^{\mathcal{R}},\varphi^{\mathcal{R}})k^{\mathcal{R}}d\varphi^{\mathcal{R}}d\theta \\ &\quad - \frac{1}{2\pi}\int_{-\pi}^{\pi} \sin(\varphi^{\mathcal{L}}-\theta)\cos(\varphi^{\mathcal{L}}-\theta) \\ &\quad \cdot \int_{-\pi}^{\pi} \exp[ik^{\mathcal{L}} r\cos(\varphi^{\mathcal{L}}-\theta)] \\ &\qquad \cdot h^{\mathcal{L}}(\omega,k^{\mathcal{L}},\varphi^{\mathcal{L}})k^{\mathcal{L}}d\varphi^{\mathcal{L}}d\theta \end{aligned} \quad (5.71)$$

となる。ところが，θ に関する積分に注目すると，第 1 項，第 2 項ともに，被積分関数がいずれも奇関数であるので，その積分は 0 となる。よって，

$$\bar{S}_{\mathfrak{r}\vartheta}(r,\omega) = 0 \quad (5.72)$$

である。

このことより，もしも，観測された微動記録の半径成分と接線成分の空間相互相関関数が 0 にならなければ，それは，その観測記録と本項で導入した仮定とが整合していないということを意味する。すなわち，微動が Rayleigh 波と Love 波のみからできていて，それらが互いに独立である，という仮定が満足されていない場合には $\bar{S}_{\mathfrak{r}\vartheta}(r,\omega) \neq 0$ となるのである。

したがって，3 成分の微動アレー観測記録を用いて Love 波の位相速度を推定しようとする場合には，本項の手法が観測記録に対して適用可能かどうかを式 (5.72) を用いて確認できる。しかし，その一方で，観測記録から求められた $\bar{S}_{\mathfrak{r}\vartheta}(r,\omega)$ が厳密に 0 となることはほとんど期待できないため，$\bar{S}_{\mathfrak{r}\vartheta}(r,\omega)$ の値としてどの程度の値であれば誤差として認め得るかといった点について，今後，検討する必要があろう。

5.3.6 補　　遺

ここまでの議論の理解の助けとするために 5.3.5 項で用いた定積分の値と，低次の第 1 種ベッセル関数に関する関係式を整理しておく。

一般に，

$$J_\nu(z) = \frac{\left(\frac{z}{2}\right)^\nu}{\Gamma\left(\nu+\frac{1}{2}\right)\Gamma\left(\frac{1}{2}\right)}\int_0^{\pi} e^{\pm iz\cos\varphi}\sin^{2\nu}\varphi\, d\varphi \quad (5.73)$$

が成り立つ[37]。ここで $J_\nu(\cdot)$ は第 1 種 ν 次のベッセル関数である。従って，$\Gamma(1/2)=\sqrt{\pi}$, $\Gamma(3/2)=\sqrt{\pi}/2$ を使って，以下の関係式を得る。

$$J_0(z) = \frac{1}{2\pi}\int_{-\pi}^{\pi} \exp\left[\pm iz\cos\varphi\right] d\varphi \quad (5.74a)$$

$$J_1(z) = \frac{z}{2\pi}\int_{-\pi}^{\pi} \sin^2\varphi \exp\left[\pm iz\cos\varphi\right] d\varphi \quad (5.74b)$$

さらに，これらの関係式から，

$$zJ_0(z) - J_1(z) = \frac{z}{2\pi}\int_{-\pi}^{\pi} \cos^2\varphi \exp\left[\pm iz\cos\varphi\right] d\varphi \quad (5.75)$$

が得られる。また，

$$J_2(z) = \frac{2}{z}J_1(z) - J_0(z) \quad (5.76)$$

である[37]。

5.3.7 2 地点の同時観測に基づく SPAC 法 (2sSPAC 法)

既に述べた通り，SPAC 法を用いて位相速度を精度

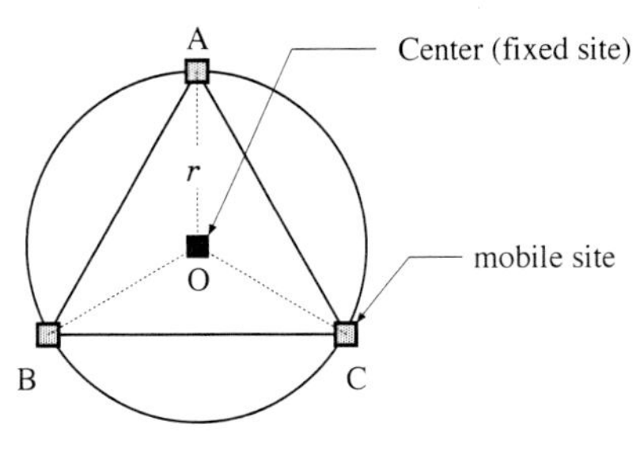

図 **5.21**　正三角形アレー

よく推定するためにはアレーを構成するにあたって，正三角形とその中心の少なくとも 4 ヶ所，可能であればさらにもう一回り大きな正三角形をとって 7 ヶ所に観測点を設置して同時観測を行う必要がある。多点同時アレー観測を実施するためには，観測機器の調整から運搬，観測記録の同時性の確保，移動まで大変な労力を必要とし，また観測点数が増える程，トラブル発生の可能性も高くなる。そのため，簡単にどこででも観測を実施するということは現実的には難しい。

このようなアレー観測における困難さを避けるために，Morikawa *et al.*[22] は，SPAC 法の理論をもとに，2 点同時観測の繰り返しによって多点同時観測の場合とほぼ同等の精度で位相速度を推定することが可能な 2 点空間自己相関法 (two-site spatial auto-correlation method; 2sSPAC 法) を提案している。この手法によれば，観測には時間がかかるものの，機材の調達や整備に要する労力など，アレー観測における多くの困難を回避することが可能である。

SPAC 法は，脈動が定常確率過程であるという仮定のもとで，円形アレーを用いた脈動観測記録の上下動成分から Rayleigh 波の基本モードの位相速度を推定する方法である。Aki[19] は，微動を isotropic wave と仮定してこの方法を適用しているが，Henstridge[38] は，微動が必ずしも isotropic wave でなく，微動の到来方向が一方向であると推定し得る場合でもこの方法が適用できることを示している。簡単のため，図 5.21 に示すような中心点から距離 r だけ離れた 3 つの移動観測点から構成される円形 (正三角形) アレーを考える。脈動が時空間的に定常であると仮定すると，最低限中心点と移動観測点の 2 点間で観測記録の同時性さえ確保できていればよいことになる。このとき，中心点と移動観測点との 2 点間の空間自己相関は，式 (5.43) の被積分関数を用いて，

$$\gamma_{UD}(r,\omega,\theta) = \frac{\Re[S_{or}(\omega,\theta)]}{\sqrt{S_{oo}(\omega)\cdot S_{rr}(\omega,\theta)}} \tag{5.77}$$

と書ける。上式を用いて各方位ごとに空間自己相関係数を求め，式 (5.43) を用いて方位平均を行うのであるが，この場合考えているアレーが正三角形アレーであるので，空間自己相関係数の各方位ごとの重みがすべて等しいと考えることができる。従って式 (5.43) は，

$$\begin{aligned}\rho_{UD}(r,\omega) &= \frac{1}{2\pi}\sum_{i=1}^{3}\gamma_{UD}(r,\omega,\theta_i)\Delta\theta_i \\ &= \frac{1}{3}\sum_{i=1}^{3}\gamma_{UD}(r,\omega,\theta_i)\end{aligned} \tag{5.78}$$

と書き換えることができる。上式は，半径 r の円形 (正三角形) アレーにおける空間自己相関係数 $\rho_{UD}(r,\omega,)$ が，$\gamma_{UD}(r,\omega,\theta_i)$ の算術平均によって求められることを意味している。

中心点と移動観測点の間で 2 点同時観測を複数回行えば，異なる r をもつ複数個の正三角形アレーを形成することが可能であり，これらを多点同時アレー観測と等価であると考えることができる。ただし，このとき，移動観測中に波動場の確率論的特性が変化しないことが前提となる。Morikawa *et al.*[22] によれば，1 秒よりも長周期側の脈動域ではこの仮定が成立しているものとみなせる。得られた空間自己相関係数から各正三角形アレーごとに表面波の位相速度を検出し，それらを組み合わせて位相速度の分散曲線を作成する。2 点同時観測を移動しながら繰り返し実施することで SPAC 法とほぼ同等の位相速度の推定値を得る手法を，Morikawa *et al.*[22] は 2 点 SPAC 法 (2sSPAC 法) と呼んでいる。

この場合注意しなければならないのは，式 (5.78) からもわかる通り，空間自己相関係数が周波数 f の関数であるということである。前項において述べた通り，f に対する ρ の変化が単純なベッセル関数の変化にならないため，位相速度を一意的に決めるのは困難である。そこで以下の解析においては，アレー半径の小さい正三角形から順に解析をすすめる方法をとった。アレー半径の最も小さい正三角形アレーから求められた位相速度の分散曲線からある程度位相速度の値の範囲が予測できるので，そのような情報をアレー半径のより大きな正三角形アレーに関する解析に用いれば，位相速度の推定の精度の改善が期待できるからである。

ここで挙げた方法は，SPAC 法の理論に比較的に忠実に，2 点のみでの同時観測であるが，それを繰り返すことで擬似的にアレー観測と同等の結果が得られる，というものである。しかし，観測の手間をより軽減したい，という要求は少なからずあるようで，2 点の同時観測のみで従来のアレー観測と同等程度の精度で位相速度を推定しようとする試みは少なくない。そして，実際にそれが可能である，ということの理論的考察にはさまざまなものがある。観測事実として 2 点の同時観測だけでなんとかなる，ということを主張したものから[39]，地震波干渉法を理論的背景とするもの[32]，Hilbert-Huang

変換 (HHT) を用いた解析法[40]，短周期での到来方向に関する確率論的性質に依存するとするもの[41]，などがあり，それぞれにもっともらしい結果を得ている。

しかし，常に 2 点における同時観測のみでよいのかどうか，あるいは 2 点の同時観測でも正しく位相速度が推定されているということを客観的に判断する方法について決め手に欠けるのが現状である。このような手法は実務的には非常に魅力的ではあるが，今後のよりいっそうの検討が必要であり，ここでは参考文献をあげるだけにとどめる。

文　　献

1) 千葉県：平成 11 年度地震関係基礎調査交付金成果報告書，2000.
2) 地震調査研究推進本部：全国地震動予測地図，付録 3 震源断層を特定した地震の強震動予測手法（「レシピ」），2009.
3) Koketsu, K., Miyake, H., Afnimar, and Tanaka, Y., “A proposal for a standard procedure of modeling 3-D velocity structures and its application to the Tokyo metropolitan area, Japan,” *Tectonophysics*, **472**(1–4), 290–300, 2009.
4) 藤原広行・河合伸一・青井真・森川信之・先名重樹・工藤暢章・大井昌弘・はお憲生・若松加寿江・石川裕・奥村俊彦・石井透・松島信一・早川譲・遠山信彦・成田章：全国地震動予測地図作成手法の検討，防災科学技術研究所 研究資料，No.336, 2009.
5) 地震調査研究推進本部：地下構造モデル作成の考え方，2017. https://www.jishin.go.jp/main/chousa/17apr_chikakozo/model_concept.pdf (最終閲覧日：2018 年 12 月 31 日)
6) 佐々宏一・芦田譲・菅野強：建設・防災技術者のための物理探査，森北出版，25–29, 1993.
7) T. レイ・T.C. ウォレス：地震学 上巻 地球内部，柳谷俊訳，古今書院，140–142, 2002.
8) 物理探査学会：物理探査ハンドブック増補改訂版，第 2 章，2016.
9) 田治米鏡二：土木技術者のための弾性波による地盤調査法，槇書店，136–141, 1977.
10) 首都圏基盤構造研究グループ：夢の島人工地震実験資料集，東京大学地震研究所，277pp., 1989.
11) 山中浩明・瀬尾和大・佐間野隆憲・翠川三郎・嶋悦三・柳沢馬住：人工地震による首都圏南西部の地下深部探査 (3)，地震，第 2 輯，44 巻，9–20, 1988.
12) 地震調査研究推進本部：2014.
13) Sánchez-Sesma, F.J., Weaver, R.L., Kawase, H., Matsushima, S., Luzón, F., and Campillo, M., “Energy partitions among elastic waves for dynamic surface loads in a semi-infinite solid,” *Bull. Seismol. Soc. Am.*, **101**(4), 1704–1709, 2011.
14) Kawase, H. Sánchez-Sesma, F.J., and Matsushima, S., “The optimal use of horizontal-to-vertical spectral ratios of earthquake motions for velocity inversions based on diffuse-field theory for plane waves,” *Bull. Seismol. Soc. Am.*, **101**(5), 2001–2014, 2011.
15) 中村豊：常時微動計測に基づく表層地盤の地震動特性の推定，鉄道総研報告，**2**(4), 18–27, 1988.
16) Lachet, C. and Bard, P.-Y., “Numerical and theoretical investigation on the possibilities and limitations of Nakamura’s technique,” *J. Phys. Earth*, **42**, 377–397, 1994.
17) 堀家正則：微動の位相速度及び伝達関数の推定，地震，第 2 輯，**33**, 425–442, 1980.
18) Capon, J., “High-resolution frequency-wave number spectrum analysis,” *Proc. IEEE*, **57**, 1408–1419, 1969.
19) Aki, K., “Space and time spectra of stationary stochastic waves with special reference to microtremors,” *Bull. Earthq. Res. Inst., Univ. of Tokyo*, **35**, 415–456, 1957.
20) Okada, H., “A new method of underground structure estimation using microtremors,” *Lecture note for Beijing Graduate School, China*, Institute of Mining and Technology, 1992.
21) 松岡達郎・梅沢夏実・巻島秀男：地下構造推定のための空間自己相関法の適用に関する検討，物理探査，**49**, 26–41, 1996.
22) Morikawa, H., Sawada, S., and Akamatsu, J., “A Method to estimate phase velocities of Rayleigh waves using microseisms simultaneously observed at two sites,” *Bull. Seismol. Soc. Am.*, **94**(3), 961–976, 2004.
23) 岡田廣・松島健：微動探査法 (1) —微動に含まれるラブ波の識別方法とその理論—，物理探査学会第 81 回学術講演会講演論文集，15–18, 1989.
24) 松島健・岡田廣：微動探査法 (2) —長周期微動に含まれるラブ波を識別する試み—，物理探査学会第 82 回学術講演会講演論文集，5–8, 1990.
25) Morikawa, H., “A Method to estimate phase velocities of surface waves using array observation records of 3-component microtremors,” *Struct. Eng./Earthq. Eng.*, JSCE, **23**(1), 143s–148s, 2006.
26) Cho, I., Tada, T., and Shinozaki, Y., “A new method to determine phase velocities of Rayleigh waves from microseisms,” *Geophysics*, **69**, 1535–1551, 2004.
27) Cho, I., Tada, T., and Shinozaki, Y., “Centerless circular array method: Inferring phase velocities of Rayleigh waves in broad wavelength ranges using microtremor records,” *J. Geophys. Res.*, **111**, B09315, 2006.
28) Cho, I., Tada, T., and Shinozaki, Y., “A generic formulation for microtremor exploration methods using three-component records from a circular array,” *Geophys. J. Int.*, **165**, 236–258, 2006.
29) Tada, T., Cho, I., and Shinozaki, Y., “New circular-array microtremor techniques to infer Love-wave phase velocities,” *Bull. Seismol. Soc. Am.*, **99**, 2912–2926, 2009.

30) 白石英孝・松岡達郎：Lamb の問題に基づくレーリー波複素コヒーレンス関数の離散定式とその応用 —空間自己相関法の新しい解釈—，物理探査，**58**(2), 137–146, 2005.
31) Zhang, X.R. and Morikawa, H., "Discussion on using only one linear array to estimate the phase velocity of Rayleigh wave based on microtremor survey," *British J. Appl.Sci. & Technol.*, **6**(4), 350-363, 2015.
32) Yokoi, T. and Margaryan, S., "Consistency of the spatial autocorrelation method with seismic interferometry and its consequence," *Geophysical Prospecting*, **56**(3), 435–451, 2008.
33) 長郁夫：微動解析ソフト BIDO Ver.2.0, 2010. https://staff.aist.go.jp/ikuo-chou/BIDO/2.0/bidodl.html (最終閲覧日：2019 年 1 月 1 日)
34) 山本英和・吉田芳則・小渕卓也・斎藤徳美・岩本鋼司：短周期微動のアレイ観測による盛岡市域の地下速度構造の推定，物理探査，**50**, 93–106, 1997.
35) 山本英和：3 成分空間自己相関法による微動に含まれる表面波の位相速度の推定に関する研究，北海道大学博士学位論文，1998.
36) 西村敬一・盛川仁：重力および脈動を用いた広島市の基盤構造の推定，第 11 回 日本地震工学シンポジウム論文集，241–246, 2002.
37) Gradshteyn, I.S. and Ryzhik, I.M.: *Table of Integrals, Series, and Products*, Academic Press, San Diego, CA, Eqs. 8.411.7 and 8.473.1, 1979.
38) Henstridge, J.D., "A signal processing method for circular arrays," *Geophysics*, **44**, 179–184, 1979.
39) Chávez-García, F.J., Rodrǵuez, M., and Stephenson, W.R., "Subsoil structure using SPAC measurements along a line," *Bull. Seismol. Soc. Am.*, **96**(2), 729–736, 2006.
40) Morikawa, H. and Udagawa, S., "A method to estimate the phase velocities of microtremors using a time-frequency analysis and its applications," *Bull. Seismol. Soc. Am.*, **99**(2A), 774–793, 2009.
41) 盛川仁・大堀道広・飯山かほり：微動の 2 点同時観測から求められる空間自己相関係数と位相速度に関する一考察，日本地震工学会論文集，**10**(2), 89–106, 2010.

6

地下構造モデルの逆解析

6.1　地震記録から抽出する地下構造情報

地震動評価のための地下構造モデルの構築では，第5章で示した物理探査だけではなく，地震記録を用いた推定も実施されている。強震観測点は，限られた地点にしか存在しないので，物理探査のように，任意の地点での地下構造モデルの推定に使えるわけではない。しかし，1995年兵庫県南部地震以降，強震観測点の数が急速に増加し，多くの地震記録が公開されており，それらを用いた地下構造モデルの検討例は増えている。しかも，地震動評価に用いる地下構造モデルの評価では，地震動特性を説明できることが重視されるので，地下構造のモデル化においては，地震動記録を用いた検討が非常に有効であると期待される。とくに，通常の物理探査では，低周波数のQ値を推定することが難しく，Q値のモデル化は，地震記録の分析に頼っているのが現状である。表6.1は，日本建築学会[1]を参考にしてまとめた地震記録による地下構造モデルの主な推定方法である。

地震記録を用いた地下構造モデルの推定法として主なものは，走時トモグラフィ，表面波の位相速度・群速度，水平動/上下動スペクトル比(H/V)，レシーバ関数，S波の増幅特性，鉛直アレー(地表と孔底)のスペクトル比などがある。地震記録がアレーで得られている場合には，微動などに比べてより長周期までの表面波の位相速度を推定することもできる。また，1地点の地震記録でも表面波成分の群速度を用いることによって震央と観測点の間の平均的な地下構造を推定することは可能である。

表6.1　地震記録による地下構造モデルの推定法[1]

特徴	解析する波動	推定構造
位相速度・群速度	表面波，相互相関関数	S波速度
水平動/上下動スペクトル比	表面波，コーダ波，S波	S・P波速度
地表/地中スペクトル比	S波	S波速度，Q値
レシーバ関数	P波，変換SV波	S・P波速度，Q値
S波の増幅特性	S波，自己相関関数	S波速度，Q値
波形逆解析	波形全体	S波速度，Q値
走時トモグラフィ	P・S波	P・S波速度
振幅トモグラフィ	P・S波	Q値

地震観測の多くは，地表面の1地点での3成分観測である。これらの記録を用いる方法では，地震記録から震源の特性を取り除き，地盤の影響のみを抽出し，それらに理論値を合わせるようにして地下構造モデルを推定している。例えば，H/Vでは，1点での地震記録のレイリー波部分の水平動成分のスペクトルを上下動成分のスペクトルで除することによって，震源特性を取り除き，レイリー波の楕円率を抽出することができる。楕円率は，地下構造のみの影響による量であり，1次元地下構造モデルを推定することができる(たとえば，塩野ほか[2])。

成層地盤にP波が斜めに入射すると，地層境界面で透過および反射するP波に加えて，図6.1のように，P波から変換したSV波が生じる。これらの波が反射と透過を繰り返して地表面に到達する。その振幅と到着時間は，地下構造にのみ関係している。この考えを利用したものがレシーバ関数である[3]。レシーバ関数は，1点の地震記録のP波初動後の動径成分と上下動成分のスペクトル比を周波数もしくは時間領域で表わしたものである。

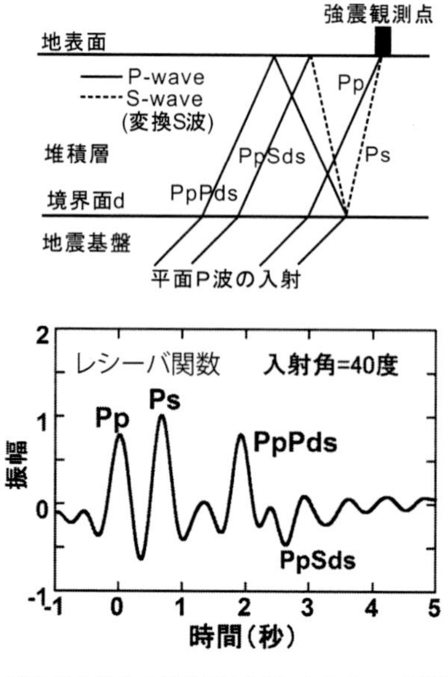

図6.1　変換波の発生の模式図(上図)とレシーバ関数(下図)

入射波の影響を取り除く最も簡単な方法は，同地点での地表と地中での鉛直アレーによる地震記録のスペクトル比を用いるものである。このスペクトル比は，S 波の 1 次元伝播に対する 2 つの深度の間の伝達関数とみなすことができる。スペクトル比の分析で重要な点は，地盤の減衰定数を推定できることである (たとえば，佐藤・山中[4])。鉛直アレーでは，ボーリングによる地質情報が得られていることが一般的であり，地層境界面深度が既知とされ，S 波や減衰定数の推定が行われている。

地震記録を用いた地下構造モデルの推定では，1 次元地下構造モデルが仮定されることが多い。しかし，前述したように，地下構造は，3 次元的に不均質な媒質であり，地震波の伝播もその影響を受ける。地震記録に含まれている P 波，S 波だけでなく，後続する表面波の波形情報も用いる波形逆解析によって 2，3 次元地盤構造モデルを推定する方法も検討されている[5~7]。

上述のように，これらの地震観測記録に基づく方法によって地下構造モデルは，強震観測点直下の情報である。そのために，図 5.2 で示すように，物理探査の結果と統合して，地下構造の 2，3 次元的なモデルを構築することが重要となる。

6.2 逆 問 題

6.2.1 逆 問 題 と は

上述のように，地震記録から地下構造モデルのモデルパラメータを推定する分析は，逆解析 (Inversion) や逆問題 (Inverse problem) の考え方に基づいて行われる。これは，地震記録の分析だけではなく，第 5 章の物理探査のデータの分析やほかの理工学の多くの分野において観測値からモデルを推定する操作の総称でもある。逆問題に対して，順解析 (Forward modeling) は，パラメータを与えて，出力 (観測データに対応する計算値) を得ることと定義される。図 6.2 には，逆解析と順解析の関係がまとめられている。観測データを結果とすれば，モデルパラメータは原因と考えられるので，逆問題は，結果から原因を推定する操作として位置づけられる。一方，順問題は，与えられた原因からその結果を知ることに対応している。両者は，表裏一体の関係にあることがわかる。

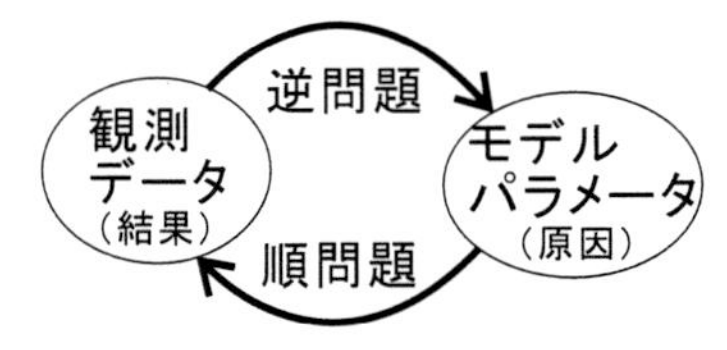

図 6.2 逆問題と順問題

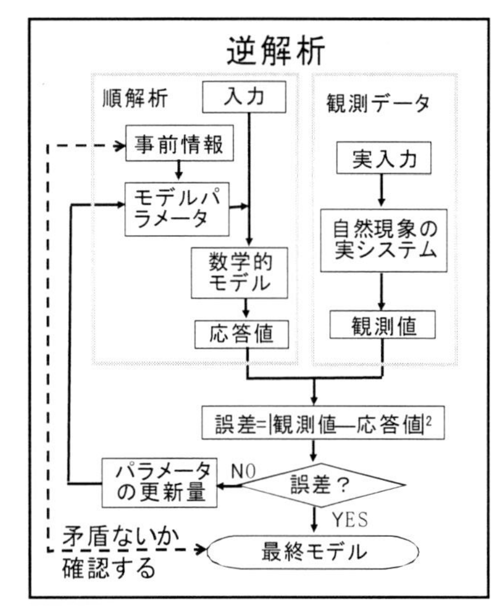

図 6.3 逆問題の枠組み

逆問題において何を推定するかは，問題の設定の仕方でさまざまである。例えば，上述の地下構造のモデルの推定では，地震記録から地層境界面の深度や S 波速度の空間分布などが推定される。これは，医療工学における CT スキャンと類似した問題設定である。また，地震記録から，地下構造が既知として断層面での地層のずれ量の時空間分布を推定する逆問題も設定できる。

逆問題では，観測値と理論値の誤差を最小にするようなモデルのパラメータが推定される。観測値と理論値の差を目的関数と考えれば，目的関数を最小にするモデルパラメータを決定する最適化問題と考えてもよい。逆問題を解くために，さまざまな最適化手法が開発されている。最も基本的な手法は，図 6.3 のように，初めにあるモデル (初期モデル) を仮定して，モデルパラメータを逐次修正する繰返し計算によって，観測値と理論値の誤差の自乗和を最小にする線形化最小自乗法である。ここでは，線形化最小自乗法に基づく逆問題の解法を表面波の位相速度の逆問題を例にして説明する。

6.2.2 線形化逆問題

地震動研究で用いられる逆解析手法の応用例のほとんどでは，目的関数がパラメータの 1 次関数ではなく，非線形な関数となる。そこで，理論式の擬似線形化によって，線形式に近似することが行われる。ここでは，第 5 章で説明した微動探査でのレイリー波位相速度の逆解析から地層の S 波速度分布を推定する逆問題を例にして説明する。

成層地盤モデルでの基本モードのレイリー波の位相速度は，各地層の S 波速度，P 波速度，密度，層厚によって計算することができる (2.5.3 項参照)[8]。多くの問題では，位相速度に影響の大きい S 波速度と層厚を未知数としている。逆問題では，観測位相速度と理論位相速度が合うような S 波速度と層厚が決定されることが多い (たとえば，Horike[9])。

S 波速度や層厚などの地盤モデルのパラメータ ($\boldsymbol{m}_0$) が与えられたとき，周波数 f_i の基本モードのレイリー波の理論位相速度 C_i^c は,

$$C_i^c = C(\boldsymbol{m}_0) \tag{6.1}$$

と書くことができる。この理論値は，パラメータに対して非線形な関数である。そこで，擬似的な線形化による最小自乗法に基づいて図 6.3 のように初期値を与えてそれを徐々に変化させて，最適な値に近づけていく。

擬似線形化手法では，初期モデル $\boldsymbol{m}_0$ を仮定し，その摂動 $\Delta\boldsymbol{m}$ を与えて，新しいモデルを

$$\boldsymbol{m} = \boldsymbol{m}_0 + \Delta\boldsymbol{m} \tag{6.2}$$

とする。この初期モデルに対する理論位相速度は，Taylor 展開により,

$$C_i^c(\boldsymbol{m}) = C_i^c(\boldsymbol{m}_0) + \frac{\partial C_i^c}{\partial m_j}\Delta m_j + \mathcal{O}(\Delta m_j^2) \tag{6.3}$$

となる。ここで，m_j は，j 番目のモデルパラメータである。また，$\mathcal{O}(\Delta m_j^2)$ は，高次の項を示す。この高次の項を無視し，この理論値が観測データと等しいと考えると,

$$C_i^o = C_i^c(\boldsymbol{m}_0) + \frac{\partial C_i^c}{\partial m_j}\Delta m_j \tag{6.4}$$

となる。さらに,

$$C_i^o - C_i^c(\boldsymbol{m}_0) = \frac{\partial C_i^c}{\partial m_j}\Delta m_j \tag{6.5}$$

を得る。これを行列表示すれば,

$$\Delta\boldsymbol{C} = \boldsymbol{G}\Delta\boldsymbol{m} \tag{6.6}$$

と書くことができる。ここで,

$$G_{ij} = \frac{\partial C_i^c}{\partial m_j} \tag{6.7}$$

であり，$i = 1, \ldots, N$, $j = 1, \ldots, M$ で N と M は，データ数とモデルパラメータ数である。式 (6.7) は，ヤコビアン (ヤコビ行列) と呼ばれる。また，$\Delta\boldsymbol{C}$ は理論値と観測値の誤差の列ベクトル，$\Delta\boldsymbol{m}$ は初期モデルと推定モデルの差の列ベクトルである。

式 (6.6) は，連立 1 次方程式であり，初期モデル $\boldsymbol{m}_0$ を与え，$\Delta\boldsymbol{C}$ を求め，$\Delta\boldsymbol{m}$ について解くことができる。$\Delta\boldsymbol{m}$ は，初期モデル $\boldsymbol{m}_0$ からの修正ベクトルと考えられ，式 (6.2) から新しいモデル $\boldsymbol{m}_1$ を得ることができる。この新しいモデルは，式 (6.3) の高次の項を無視して線形近似の式から得られた結果である。そのために，$\boldsymbol{m}_1$ が最小誤差のモデルとなるとはかぎらない。そこで，$\boldsymbol{m}_1$ を新しいモデルとして用いて，$\Delta\boldsymbol{m}$ が十分に小さくなるまで同様の計算を繰り返し行うことにより，最適モデルを得ることができる。

一般には，式 (6.6) は,

$$\boldsymbol{d} = \boldsymbol{G}\boldsymbol{m} \tag{6.8}$$

と書くことができ，$\boldsymbol{d}$ をデータベクトル，$\boldsymbol{m}$ をモデルベクトルという。$\boldsymbol{G}$ は，データ核と呼ばれ，モデルベクトルをデータベクトルへと変換する線形作用素であるとも理解できる。実際には，式 (6.6) によって，図 6.2 のように，$\boldsymbol{G}$ は 2 つのベクトルの変化量を関係づけていることになる。この式は，多くの逆問題での基本的な式となっている。式 (6.8) の解法は，Menke[10] や Aki and Richard[11] に詳しい。

6.2.3　逆問題の解き方

a.　$N = M$ の場合

式 (6.8) の解を 3 つの場合に分けて考える。まずは，未知数とデータの数が等しい場合である ($N = M$)。これは，$\boldsymbol{G}$ が正則行列であれば，逆行列 $\boldsymbol{G}^{-1}$ が存在し，解は,

$$\boldsymbol{m} = \boldsymbol{G}^{-1}\boldsymbol{d} \tag{6.9}$$

によって得ることができる。この場合の逆問題は，even-determined 問題といわれている。この場合には，モデルパラメータが一意に決まり，データも完全に説明できることになる。

b.　$N > M$ の場合

最も一般な場合は，over-determined 問題と呼ばれる問題であり，未知数よりデータの数のほうが多い場合である ($N > M$)。この場合には，個々のデータを完全に説明することはできないが，最小自乗法によりデータを最もよく近似する解をひとつ求めることができる。

理論値と観測データの差の自乗和 ϕ

$$\phi = |\boldsymbol{G}\boldsymbol{m} - \boldsymbol{d}|^2 = \sum_{i=1}^{N}\left(\sum_{j=1}^{M} G_{ij}m_j - d_i\right)^2 \tag{6.10}$$

を最小にすることを考える。この条件は,

$$\frac{\partial\phi}{\partial m_k} = 0 \tag{6.11}$$

である。ここで，$k = 1, \ldots, M$ である。式 (6.11) の左辺は,

$$\frac{\partial\phi}{\partial m_k} = 2\sum_{i=1}^{N}\left(\sum_{j=1}^{M} G_{ij}m_j - d_i\right)G_{ik} \tag{6.12}$$

となる。したがって，式 (6.11) は,

$$\sum_{i=1}^{N}\left(\sum_{j=1}^{M} G_{ij}m_j - d_i\right)G_{ik} = 0 \tag{6.13}$$

となる。さらに，この式を変形すれば,

$$\sum_{i=1}^{N}\left(\sum_{j=1}^{M}G_{ij}m_j\right)G_{ik}=\sum_{i=1}^{N}(d_iG_{ik}) \tag{6.14}$$

を満たす解を求めればよいことになる。この式を行列で表示すれば，正規方程式

$$\boldsymbol{G}^T\boldsymbol{G}\boldsymbol{m}=\boldsymbol{G}^T\boldsymbol{d} \tag{6.15}$$

が得られる。$\boldsymbol{G}^T\boldsymbol{G}$ は，正方行列 $(M\times M)$ であり，逆行列が存在するとすれば，最小自乗法による解は，

$$\boldsymbol{m}=(\boldsymbol{G}^T\boldsymbol{G})^{-1}\boldsymbol{G}^T\boldsymbol{d} \tag{6.16}$$

となる。

c.　$N<M$ の場合

最後の場合は，データ数 N が未知数 M よりも少ない場合である $(N<M)$。この場合には，個々のデータは，完全に説明できる。しかし，データを説明する条件である

$$\boldsymbol{G}\boldsymbol{m}-\boldsymbol{d}=0 \tag{6.17}$$

を満たす解が無数にあり，唯一の解を決めることができないことになる。これを under-determined 問題という。この場合には，モデルパラメータの先見的情報や仮定などの拘束条件によって複数の解からひとつを選択することになる。とくに，解の大きさ (L^2 ノルム) が最小になる解を選ぶことが多い。上述の擬似線形化問題では，$\Delta\boldsymbol{m}$ が最小になる条件とは，初期モデルに最も近い解を求めることに対応している。一般に，初期モデルは，既往のモデルの情報に基づいて設定されるので，この条件で逆問題を解くと，既存の知見に近い解が得られることになる。

この場合を最適化問題として考えると，式 (6.17) の $\boldsymbol{G}\boldsymbol{m}-\boldsymbol{d}=0$ の制約条件のもとで，$\boldsymbol{m}$ の L^2 ノルムを最小にする問題に帰着する。この問題は，ラグランジュ未定乗数法によって解くことができる (たとえば，Menke[10])。

まず，ラグランジュ乗数を λ_i $(i=1,\ldots,N)$ とすれば，最小化すべき誤差を

$$\phi=\sum_{j=1}^{M}m_j^2-\sum_{i=1}^{N}\lambda_i\left(\sum_{j=1}^{M}G_{ij}m_j-d_i\right) \tag{6.18}$$

とする。第 1 項は，最小化する量であり，第 2 項目以降は，ゼロとなる制約条件を示している。これを最小化する m_j と λ_i を決定することになる。この解は，

$$\frac{\partial\phi}{\partial m_j}=0 \quad (j=1,\ldots,M) \tag{6.19a}$$

$$\frac{\partial\phi}{\partial\lambda_i}=0 \quad (i=1,\ldots,N) \tag{6.19b}$$

を解くことで得られる (たとえば，ラング[12])。まず，式 (6.19a) から

$$\frac{\partial\phi}{\partial m_j}=2m_j-\sum_{i=1}^{N}\lambda_iG_{ij}=0 \tag{6.20}$$

を得る。さらに，この式は，

$$2m_j=\sum_{i=1}^{N}\lambda_iG_{ij} \tag{6.21}$$

となる。また，式 (6.19b) から

$$\frac{\partial\phi}{\partial\lambda_i}=-\left(\sum_{j=1}^{M}G_{ij}m_j-d_i\right)=0 \tag{6.22}$$

であるので，

$$\sum_{j=1}^{M}G_{ij}m_j=d_i \tag{6.23}$$

を得る。ここで，ラグランジュ乗数からなる列ベクトルを $\boldsymbol{\lambda}=(\lambda_1,\cdots,\lambda_N)^T$ とおいて，式 (6.21) と (6.23) を行列表示すると，

$$\boldsymbol{m}=\frac{1}{2}\boldsymbol{G}^T\boldsymbol{\lambda} \tag{6.24a}$$

$$\boldsymbol{G}\boldsymbol{m}=\boldsymbol{d} \tag{6.24b}$$

となる。これらの 2 つの式から

$$\boldsymbol{d}=\frac{1}{2}\boldsymbol{G}\boldsymbol{G}^T\boldsymbol{\lambda} \tag{6.25}$$

が得られる。$\boldsymbol{G}\boldsymbol{G}^T$ は，正方行列であり，逆行列が存在すれば，式 (6.25) によって，ラグランジュ乗数は，

$$\boldsymbol{\lambda}=2(\boldsymbol{G}\boldsymbol{G}^T)^{-1}\boldsymbol{d} \tag{6.26}$$

と得られる。さらに，式 (6.26) を式 (6.24a) に代入すると，逆問題の解は，

$$\boldsymbol{m}=\frac{1}{2}\boldsymbol{G}^T\left\{2(\boldsymbol{G}\boldsymbol{G}^T)^{-1}\boldsymbol{d}\right\}=\boldsymbol{G}^T(\boldsymbol{G}\boldsymbol{G}^T)^{-1}\boldsymbol{d} \tag{6.27}$$

となる。

d.　一般逆行列の導入

以上の 3 つの場合をまとめると，逆問題の式 (6.8) の解は，以下のようになる。

$$\boldsymbol{m}=\begin{cases}(\boldsymbol{G}^T\boldsymbol{G})^{-1}\boldsymbol{G}^T\boldsymbol{d} & N>M\\ \boldsymbol{G}^{-1}\boldsymbol{d} & N=M\\ \boldsymbol{G}^T(\boldsymbol{G}\boldsymbol{G}^T)^{-1}\boldsymbol{d} & N<M\end{cases} \tag{6.28}$$

となる。ここで，$\boldsymbol{G}^{-g}$ を，

$$\boldsymbol{G}^{-g}=\begin{cases}(\boldsymbol{G}^T\boldsymbol{G})^{-1}\boldsymbol{G}^T & N>M\\ \boldsymbol{G}^{-1} & N=M\\ \boldsymbol{G}^T(\boldsymbol{G}\boldsymbol{G}^T)^{-1} & N<M\end{cases} \tag{6.29}$$

と定義すると，逆問題の解は，

$$\boldsymbol{m}=\boldsymbol{G}^{-g}\boldsymbol{d} \tag{6.30}$$

となる。$\boldsymbol{G}^{-g}$ は，一般逆行列または擬似逆行列と呼ばれている。一般逆行列は，正方行列だけでなく，一般的な $M\times N$ 行列に対しても用いられる。

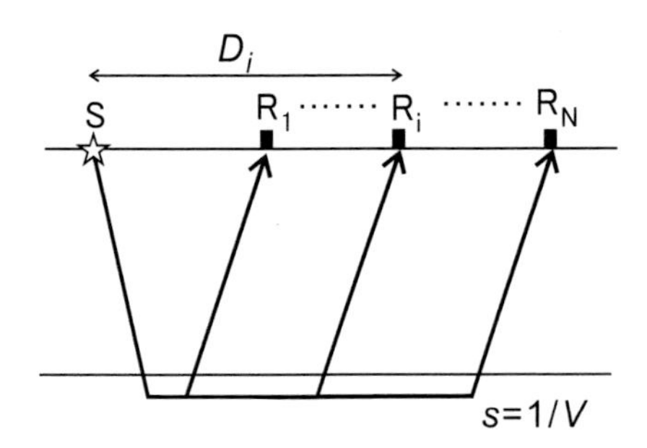

図 6.4　2 層モデルでの屈折波

6.2.4　逆問題の例題

これまでに説明した一般逆行列に基づく最小自乗法を屈折波の初動走時データの逆解析に適用してみる。水平成層地盤での屈折波の初動は，図 6.4 のように 2 層目を伝播して地表で観測される。5.2.2 項で述べたように，初動の走時曲線は，1 次関数になり，直線の傾きの逆数から第 2 層の速度を求め，縦軸の切片のインターセプトタイムから第 2 層上面までの深度を得ることができる。

図 6.4 のように，地表の S を震源として地震波が出射され，震央距離 D_i の地表の観測点 R_i で観測されると考える。屈折波の伝播する層の速度を v とすれば，そのときの観測点 R_i での初動走時 T_i は，

$$T_i = t_0 + sD_i \tag{6.31}$$

となる。t_0 はインターセプトタイム，s はスローネス (速度 v の逆数) である。これは，震央距離の異なる地点での観測走時から 1 次関数の傾き s と切片 t_0 を決める線形逆問題となる。

いま，N 個の走時データが観測されたとすると，式 (6.31) を行列表示すれば，

$$\begin{Bmatrix} T_1 \\ \vdots \\ T_N \end{Bmatrix} = \begin{bmatrix} 1 & D_1 \\ \vdots & \vdots \\ 1 & D_N \end{bmatrix} \begin{Bmatrix} t_0 \\ s \end{Bmatrix} \tag{6.32}$$

となり，つぎのように書くことができる。

$$\boldsymbol{T} = \boldsymbol{Gs} \tag{6.33}$$

この逆問題では，モデルパラメータは，2 個である。表 6.2 のようにデータが得られているとする。この表のなかから，全部もしくは一部のデータを用いて逆解析を行う。具体的には，データ数が 4, 2, 1 個の場合について実際に解を求めてみる。

a.　$N = 4$ の場合

表 6.2 のすべてのデータが得られている場合には，4 個のデータを最もよく説明する直線を最小自乗法で決めることになる。式 (6.28) の第 1 式に基づき，一般逆行列を求める。

表 6.2　屈折波初動データ

観測点番号 i	1	2	3	4
震央距離 D_i [m]	2	4	6	8
初動走時 T_i [ms]	5.1	9.2	11.9	14.9

まず，式 (6.28) の各要素は，

$$\boldsymbol{G}^T\boldsymbol{G} = \begin{bmatrix} 1 & 1 & 1 & 1 \\ D_1 & D_2 & D_3 & D_4 \end{bmatrix} \begin{bmatrix} 1 & D_1 \\ 1 & D_2 \\ 1 & D_3 \\ 1 & D_4 \end{bmatrix}$$

$$= \begin{bmatrix} N & \sum_i^N D_i \\ \sum_i^N D_i & \sum_i^N D_i^2 \end{bmatrix} \tag{6.34}$$

より

$$(\boldsymbol{G}^T\boldsymbol{G})^{-1} \tag{6.35}$$

$$= \frac{1}{N\sum D_i^2 - (\sum D_i)^2} \begin{bmatrix} \sum D_i^2 & -\sum D_i \\ -\sum D_i & N \end{bmatrix}$$

となる。表 6.2 の数値を代入すると，

$$\boldsymbol{G}^T\boldsymbol{G} = \begin{bmatrix} 1 & 1 & 1 & 1 \\ 2 & 4 & 6 & 8 \end{bmatrix} \begin{bmatrix} 1 & 2 \\ 1 & 4 \\ 1 & 6 \\ 1 & 8 \end{bmatrix} = \begin{bmatrix} 4 & 20 \\ 20 & 120 \end{bmatrix} \tag{6.36}$$

また，

$$(\boldsymbol{G}^T\boldsymbol{G})^{-1} = \begin{bmatrix} 3/2 & -1/4 \\ -1/4 & 1/20 \end{bmatrix} \tag{6.37}$$

となる。したがって，解は，

$$\boldsymbol{m} = \begin{Bmatrix} t_0 \\ s \end{Bmatrix} = (\boldsymbol{G}^T\boldsymbol{G})^{-1}\boldsymbol{G}^T\boldsymbol{T} \tag{6.38}$$

$$= \begin{bmatrix} \frac{3}{2} & -\frac{1}{4} \\ -\frac{1}{4} & \frac{1}{20} \end{bmatrix} \begin{bmatrix} 1 & 1 & 1 & 1 \\ 2 & 4 & 6 & 8 \end{bmatrix} \begin{Bmatrix} 5.1 \\ 9.2 \\ 11.9 \\ 14.9 \end{Bmatrix} = \begin{Bmatrix} 2.25 \\ 1.605 \end{Bmatrix}$$

となる。縦軸の切片である t_0 は，2.25 ms であり，その半分が深度に関係したタイムタームということになる。また，スローネスは，1.605 ms/m であるので，速度は，その逆数の 623 m/s となる。図 6.5 に 4 つの観測値と得られた地盤モデルの走時の理論値が示されている。

b.　$N = 2$ の場合

ここでは，表 6.2 の 2, 3 番目のデータが得られたとする。この場合には，$\boldsymbol{G}$ の逆行列を直接求めることになる。$\boldsymbol{G}$ は，式 (6.32) から，

$$\boldsymbol{G} = \begin{bmatrix} 1 & D_2 \\ 1 & D_3 \end{bmatrix} \tag{6.39}$$

である。その逆行列は，

$$\boldsymbol{G}^{-1} = \frac{1}{D_3 - D_2} \begin{bmatrix} D_3 & -D_2 \\ -1 & 1 \end{bmatrix} \tag{6.40}$$

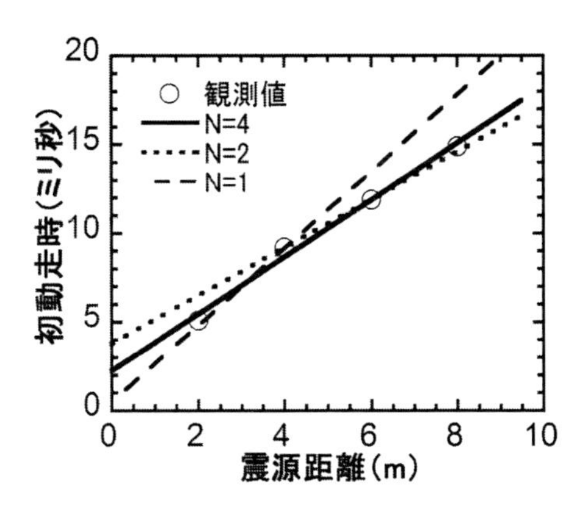

図 6.5 表 6.2 のデータの逆解析の結果

であるから，解は，

$$\boldsymbol{m} = \boldsymbol{G}^{-1}\boldsymbol{T} = \frac{1}{2}\begin{bmatrix} 6 & -4 \\ -1 & 1 \end{bmatrix}\begin{Bmatrix} 9.2 \\ 11.9 \end{Bmatrix} = \begin{Bmatrix} 3.8 \\ 1.35 \end{Bmatrix} \tag{6.41}$$

となる。得られた直線の式は，図 6.5 に示すように，2，3 番目のデータを通る直線になっている。速度は，741 m/s となる。インターセプトタイムは，3.8 ms である。

c. $N = 1$ **の場合**

この場合には，1 点を通る直線で，解の自乗和が最小になる解を決定することになる。ここでは，表 6.2 の 2 番目のデータのみがある場合を考える。式 (6.28) の第 3 式を用いて，表 6.2 のデータを代入すれば，

$$\boldsymbol{G}\boldsymbol{G}^T = \begin{Bmatrix} 1 & D_2 \end{Bmatrix}\begin{Bmatrix} 1 \\ D_2 \end{Bmatrix} = 1 + D_2^2 \tag{6.42a}$$

$$\boldsymbol{G}^T(\boldsymbol{G}\boldsymbol{G}^T)^{-1} = \begin{Bmatrix} 1 \\ D_2 \end{Bmatrix}\frac{1}{1 + D_2^2} \tag{6.42b}$$

を得る。解は

$$\boldsymbol{m} = \boldsymbol{G}^T(\boldsymbol{G}\boldsymbol{G}^T)^{-1}\boldsymbol{T} = \frac{1}{17}\begin{Bmatrix} 1 \\ 4 \end{Bmatrix} 9.2 = \begin{Bmatrix} 0.541 \\ 2.165 \end{Bmatrix} \tag{6.43}$$

となる。2 層目の速度は，462 m/s であり，インターセプトタイムは，0.541 ms である。この場合には，唯一の観測値を通る直線になるが，速度の値は，他の場合に比べて小さい値になっている。実際の問題には，こういう不十分なデータを使って地下構造を求めることは非常に少ない。

6.3 ヒューリスティック法

6.3.1 擬似線形化の問題点

上述の逆解析では，線形化の際に高次の項を無視して，理論値の計算式が線形 (1 次関数) であると仮定しているので，誤差の自乗和は，2 次関数で近似される。そして，実際の自乗和が 2 次関数からずれているため

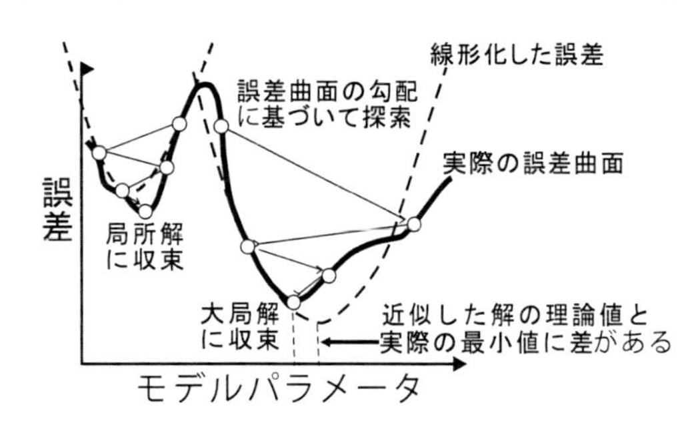

図 6.6 擬似線形化逆解析の考え方

に，収束計算が必要になるわけである。しかし，目的関数である誤差の自乗和の非線形性が強い場合には，図 6.6 に示すように，誤差の自乗和のパラメータの変動に対する変化 (誤差曲面) は，複雑になる。一般には，大局的な最小値に加えて，複数の極小値が存在していると考えられる。前節の例題でみたように，線形化に基づく逆解析法では，仮定する初期モデルによっては，大局的最小値が得られない場合がある。つまり，逐次近似による最小自乗法では，目的関数の誤差が小さい方向を探索しているために，誤差曲面の山を越えて，探索を進めることが難しい。そのために，局所解近傍の初期値を設定した場合には，収束する解が局所解である可能性が高くなる。これは，解の唯一性の問題であり，多くの線形化逆解析法に共通の問題である。このことは，逆解析において適切な初期モデルを設定することが極めて重要であることも意味している。

こうした問題を解決するために，誤差曲面の勾配を用いない大局的最適化手法が開発されており，地下構造モデルの推定問題にも活用されている。それらの総称は，ヒューリスティック探索といわれ，主な手法としては，遺伝的アルゴリズム (GA)，焼き鈍し (SA) 法などである (たとえば，Yamanaka[13])。さらに，それらを組み合わせたハイブリッド法も提案されている[14]。ヒューリスティック法の最大の特徴は，順解析の計算のみが必要とされ，逆行列などの計算がいらない点である。そのために，プログラムの頑強性や移植性が非常に高く，順問題の計算が可能なすべての問題には原則として適用可能となる。一方，厳密に誤差が最小となる解をピンポイントで求めるというのではなく，最適解の近傍のモデル群を求めることになることに注意が必要である。ヒューリスティック法では，ヤコビアンなどの微分情報を用いていないので，局所解に収束する可能性が少ないことも特徴である。もちろん，現実的な時間で計算ができる問題への適用に限られるが，計算機能力が向上すれば，さまざまな分野での適用例が増えていくと期待されている。以下に，代表的な 2 つの方法について説明する。

6.3.2 遺伝的アルゴリズム (GA)

GA は，生物の進化を模擬した探索アルゴリズムである[15]。モデルのすべての変数を 2 進数化するか，もしくは実数のままつないで遺伝子とみなす。例えば，2 進数の変数のコード化では，地層の厚さが 7m であれば，111 と表現される。また，S 波速度が 100 m/s であれば，1100100 となる。これらをつなげれば，1111100100 によって層厚と S 波速度を表現できる。さらに，各層のパラメータをつなげば，0 と 1 の長い連鎖によって，1 つの地下構造モデルを表現することができる。

各遺伝子の連鎖 (モデル) には，モデルの良さを示す適応度という値が定義される。逆問題では，理論値と観測値の差 (misfit) の逆数などが用いられる。つまり，両者の差が小さいほど，良いモデルと考え，高い適応度となるように定義されることになる。

GA では，はじめに複数のモデルがランダムに発生される。このモデル群を初期集団と呼ぶ。この初期集団に対して，以下に示すような遺伝的操作を行い，新しいモデルを発生させることになる。

選択という操作では，適応度に応じて現在の集団から新しいモデルを選択することになる。例えば，ルーレット規則に基づく選択では，集団内の k 番目のモデルが選択される確率 P_k は，そのモデルの適応度 f_k を用いて，以下のように算出される。

$$P_k = \frac{f_k}{\sum_{j=1}^{M} f_j} \tag{6.44}$$

ここで，M は集団のモデルの総数である。この選択確率に基づいて，M 個のモデルを元の集団から選ぶ。その結果，適応度が高いモデルは，複数回選ばれることになるので，つぎの世代の集団には，適応度の高いモデルが多く含まれることになる。

つぎに，新しく発生された集団のモデルを交差と突然変異という遺伝子操作によって変化させる。交差の操作は，以下のように行う。現在の世代の集団からランダムに 2 つのモデル (親) を選び，親ペアを作る。各ペアのそれぞれ遺伝子の一部をランダムな遺伝子位置で入れ替えて，新しい 2 つの個体 (子) を生成する。例えば，遺伝子の 1 箇所 (図 6.7 の「/」の位置) で切って，両者の間で入れ替えを行う 1 点交差では，2 つの親モデルから 2 つの子モデルが生成される。この操作によって，適応度の高さに寄与する遺伝子をもつ別のモデルが生成されることになる。つまり，現在の集団のモデルの周辺での局所的な探索が行われることになる。こうした交差を適用するペアは，事前に与える交差確率でコントロールされる。

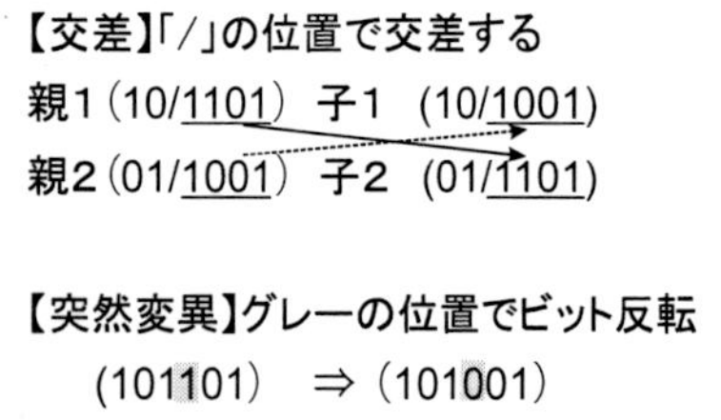

【交差】「/」の位置で交差する
親1 (10/1101)　子1 (10/1001)
親2 (01/1001)　子2 (01/1101)

【突然変異】グレーの位置でビット反転
(101101) ⇒ (101001)

図 6.7 GA での交差と突然変異の例

交差の操作が行われた集団には，さらに，突然変異という操作が行われる。これは，任意の遺伝子位置での遺伝子を変化させる操作である。図 6.7 の場合，下 3 ケタ目で突然変異が起こり，遺伝子が 1 から 0 に反転している。2 進数の場合には，パラメータの下位ビットで突然変異が起こると，元のモデルの近傍での探索として機能する。一方，上位ビットの場合には，元のモデルとは，大きく異なることになり，大局的探索が可能になると考えられる。突然変異の発生も事前に与える突然変異確率で制御される。

選択，交差，突然変異の 3 つの遺伝子操作 (2 進数の場合には，ビットの操作のみ) だけで，新しいモデルからなる集団を形成することができる。これが 1 世代のモデル更新となる。この世代更新を繰り返すことによって，最適的なモデルの近傍のモデルを集団内に増やしながら探索をすすめていくことになる。このように，このプログラムでは，適応度の計算の部分のみが問題に依存した部分であり，そのほかの部分では，モデルのパラメータを遺伝子コード化してしまえば，どんな問題でもプログラムを共通にできる。これが GA のプログラムの移植性の高さの理由である。

6.3.3 焼き鈍し (SA) 法

SA 法の基本的考えは，加熱炉のなかで溶融した固体の冷却過程をシミュレートするアルゴリズムである[16]。Kirkpatrick ら[17] が溶融した固体がゆっくりと冷却された場合に，固体は安定したエネルギー状態 (目的関数) になることを模擬することによって最適化アルゴリズムとして位置付けた。以下では，SA 法による逆問題の解法について説明する。

ランダムに発生された初期モデルに対して，ランダムな微小な変動を与えて，新しいモデルを生成する。初期モデルと新しいモデルの誤差をそれぞれ E_0 と E_1 として，両者の差 ΔE を

$$\Delta E = E_1 - E_0 \tag{6.45}$$

と定義する。ΔE を用いて，この新しいモデルを選択する確率 P (以下，受理確率) を

$$P = \exp\left[-\frac{\Delta E}{T_k}\right] \tag{6.46}$$

によって計算する。ここで，T_k は，k 回目の繰返し回数での温度であり，初期温度 T_0 を用いて，

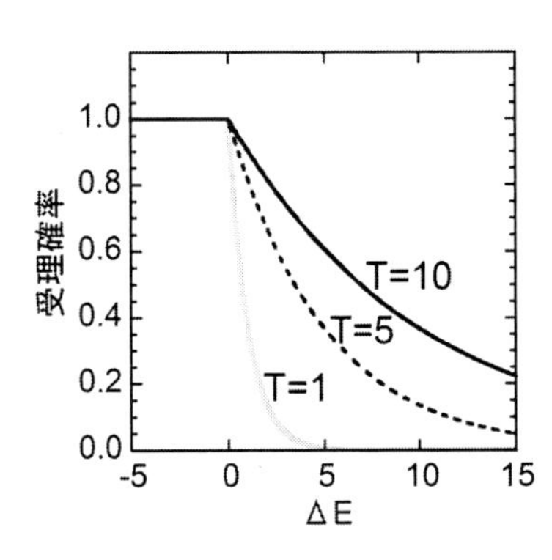

図 6.8　SA 法での温度による受理確率の違い

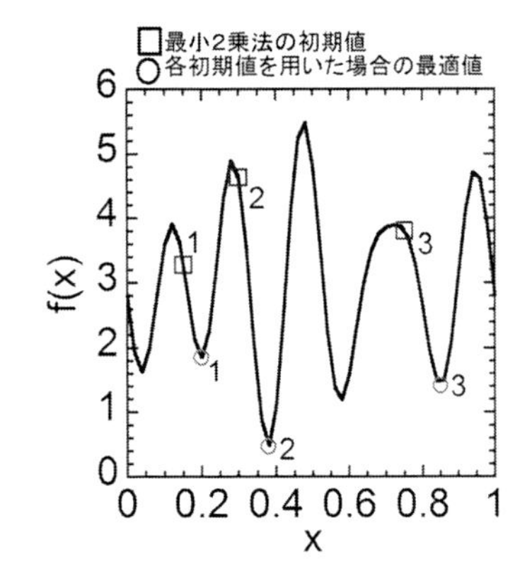

図 6.9　最小値を探索する例題の関数。3 つの □ は，線形化最小自乗法の初期値であり，それぞれの右側にある ○ に収束する。

$$
\begin{aligned}
0000\cdots00 &= 0\\
0000\cdots01 &= \Delta x\\
0000\cdots10 &= 2\Delta x\\
0000\cdots11 &= 3\Delta x\\
&\vdots\\
1111\cdots10 &= 1.0-\Delta x\\
\underbrace{1111\cdots11}_{20\text{ 桁}} &= 1.0
\end{aligned}
$$

図 6.10　遺伝子コードと離散化されたパラメータ (x) の対応関係

$$T_k = T_0 \exp[-ck^a] \tag{6.47}$$

と定義される。定数 a と c は，事前に与えた正の実数である。式 (6.47) によれば，繰返しに従って温度は低下することになる。この温度の変化によって，繰返し計算の過程で同じ誤差の差に対する受理確率が動的に変化することになる。図 6.8 に示すように，温度が高い場合では，誤差の大きいモデルも高い確率で選択される。一方，低い温度 (繰返し回数が多くなる) になるに従って，誤差の大きいモデルの受理確率は低下することになる。これは，最適化問題としてみると，繰返しの初期段階では，誤差の大きいモデルも受理され，誤差曲面の山を越えて広域探索が可能になる。一方，繰返し回数が多くなると，より誤差の小さいモデルを集中的に探索する局所探索が行われることになる。

SA 法では，GA と同様に誤差を得るための順計算のみが必要とされるアルゴリズムである。しかし，SA 法のアルゴリズムは，非常に単純であり，GA に比べてプログラム化も容易である。

6.3.4　関数の最小化問題への適用例

上記のヒューリスティック法に基づく逆解析方法によるモデル探索の差異を理解するために，簡単な関数の最小化問題を例にして説明する。x の 1 価関数

$$
\begin{aligned}
f(x) = \cos\left(8\pi x + \frac{\pi}{5}\right) &+ \cos(10\pi x + \pi)\\
&+ \cos\left(12\pi x + \frac{\pi}{2}\right) + 3
\end{aligned} \tag{6.48}
$$

の値を最小化することを考える。

x の定義域は，$0 \leq x \leq 1$ であるとすると，図 6.9 に示すように x が約 0.39 において，この関数の値が最も小さくなる。この大局的な最小値のほかにも，関数 $f(x)$ には，局所的な最小値が 4 つある。最小自乗法を用いると，関数の傾きを用いて，関数の値が小さくなる方向に解が探索される。例えば，図 6.9 で □ で示した 3 つの点を x の初期値にして，最小自乗法で最小値を求めると，それぞれの □ の右側にある ○ に収束し，3 つの初期値で異なる解が得られている。つまり，設定する初期値によって，この関数のどの谷に落ちるかが決まるのである。x の初期値を 0.3〜0.5 の間に決めれば，大局的最小解が得られるが，それ以外の範囲の初期値の場合には局所解が得られることになる。これが逆解析結果の初期値依存性ということになる。

GA による関数の最小化では，20 ビットの 2 進数によって定義域の x を遺伝子コード化した。x の定義域は $0 \leq x \leq 1$ であるので，この間を 20 ビットで離散化する。その離散化の間隔を $\Delta x = 1.0/(2^{20} - 1)$ として，2 進数に実数値を図 6.10 のように対応させてコード化する。

初期集団として 10 個のモデルをランダムに発生させ，選択，交差，突然変異の 3 つの遺伝的操作を繰返して集団を変化させていく。この集団の進化の過程が図 6.11

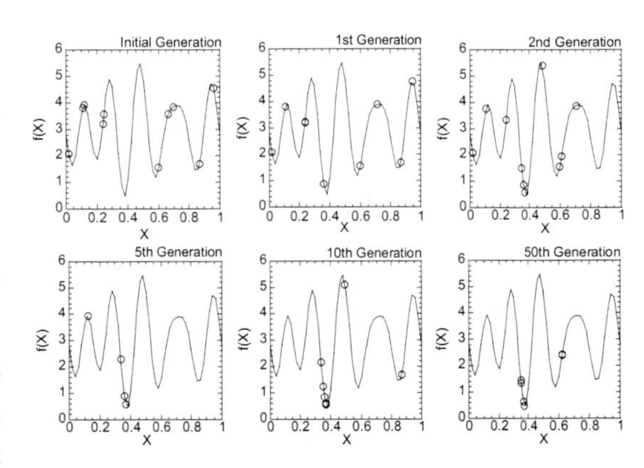

図 6.11　GA によるモデル探索の推移

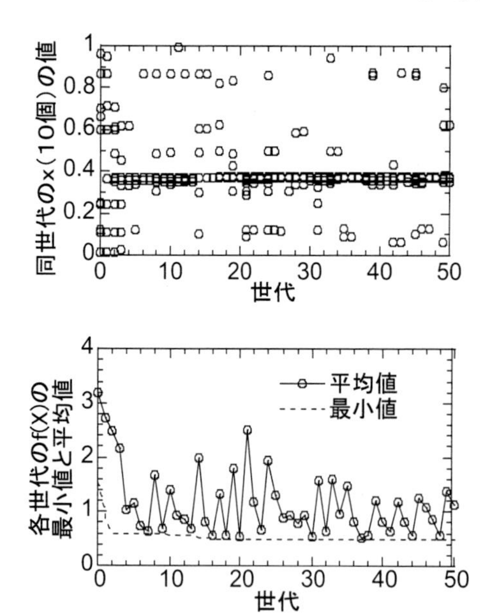

図 6.12　GA によるモデル探索の推移。上図は各世代の x の平均値を，下図は各世代の関数の平均値と最小値を示す。

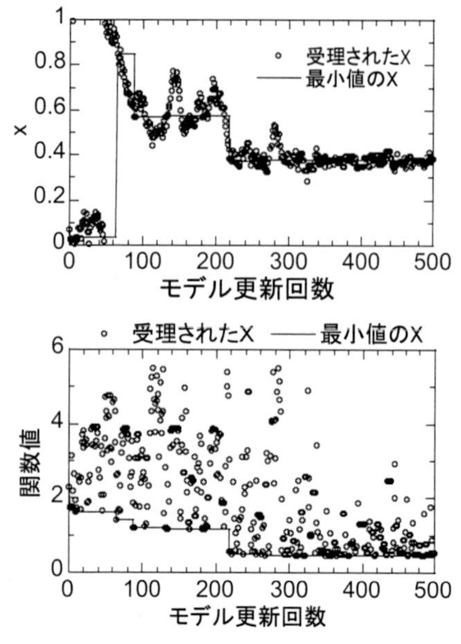

図 6.13　SA 法によるモデル探索の推移。上図は各繰返し回数での x の値，下図はそのときの関数値を示す。

に示されている。図では，数が少なくみえる世代もあるが，同じモデルが集団に複数個現われるためである。初期世代では存在しなかった最小値近くの解が 2 世代目で見つかっている。また，図 6.12 の上図には，各世代の集団の x の値が示され，下図には，各世代の x の平均と最小値の推移が示されている。5 世代目より前の世代では，広い範囲に集団が分布している。その後，最小値付近に多くのモデルが集中し，約 20 世代目で最小値が見つかっている。その後も誤差の大きいモデルも集団に現われ，平均値が一時的に大きくなることもあるが，こうしたモデルは次の世代で選択されていない。

SA 法による結果は，図 6.13 に示されている。ランダムに発生された x の初期値は，0 付近から徐々に変化しながら，局所解のひとつである x の値が 0.6 付近に移動して，そのまわりで探索を行っている。繰返し回数が 200 回を過ぎると，$f(x)$ の最小値を与える x が 0.4 付近に移動し，さらなる探索が進み，$f(x)$ の最小値となる x の近傍のモデルが見つかっている。その後は，温度が低下しているために，主に最小値付近での局所的な探索が行われている。

GA と SA 法では，上記の図に示している範囲において最終的に評価した関数値の数は，500 個である。この結果だけでみると，GA のほうがより早く最小値の近傍解を見つけている。比較のために，モンテカルロ法 (ランダムに解空間を探索する方法) によって同じ問題を解いた結果が図 6.14 に示されている。500 回のモデル更新の過程で関数の最小値は発見されているが，探索の仕方は単調であり，ヒューリスティック法に比べると，効率的な探索が行われていないことがわかる。

以上の 3 つの計算での 500 回の探索で得られた x の値の頻度分布が図 6.15 にまとめられている。モンテカルロ法では，x の定義域が一様に探索されている。一方，GA や SA 法では，x の最適値付近のモデルの出現頻度が高く，最適解付近での探索が集中的に行われている。とくに，GA では，最適解の近傍のモデルの頻度が高いことがわかる。さらに，GA では，局所的に関数値

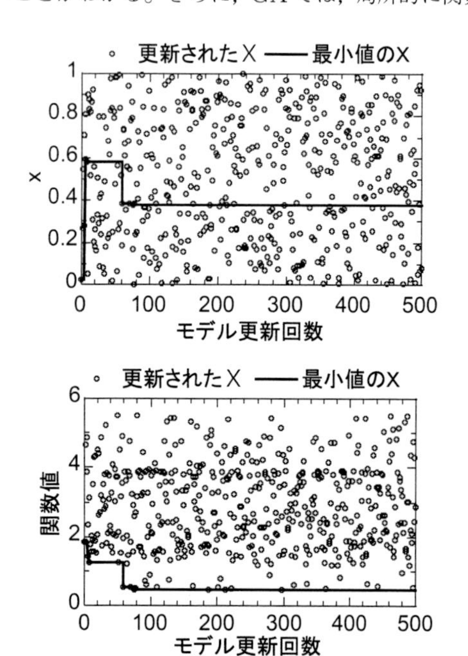

図 6.14　モンテカルロ法によるモデル探索の推移。上図は各繰返し回数での x の値，下図はそのときの関数値を示す。

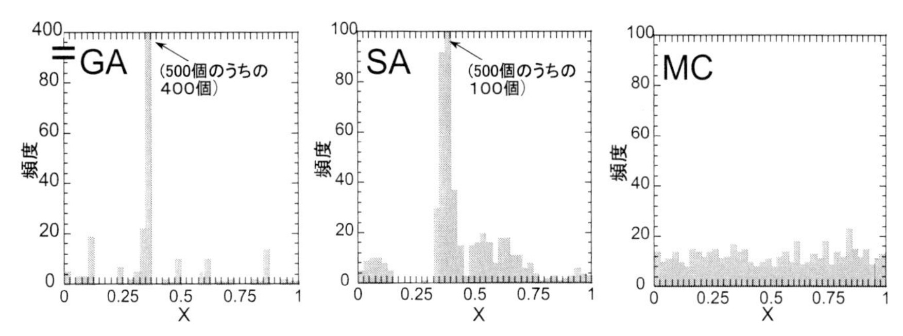

図 6.15　GA, SA 法, モンテカルロ法に基づくアルゴリズムによる探索モデルの頻度分布

が小さくなっているところでもモデルの出現頻度がやや高くなっており，その付近でもある程度の探索も行われていることがわかる。

6.3.5　地盤モデル推定の逆解析の実例

ここでは，上述の方法を用いて行われた表面波の位相速度の逆解析の結果について紹介する。第 5 章で述べたように，微動探査などによる表面波の位相速度は，S 波速度の分布に敏感であるために，地盤の S 波速度推定法として地震動評価のための地盤モデル化でよく使われている。とくに，大規模な平野では，長周期地震動の特徴を理解するために，深部地盤構造を対象とした数多くの微動探査が実施されている。以下に神奈川県川崎市麻生区で得られたレイリー波の位相速度の逆解析結果[18] を紹介する。

図 6.16 には，微動の上下動成分のアレー観測から得られた位相速度が示されている。観測位相速度には，周期 0.5 秒から 4 秒の周期範囲で分散性がみられる。この位相速度の逆解析では，水平成層モデルでの基本モードのレイリー波が仮定され，観測位相速度と理論値の差の自乗和 (以下，誤差) が最小になるように，各地層の厚さと S 波速度が推定されている。誤差の最小化には，上述の GA と SA 法の他に，タブー探索[13](以下，TB) も用いられている。

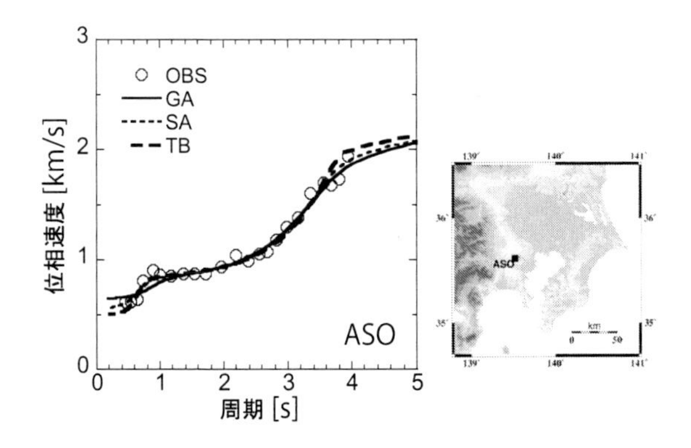

図 6.16　神奈川県川崎市麻生区で観測されたレイリー波の位相速度 (左) と微動探査地点の位置 (右)

GA による逆解析での遺伝子コード化は，次のとおりである。まず，各層の S 波速度と厚さの探索範囲を与えて，その間を 8 ビットの 2 進数で離散化した。さらに，S 波速度と厚さの 2 進数を連結して，1 つのモデルを表す遺伝子コードに変換した。さらに，集団の個体数を 20，総世代更新回数を 300，交叉確率 0.7，突然変異確率 0.01 とした。一方，SA 法による逆解析では，初期温度 T_0 を 1 度とし，式 (6.47) の a と c を 0.5, 1.0 とした冷却スケジュールによって温度を低下させながら，GA と同じ探索範囲内でランダムに発生した初期モ

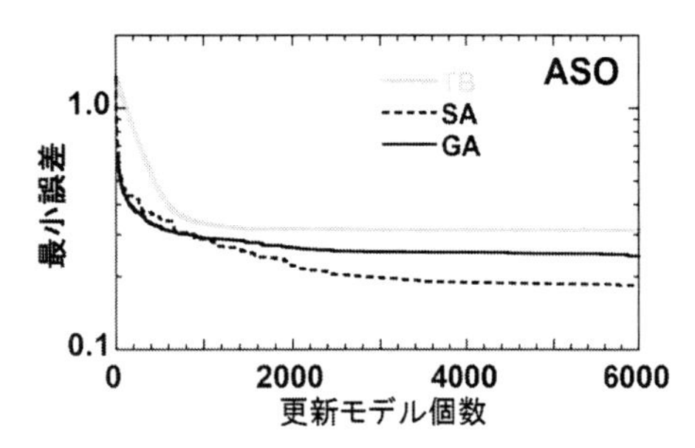

図 6.17　ヒューリスティック法に基づく位相速度の逆解析での誤差の推移の比較

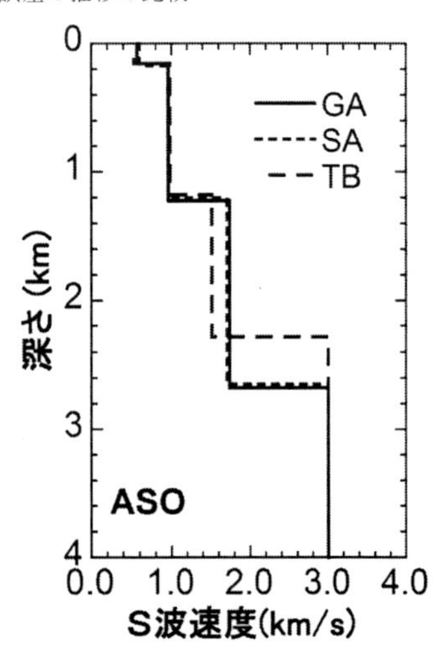

図 6.18　ヒューリスティック法に基づく位相速度の逆解析による S 波速度構造モデルの比較

デルを徐々に更新していった。モデル更新は，各 S 波速度と層厚を順番に微小量変化させた。また，ひとつの温度で各パラメータを 10 回モデルの更新を行った。なお，各手法でのパラメータ (冷却スケジュールの温度や遺伝子コード化のビット数など) の適切な値は，問題によって変わるものであり，パラメータを変えて数回の試行を行って，その結果を勘案して最適なパラメータを決めることになる。各逆解析では，乱数を変えて異なる初期値での 10 回の計算を行い，各回で得られる最小誤差のモデルの平均値を用いて最終的なモデルを得ている。

繰返し回数に伴う最適解の誤差の変化は図 6.17 に示すごとくである。GA の場合には，集団として世代更新するので，横軸は，集団の個体数と世代数の積としている。計算開始直後は，GA のほうが誤差の小さいモデルを速く探索していることがわかる。しかし，約千回を過ぎてからは，GA では誤差の減少が緩慢になる。一方，SA 法では，4 千回程度までは，誤差が減少し続け，大局的最適解近傍での探索が効果的に行われていると考えられる。また，TB は，最適解の探索能力は，あまりよくない。

得られた深部地盤のモデルが図 6.18 に示されている。最小誤差のモデルは，SA 法と GA ではほぼ同じであるが，TB によるモデルは異なっている。これらの逆解析により得られたモデルに対する理論位相速度と観測値が図 6.16 において比較されている。SA 法によるモデルによって観測値がよく説明されている。一方，GA によるモデルでは，周期 1 秒以下の理論位相速度が観測値より若干小さくなっている。

文　　献

1) 日本建築学会：地盤震動と強震動予測 —基本を学ぶための重要項目—，100–101, 2016.
2) 塩野計司・太田裕・工藤一嘉：やや長周期の微動観測と地震工学への適用 (6) —微動に含まれる Rayleigh 波成分—，地震，**32**, 115–124,1979.
3) Langston, C.A., "Structure under Mount Rainier, Washington, inferred from teleseismic body waves," *J. Geophys. Res.*, **84**, 4749–4762, 1979.
4) 佐藤浩章・山中浩明：広帯域サイト増幅特性評価のための深部地盤の不均質性のモデル化に関する研究 —新潟平野を対象とした基礎的検討—，日本建築学会構造系論文集，**75**(648), 289–298, 2010.
5) 引間和人・纐纈一起：波形インバージョンによる二次元速度構造の推定とそれを用いた三次元速度構造モデルの構築，第 13 回日本地震工学シンポジウム，3755–3762, 2010.
6) Iwaki, A. and Iwata, T., "Estimation of three-dimensional boundary shape of the Osaka sedimentary basin by waveform inversion," *Geophysical J. Int.*, **186**, 1255–1278, 2011.
7) 笠松健太郎・山中浩明・酒井慎一：ラブ波を用いた波形インバージョンによる二次元速度構造の推定，物理探査，**66**(4), 265–275, 2015.
8) Haskell, N.A., "Dispersion of surface waves on multilayered media," *Bull. Seismol. Soc. Am.*, **43**(1), 17–34, 1953.
9) Horike, M., "Inversion of phase velocity of long-period microtremors to the S-wave velocity structure down to the basement in urbanized areas," *J. Phys. Earth*, **33**, 59–96, 1985.
10) Menke, W., *Geophysical Data Analysis: Discrete Inverse Theory*, Revised Edition, 289pp., Academic Press, San Diego, 1989.
11) Aki, K. and Richards, P.G., *Quantitative Seismology —Theory and Methods*, Volume II, 373pp., W.H. Freeman and Company, San Francisco, 1980.
12) S. ラング：解析入門 II 増補版，松沢和夫・片山孝次 訳，岩波書店，131–135, 1975.
13) Yamanaka, H., "Comparison of performance of heuristic search methods for phase velocity inversion in shallow surface wave methods," *J. Environ. Eng. Geophys.*, **10**, 163–173, 2005.
14) 山中浩明：ハイブリッドヒューリスティック探索による位相速度の逆解析，物理探査，**60**, 265–275, 2007.
15) Goldberg, D.E., *Genetic Algorithms in Search, Optimization, and Machine Learning*, Addison-Wesley, 1989.
16) Metropolis, N., Rosenbluth, A.W., Rosenbluth, M.N., and Teller, A.H., "Equation of state calculations by fast computing machines, *J. Chem. Phys.*, **21**(6), 1087–1092, 1953.
17) Kirkpatrick, S., Gelatt, C.D, and Vecchi, M.P., "Optimization by simulated annealing," *Science*, **220**, 671–680, 1983.
18) 山中浩明・佐藤浩章・栗田勝実・瀬尾和大：関東平野南西部におけるやや長周期微動のアレイ観測 —川崎市および横浜市の S 波速度構造の推定，地震，第 2 輯，**51**, 355–365, 1999.

7

差分法による地震動のシミュレーション

地球内部における地震波のシミュレーションは，地下構造の複雑さ，対象領域の広がり，評価対象となる地震動の周波数帯域などを考慮して，さまざまな方法が用いられている[1]。水平な複数の均質層から成る成層地盤モデルでは，波数積分法などによる波動場の計算方法がある。実際の地下構造は，上述のように，3 次元的に不整形な境界面をもつ不均質性な地層から構成されている。この場合には，地震波の伝播特性は，有限要素法，境界要素法などの数値解析的手法によって評価される。最も一般的に用いられる 3 次元地下構造モデルでの波動場の評価は，差分法 (Finite Difference Method; FDM) に基づく方法である。ここでは，差分法による波動伝播計算の方法について述べる。なお，差分法の基礎については，参考文献[2,3]が参考になる。また，地震波伝播への適用に際する基礎的事項は，参考文献[4~6]などにまとめられている。

7.1 導関数の差分近似

ある関数 $f(x)$ が微分可能であれば，$x+\Delta x$ でテイラー展開すると，

$$f(x+\Delta x) = f(x) + \frac{df}{dx}\Delta x + \frac{1}{2}\frac{d^2 f}{dx^2}(\Delta x)^2 + \frac{1}{6}\frac{d^3 f}{dx^3}(\Delta x)^3 + \frac{1}{24}\frac{d^4 f}{dx^4}(\Delta x)^4 + \cdots \tag{7.1}$$

である。高次の項を無視すれば，式 (7.1) は

$$\frac{df}{dx} = \frac{1}{\Delta x}(f_{j+1} - f_j) + \mathcal{O}(\Delta x) \tag{7.2}$$

となる。ここで，$\mathcal{O}(\Delta x)$ は，高次の項の打ち切りによる誤差である。また，f_j と f_{j+1} は，それぞれ $f_j = f(x)$, $f_{j+1} = f(x+\Delta x)$ である。式 (7.2) による $f(x)$ の微分の近似を前進差分と呼ぶ。同様にして，$x-\Delta x$ でのテイラー展開から，

$$f(x-\Delta x) = f(x) - \frac{df}{dx}\Delta x + \frac{1}{2}\frac{d^2 f}{dx^2}(\Delta x)^2 - \frac{1}{6}\frac{d^3 f}{dx^3}(\Delta x)^3 + \frac{1}{24}\frac{d^4 f}{dx^4}(\Delta x)^4 - \cdots \tag{7.3}$$

となる。この式より，$f(x)$ の微分の後退差分による近似は，

$$\frac{df}{dx} = \frac{1}{\Delta x}(f_j - f_{j-1}) + \mathcal{O}(\Delta x) \tag{7.4}$$

と得られる。式 (7.2) と式 (7.4) による微分の差分近似は，1 次の精度となっている。

さらに，式 (7.1) から式 (7.3) を引くと，中央差分による近似式が次のように得られる。

$$\frac{df}{dx} = \frac{1}{2\Delta x}(f_{j+1} - f_{j-1}) + \mathcal{O}(\Delta x^2) \tag{7.5}$$

この式では，2 つの式の差によって Δx の 1 次の項が相殺されているので，中央差分による近似は，2 次精度となり，式 (7.2) や式 (7.4) に比べて，精度が高いことになる。これら 3 つの微分の差分近似式の関係は，図 7.1 のように理解することができる。実線の関数の微分は，点 A での $f(x)$ の傾きを求めることであるので，Δx が十分に小さければ，対象となる点を跨いだ 2 点を用いた傾きが 3 者のなかで最も近似の程度が高いことになることがわかる。

さらに，微分の精度の高い差分近似を考える。$f(x)$ を $x+2\Delta x$ でテイラー展開すると，

$$f(x+2\Delta x) = f(x) + \frac{df}{dx}2\Delta x + \frac{1}{2}\frac{d^2 f}{dx^2}(2\Delta x)^2 + \frac{1}{6}\frac{d^3 f}{dx^3}(2\Delta x)^3 + \frac{1}{24}\frac{d^4 f}{dx^4}(2\Delta x)^4 + \frac{1}{120}\frac{d^5 f}{dx^5}(2\Delta x)^5 + \cdots \tag{7.6}$$

である。同様に，$x-2\Delta x$ でのテイラー展開は，

$$f(x-2\Delta x) = f(x) - \frac{df}{dx}2\Delta x + \frac{1}{2}\frac{d^2 f}{dx^2}(2\Delta x)^2 - \frac{1}{6}\frac{d^3 f}{dx^3}(2\Delta x)^3 + \frac{1}{24}\frac{d^4 f}{dx^4}(2\Delta x)^4 - \frac{1}{120}\frac{d^5 f}{dx^5}(2\Delta x)^5 + \cdots \tag{7.7}$$

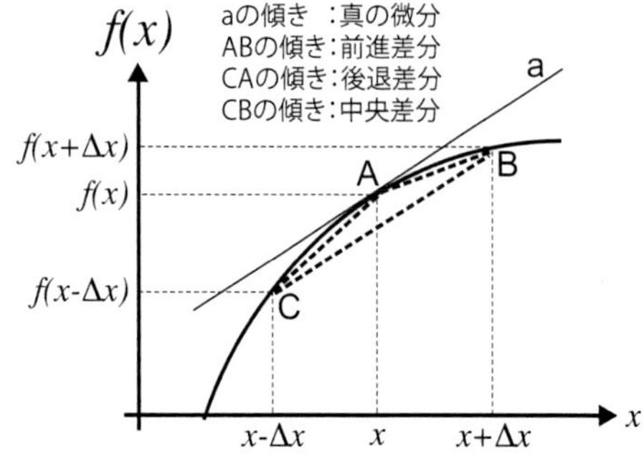

図 7.1　微分の差分近似の模式図

である。これらの 2 つの式の差を取ると，

$$f(x+2\Delta x)-f(x-2\Delta x)$$
$$=2\frac{df}{dx}2\Delta x+\frac{2}{6}\frac{d^3f}{dx^3}(2\Delta x)^3+\mathcal{O}(\Delta x^4) \quad (7.8)$$

となる。また，式 (7.1) と式 (7.3) の差から，

$$f(x+\Delta x)-f(x-\Delta x)$$
$$=2\frac{df}{dx}\Delta x+\frac{2}{6}\frac{d^3f}{dx^3}(\Delta x)^3+\mathcal{O}(\Delta x^4) \quad (7.9)$$

を得る。ここで，式 (7.8) と式 (7.9) から，$\frac{d^3f}{dx^3}$ の項を消去すれば，

$$\frac{df}{dx}=\frac{2}{3\Delta x}(f_{j+1}-f_{j-1})$$
$$+\frac{1}{12\Delta x}(f_{j+2}-f_{j-2})+\mathcal{O}(\Delta x^4) \quad (7.10)$$

が得られる。この 1 階微分の差分式は，4 次精度となる。

2 階微分に対する差分近似は，式 (7.1) と式 (7.3) を加えることにより，つぎのようになる。

$$\frac{d^2f}{dx^2}=\frac{1}{\Delta x^2}(f_{j+1}-2f_j+f_{j-1})+\mathcal{O}(\Delta x^2) \quad (7.11)$$

この式では，1 次の項は相殺され，2 次精度となっている。さらに，4 次精度の 2 階微分は，

$$\frac{d^2f}{dx^2}=\frac{1}{12\Delta x^2}(-f_{j+2}+16f_{j+1}-30f_j$$
$$+16f_{j-1}-f_{j-2})+\mathcal{O}(\Delta x^4) \quad (7.12)$$

となる。式 (7.11) と式 (7.12) を比べると，精度が高い差分式では，計算量が多くなるだけでなく，計算で必要となる格子点の値の数 (プログラムでのメモリーに対応) も約 1.7 倍になることがわかる。

最後に，2 変数の関数 $f(x,y)$ の 2 階微分の差分近似についても考える。上記の前進差分を用いれば，

$$\frac{\partial^2 f}{\partial x\partial y}=\frac{\partial}{\partial x}\left(\frac{\partial f}{\partial y}\right)=\frac{\partial}{\partial x}\left[\frac{1}{\Delta y}(f_{i,j+1}-f_{i,j})\right]$$
$$=\frac{1}{\Delta y}\left(\frac{\partial f_{i,j+1}}{\partial x}-\frac{\partial f_{i,j}}{\partial x}\right)$$
$$=\frac{1}{\Delta x\Delta y}\{(f_{i+1,j+1}-f_{i,j+1})-(f_{i+1,j}-f_{i,j})\}$$
$$=\frac{1}{\Delta x\Delta y}(f_{i+1,j+1}-f_{i,j+1}-f_{i+1,j}+f_{i,j}) \quad (7.13)$$

となる。また，同様にして後退差分を用いると，

$$\frac{\partial^2 f}{\partial x\partial y}=\frac{\partial}{\partial x}\left(\frac{\partial f}{\partial y}\right)=\frac{\partial}{\partial x}\left[\frac{1}{\Delta y}(f_{i,j}-f_{i,j-1})\right]$$
$$=\frac{1}{\Delta y}\left(\frac{\partial f_{i,j}}{\partial x}-\frac{\partial f_{i,j-1}}{\partial x}\right)$$
$$=\frac{1}{\Delta x\Delta y}(f_{i,j}-f_{i-1,j}-f_{i,j-1}+f_{i-1,j-1}) \quad (7.14)$$

である。さらに，中央差分を用いて次式を得る。

$$\frac{\partial^2 f}{\partial x\partial y}=\frac{\partial}{\partial x}\left(\frac{\partial f}{\partial y}\right)=\frac{\partial}{\partial x}\left[\frac{1}{2\Delta y}(f_{i,j+1}-f_{i,j-1})\right]$$
$$=\frac{1}{2\Delta y}\left(\frac{\partial f_{i,j+1}}{\partial x}-\frac{\partial f_{i,j-1}}{\partial x}\right)$$
$$=\frac{1}{4\Delta x\Delta y}(f_{i+1,j+1}-f_{i-1,j+1}$$
$$-f_{i+1,j-1}+f_{i-1,j-1}) \quad (7.15)$$

これらの近似式の精度は，式 (7.13) と式 (7.14) については 1 次精度，式 (7.15) では 2 次精度である。

上述の差分近似は，離散点を正方格子に配置した場合の式である。後述する食い違い格子での差分近似も考える。食い違い格子での格子点は，$\Delta x/2$, $3\Delta x/2$, $5\Delta x/2$ の順に定義されることになる。$f(x)$ のテイラー展開は，

$$f\left(x+\frac{\Delta x}{2}\right)=f(x)+\frac{df}{dx}\frac{\Delta x}{2}+\frac{1}{2}\frac{d^2f}{dx^2}\left(\frac{\Delta x}{2}\right)^2$$
$$+\frac{1}{6}\frac{d^3f}{dx^3}\left(\frac{\Delta x}{2}\right)^3+\frac{1}{24}\frac{d^4f}{dx^4}\left(\frac{\Delta x}{2}\right)^4+\cdots \quad (7.16a)$$
$$f\left(x-\frac{\Delta x}{2}\right)=f(x)-\frac{df}{dx}\frac{\Delta x}{2}+\frac{1}{2}\frac{d^2f}{dx^2}\left(\frac{\Delta x}{2}\right)^2$$
$$-\frac{1}{6}\frac{d^3f}{dx^3}\left(\frac{\Delta x}{2}\right)^3+\frac{1}{24}\frac{d^4f}{dx^4}\left(\frac{\Delta x}{2}\right)^4-\cdots \quad (7.16b)$$

である。これら 2 つの式より以下を得る。

$$f_{i+\frac{1}{2}}-f_{i-\frac{1}{2}}=\frac{df}{dx}\Delta x+\frac{1}{3}\frac{d^3f}{dx^3}\left(\frac{\Delta x}{2}\right)^3\cdots \quad (7.17)$$

この式で 3 次の項を無視すれば，2 次の精度の中央差分式

$$\frac{df}{dx}=\frac{1}{\Delta x}(f_{i+\frac{1}{2}}-f_{i-\frac{1}{2}}) \quad (7.18)$$

が得られる。さらに，

$$f\left(x+\frac{3\Delta x}{2}\right)=f(x)+\frac{df}{dx}\frac{3\Delta x}{2}+\frac{1}{2}\frac{d^2f}{dx^2}\left(\frac{3\Delta x}{2}\right)^2$$
$$+\frac{1}{6}\frac{d^3f}{dx^3}\left(\frac{3\Delta x}{2}\right)^3+\frac{1}{24}\frac{d^4f}{dx^4}\left(\frac{3\Delta x}{2}\right)^4+\cdots \quad (7.19a)$$
$$f\left(x-\frac{3\Delta x}{2}\right)=f(x)-\frac{df}{dx}\frac{3\Delta x}{2}+\frac{1}{2}\frac{d^2f}{dx^2}\left(\frac{3\Delta x}{2}\right)^2$$
$$-\frac{1}{6}\frac{d^3f}{dx^3}\left(\frac{3\Delta x}{2}\right)^3+\frac{1}{24}\frac{d^4f}{dx^4}\left(\frac{3\Delta x}{2}\right)^4-\cdots \quad (7.19b)$$

同様にして 2 つの式の差から

$$f_{i+\frac{3}{2}}-f_{i-\frac{3}{2}}=3\frac{df}{dx}\Delta x+\frac{1}{3}\frac{d^3f}{dx^3}\left(\frac{3\Delta x}{2}\right)^3\cdots \quad (7.20)$$

が得られる。さらに，式 (7.17) と式 (7.20) から，3 次の項を消去すれば，

$$27(f_{i+\frac{1}{2}}-f_{i-\frac{1}{2}})-(f_{i+\frac{3}{2}}-f_{i-\frac{3}{2}})=24\frac{df}{dx}\Delta x \quad (7.21)$$

となる。したがって，

$$\frac{df}{dx}=\frac{9}{8\Delta x}(f_{i+\frac{1}{2}}-f_{i-\frac{1}{2}})-\frac{1}{24\Delta x}(f_{i+\frac{3}{2}}-f_{i-\frac{3}{2}}) \quad (7.22)$$

を得る。

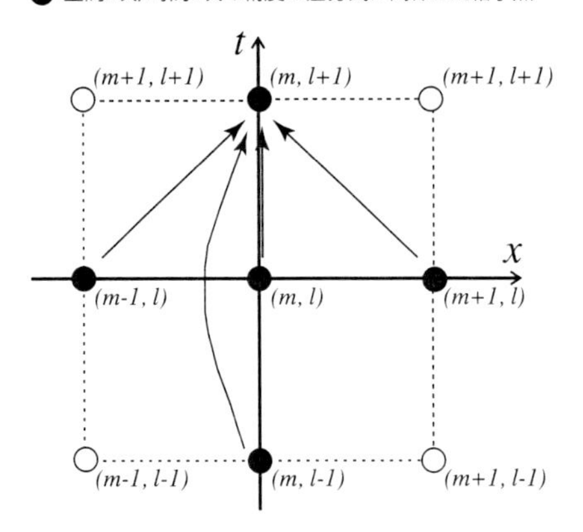

図 7.2　1 次元波動方程式の差分計算模式図。黒丸の点での変位により差分近似した波動方程式が構成されている。

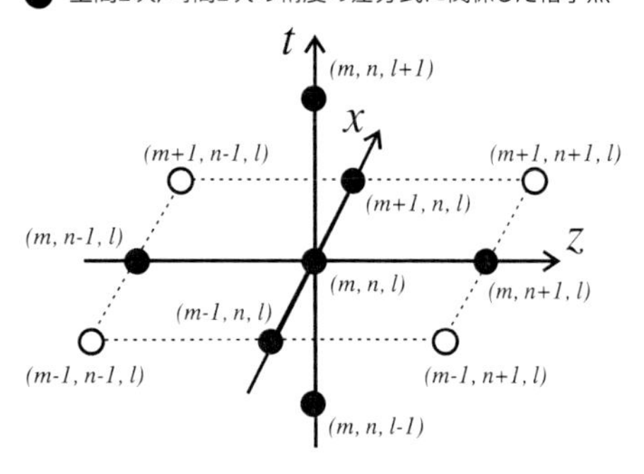

図 7.3　2 次元波動方程式の差分計算模式図。黒丸は計算に寄与する格子点である。

7.2　波動方程式の差分近似

7.2.1　1 次元 S 波の場合

弾性波の伝播は，波動方程式で記述される。ここでは，簡単のために 1 次元 S 波の伝播を例にして波動方程式の差分近似解を考える。第 2 章で説明したように，均質な 1 次元地盤モデルでの位置 x，時刻 t での S 波の振幅 $v(x,t)$ は，つぎの波動方程式を満たすように伝播する。

$$\frac{\partial^2 v}{\partial t^2} = \beta^2 \frac{\partial^2 v}{\partial x^2} \tag{7.23}$$

ここで，β は S 波速度であり，剛性率 μ と密度 ρ との間に以下の関係がある (式 (2.23) 参照)。

$$\beta = \sqrt{\frac{\mu}{\rho}} \tag{7.24}$$

時間および空間における離散化間隔をそれぞれ h と Δt とすれば，任意の離散的な時刻と位置での変位は，

$$v(x,t) = v(mh, \ell\Delta t) = v_m^\ell \tag{7.25}$$

と表現される。まず，式 (7.23) の両辺の微分項を式 (7.11) の中央差分により近似する。すなわち，

$$\frac{\partial^2 v}{\partial t^2} = \frac{1}{\Delta t^2}(v_m^{\ell+1} - 2v_m^\ell + v_m^{\ell-1}) \tag{7.26a}$$

$$\frac{\partial^2 v}{\partial x^2} = \frac{1}{h^2}(v_{m+1}^\ell - 2v_m^\ell + v_{m-1}^\ell) \tag{7.26b}$$

となる。これらを用いて，式 (7.23) の波動方程式の差分近似式は，以下のようになる。

$$v_m^{\ell+1} = 2v_m^\ell - v_m^{\ell-1} + \left(\frac{\beta\Delta t}{h}\right)^2 (v_{m+1}^\ell - 2v_m^\ell + v_{m-1}^\ell) \tag{7.27}$$

この代数式によって，時刻 ℓ と $\ell-1$ での変位から，時刻 $\ell+1$ での変位が得られることを示している。したがって，$\ell = 1, 2$ での変位 (初期条件) が与えられれば，新しい時刻での変位を逐次的に求めていくことができる。つまり，代数方程式を計算することによって波動方程式を数値的に解くことができる。この計算のプロセスの概念は，図 7.2 に示すごとくである。図の横軸は x 座標，縦軸が時間座標を示し，黒丸のグリッド点が空間 mh，時刻 $(\ell+1)\Delta t$ での変位を算出する代数式に関係した点である。この計算を順次横方向に行った後に，時間軸を更新していけば，すべての時間と空間の格子点での変位を計算でき，波動場の解析が終了となる。こうした計算手法を 2 次精度の explicit 差分法 (陽解法) という。

7.2.2　2 次元 SH 波の場合

均質な 2 次元地下構造モデルでの SH 波の変位 $v(x,z)$ は，2 次元波動方程式

$$\frac{\partial^2 v}{\partial t^2} = \beta^2 \left(\frac{\partial^2 v}{\partial x^2} + \frac{\partial^2 v}{\partial z^2}\right) \tag{7.28}$$

で記述される。前項と同様に，時間を Δt で，空間座標を間隔 h で離散化するとすれば，格子点での変位 $v(x,z,t)$ は，以下のように表示できる。

$$v(x,z,t) = v(mh, nh, \ell\Delta t) = v_{m,n}^\ell \tag{7.29}$$

つぎに，1 次元の場合と同様にして，式 (7.28) の各項を 2 次精度の中央差分で近似していく。その結果，以下のように 2 次元均質媒質での波動方程式の差分式がつぎのように得られる。

$$v_{m,n}^{\ell+1} = -v_{m,n}^{\ell-1} + \gamma^2(v_{m+1,n}^\ell + v_{m-1,n}^\ell + v_{m,n+1}^\ell + v_{m,n-1}^\ell) + 2(1-2\gamma^2)v_{m,n}^\ell \tag{7.30}$$

ここで，$\gamma = \beta\Delta t/h$ である。1 次元の場合と同様に，この代数式を用いて，初期条件を与えて，逐次，空間と時間ステップを更新していけば，すべての格子点の変位の値を求めることができる。この差分式に関係した差分格子点の構成は，図 7.3 に示されている。

7.2.3 P-SV波の場合

2次元弾性体では，SH波(面外振動)のほかにP波やSV波も存在する。P波とSV波は，カップリングして波動場をつくり，面内振動となる。鉛直方向の変位を $w(x,z,t)$，動径方向の変位を $u(x,z,t)$ とすれば，P-SV波動場の弾性体の運動方程式は，

$$\frac{\partial^2 u}{\partial t^2}=(\lambda+\mu)\frac{\partial\Delta}{\partial x}+\mu\left(\frac{\partial^2 u}{\partial x^2}+\frac{\partial^2 u}{\partial z^2}\right) \quad (7.31a)$$

$$\frac{\partial^2 w}{\partial t^2}=(\lambda+\mu)\frac{\partial\Delta}{\partial z}+\mu\left(\frac{\partial^2 w}{\partial x^2}+\frac{\partial^2 w}{\partial z^2}\right) \quad (7.31b)$$

となる。ここで，ρ は密度，λ と μ はラメの定数である。Δ は，体積ひずみであり，2次元弾性体では，

$$\Delta=\frac{\partial u}{\partial x}+\frac{\partial w}{\partial z} \quad (7.32)$$

である。したがって，運動方程式は，

$$\frac{\partial^2 u}{\partial t^2}=\alpha^2\frac{\partial^2 u}{\partial x^2}+(\alpha^2-\beta^2)\frac{\partial^2 w}{\partial x\partial z}+\beta^2\frac{\partial^2 u}{\partial z^2} \quad (7.33a)$$

$$\frac{\partial^2 w}{\partial t^2}=\alpha^2\frac{\partial^2 w}{\partial z^2}+(\alpha^2-\beta^2)\frac{\partial^2 u}{\partial x\partial z}+\beta^2\frac{\partial^2 w}{\partial x^2} \quad (7.33b)$$

となる。ここで，α と β は，P波とS波の速度である。式(2.23)で述べたように，ラメの定数を用いて，P波とS波の速度は，

$$\alpha=\sqrt{\frac{\lambda+2\mu}{\rho}},\quad \beta=\sqrt{\frac{\mu}{\rho}} \quad (7.34)$$

と書くことができる。

式(7.33a)と式(7.33b)の各項を2次精度で差分近似することを考える。右辺の第1, 3項を上述の2次精度の中央差分の式(7.11)で近似する。第2項については，式(7.15)を用いて，

$$\frac{\partial^2 w}{\partial x\partial z}=\frac{1}{4\Delta x\Delta z}(w^{\ell}_{m+1,n+1}-w^{\ell}_{m-1,n+1}$$
$$-w^{\ell}_{m+1,n-1}+w^{\ell}_{m-1,n-1}) \quad (7.35)$$

のように近似する。したがって，運動方程式の差分近似式は，以下のように得られる。

$$u^{\ell+1}_{m,n}=-u^{\ell-1}_{m,n}+2\{1-\varepsilon^2(1+\delta)\}u^{\ell}_{m,n}$$
$$+\varepsilon^2\{u^{\ell}_{m+1,n}+u^{\ell}_{m-1,n}+\delta(u^{\ell}_{m,n+1}+u^{\ell}_{m,n-1})\}$$
$$+\frac{1}{4}\varepsilon^2(1-\delta)(w^{\ell}_{m+1,n+1}-w^{\ell}_{m-1,n+1}$$
$$-w^{\ell}_{m+1,n-1}+w^{\ell}_{m-1,n-1}) \quad (7.36a)$$

$$w^{\ell+1}_{m,n}=-w^{\ell-1}_{m,n}+2\{1-\varepsilon^2(1+\delta)\}w^{\ell}_{m,n}$$
$$+\varepsilon^2\{\delta(w^{\ell}_{m+1,n}+w^{\ell}_{m-1,n})+w^{\ell}_{m,n+1}+w^{\ell}_{m,n-1}\}$$
$$+\frac{1}{4}\varepsilon^2(1-\delta)(u^{\ell}_{m+1,n+1}-u^{\ell}_{m-1,n+1}$$
$$-u^{\ell}_{m+1,n-1}+u^{\ell}_{m-1,n-1}) \quad (7.36b)$$

ここで，$\varepsilon=\alpha\Delta t/h,\ \delta=\beta^2/\alpha^2$ である。

7.2.4 不均質媒質での波動方程式の差分近似

地下構造モデルの物性値が空間的に変動している場合には，上述の差分近似式を直接使用することができない。不均質媒質での波動伝播計算を差分法で行うには，以下に述べる2つの考え方がある。

ひとつは，均質なブロックに地下構造を分ける方法である。つまり，不均質媒質を複数の均質なブロックに分割し，均質なブロック内の格子では，上記の差分式を用いて，波動伝播を計算する。各ブロックの境界面では，応力と変位の連続条件を満たすように，仮想の格子点を設ける方法である[5]。この方法では，プログラム化が複雑になる短所がある。さらに，複雑な不均質モデルへの適用が容易ではない。

もうひとつの考え方は，不均質媒質の運動方程式を差分近似するものである[4]。この考え方に基づくと，食い違い格子を導入し，境界条件を自動的に満足するようなアルゴリズムになり，差分式をプログラム化しやすいという利点がある。最近は，この考え方が多くの研究で用いられている。ここでは，モデルの物性値が2次元的に変化している場合について不均質媒質での波動方程式を考える。

2次元的に不均質な地下構造モデルでは，物性値が空間の関数

$$\alpha=\alpha(x,z),\quad \beta=\beta(x,z),\quad \rho=\rho(x,z) \quad (7.37)$$

となり，差分格子点ごとに定義される。2次元不均質モデルでのSH波の波動方程式は，

$$\rho\frac{\partial^2 v}{\partial t^2}=\frac{\partial}{\partial x}\left(\mu\frac{\partial v}{\partial x}\right)+\frac{\partial}{\partial z}\left(\mu\frac{\partial v}{\partial z}\right) \quad (7.38)$$

である。Boore[4]を参考にすれば，式(7.38)の右辺の第1項の差分近似は，

$$\frac{\partial}{\partial x}\left(\mu\frac{\partial v}{\partial x}\right)=\frac{1}{h}\left\{\mu_{m+\frac{1}{2},n}\frac{1}{h}(v^{\ell}_{m+1,n}-v^{\ell}_{m,n})\right.$$
$$\left.-\mu_{m-\frac{1}{2},n}\frac{1}{h}(v^{\ell}_{m,n}-v^{\ell}_{m-1,n})\right\} \quad (7.39)$$

となる。ここで，変位を定義している格子点から半格子分だけずれた位置(図7.4)での剛性率は，たとえば変位定義点での剛性率の線形補間により，

$$\mu_{m+\frac{1}{2},n}=\frac{1}{2}(\mu_{m,n}+\mu_{m+1,n}) \quad (7.40)$$

によって得るとする。右辺の第2項についても同様に

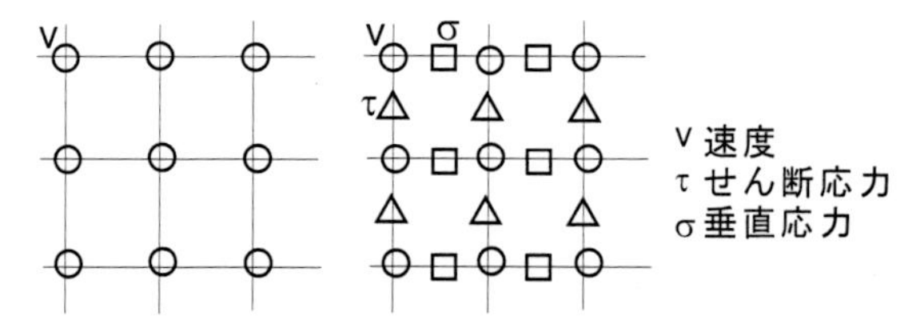

図 7.4 正方格子(左)と食い違い格子(右)

し，不均質媒質でのSH波の運動方程式である式(7.38)の差分近似式として次式が得られる[7)]。

$$v_{m,n}^{\ell+1} = -v_{m,n}^{\ell-1} + 2v_{m,n}^{\ell} + \frac{2\mu_{m,n}}{\rho_{m,n}}\left(\frac{\Delta t}{h}\right)^2 \cdot\{M_1(v_{m+1,n}^{\ell} - v_{m,n}^{\ell}) + M_2(v_{m,n}^{\ell} - v_{m-1,n}^{\ell}) - M_3(v_{m,n+1}^{\ell} - v_{m,n}^{\ell}) + M_4(v_{m,n}^{\ell} - v_{m,n-1}^{\ell})\} \tag{7.41}$$

ここで，M_i は，

$$M_1 = \frac{\mu_{m+1,n}}{\mu_{m,n} + \mu_{m+1,n}}, \quad M_2 = \frac{\mu_{m-1,n}}{\mu_{m,n} + \mu_{m-1,n}},$$

$$M_3 = \frac{\mu_{m,n+1}}{\mu_{m,n} + \mu_{m,n+1}}, \quad M_4 = \frac{\mu_{m,n-1}}{\mu_{m,n} + \mu_{m,n-1}}$$

である。これは，パラメータの平均により境界条件が近似されると考えるものである。計算の対象となる波長が離散間隔より十分に長い場合には，こうした境界条件を用いることによる誤差は少ない。また，式(7.41)は，境界条件が合うようにして設けた仮想の格子点による差分近似式と同じ式になることが示されている[7)]。

今まで述べてきた差分近似式では，変位や剛性率は，図7.4のような正方格子点で定義されている。この場合には，モデル境界は，格子点の中間の位置と考えられている。もし，中間点の位置で応力を定義できれば，厳密に応力の連続条件を満足することができる。そのためには，図7.4の右のようにして中間の位置(1/2格子ずれた場所)で応力を定義する食い違い格子を用いることになる[8)]。密度と剛性率は，それぞれ速度と応力の位置で定義される。

応力 $(\sigma_{xy}, \sigma_{zy})$ を使って2次元SH波に対する運動方程式の式(7.38)を記述すると，次式のようになる。

$$\rho\frac{\partial^2 v}{\partial t^2} = \frac{\partial \sigma_{xy}}{\partial x} + \frac{\partial \sigma_{zy}}{\partial z} \tag{7.42}$$

ここで，以下の関係式を用いた。

$$\sigma_{xy} = \mu\frac{\partial v}{\partial x}, \qquad \sigma_{zy} = \mu\frac{\partial v}{\partial z}$$

さらに，変位 v の代わりに速度 $\dot{v}$ を使うと，

$$\rho\frac{\partial \dot{v}}{\partial t} = \frac{\partial \sigma_{xy}}{\partial x} + \frac{\partial \sigma_{zy}}{\partial z} \tag{7.43a}$$

$$\frac{\partial \sigma_{xy}}{\partial t} = \mu\frac{\partial \dot{v}}{\partial x}, \qquad \frac{\partial \sigma_{zy}}{\partial t} = \mu\frac{\partial \dot{v}}{\partial z} \tag{7.43b}$$

となる。式(7.43a)の左辺については，1次の中央差分によって，格子点 $(mh, nh, \ell\Delta t)$ での速度を求めると，

$$\rho_{m,n}\frac{\partial \dot{v}}{\partial t} = \frac{\rho_{m,n}}{\Delta t}(\dot{v}_{m,n}^{\ell+\frac{1}{2}} - \dot{v}_{m,n}^{\ell-\frac{1}{2}}) \tag{7.44}$$

となる。右辺の第1項についても同じ場所，同じ時刻での応力を用いて次式が得られる。

$$\frac{\partial \sigma_{xy}}{\partial x} = \frac{1}{h}\{(\sigma_{xy})_{m+\frac{1}{2},n}^{\ell} - (\sigma_{xy})_{m-\frac{1}{2},n}^{\ell}\} \tag{7.45}$$

同様に第2項も差分化すれば，式(7.43a)の差分式が得られる。式(7.43b)の第1式の左辺は，前進差分を用いて次のように近似される。

$$\frac{\partial \sigma_{xy}}{\partial t} = \frac{1}{\Delta t}\{(\sigma_{xy})_{m+\frac{1}{2},n}^{\ell+1} - (\sigma_{xy})_{m+\frac{1}{2},n}^{\ell}\} \tag{7.46}$$

また，右辺は，剛性率の定義点での差分近似を用いて，

$$\mu\frac{\partial \dot{v}}{\partial x} = \frac{\mu_{m+\frac{1}{2},n}}{h}(\dot{v}_{m+1,n}^{\ell+\frac{1}{2}} - \dot{v}_{m,n}^{\ell+\frac{1}{2}}) \tag{7.47}$$

となる。以上より，式(7.43a), (7.43b)の差分式は，

$$\dot{v}_{m,n}^{\ell+\frac{1}{2}} = \dot{v}_{m,n}^{\ell-\frac{1}{2}} + \frac{\Delta t}{h\rho_{m,n}}\{(\sigma_{xy})_{m+\frac{1}{2},n}^{\ell} - (\sigma_{xy})_{m-\frac{1}{2},n}^{\ell} + (\sigma_{xy})_{m,n+\frac{1}{2}}^{\ell} - (\sigma_{xy})_{m,n-\frac{1}{2}}^{\ell}\} \tag{7.48a}$$

$$(\sigma_{xy})_{m+\frac{1}{2},n}^{\ell+1} = (\sigma_{xy})_{m+\frac{1}{2},n}^{\ell} + \mu_{m+\frac{1}{2},n}\frac{\Delta t}{h}(\dot{v}_{m+1,n}^{\ell+\frac{1}{2}} - \dot{v}_{m,n}^{\ell+\frac{1}{2}}) \tag{7.48b}$$

$$(\sigma_{zy})_{m,n+\frac{1}{2}}^{\ell+1} = (\sigma_{zy})_{m,n+\frac{1}{2}}^{\ell} + \mu_{m,n+\frac{1}{2}}\frac{\Delta t}{h}(\dot{v}_{m,n+1}^{\ell+\frac{1}{2}} - \dot{v}_{m,n}^{\ell+\frac{1}{2}}) \tag{7.48c}$$

となる。この式は，$\ell+1/2$ ステップでの速度が $\ell-1/2$ ステップの速度と ℓ ステップの応力から計算でき，また，$\ell+1$ ステップの応力が ℓ ステップの応力と $\ell+1/2$ ステップの速度から計算できることを示している。図7.5に格子の配置を示す。したがって，初期条件を与えて，逐次，空間と時間ステップを増やしていくことで，各格子点でSH波の振幅を計算することができる。

7.3　3次元モデルでの運動方程式の差分近似

地震動シミュレーションでは，地下構造の3次元的な影響を考慮する必要がある。3次元差分法を用いた地震動シミュレーションは，1990年頃から使われはじめた(たとえば，Graves[9)])。今日では，地震動評価の実務においても多くの実績がある。ここでは，Graves[9)]による食い違い格子を用いた差分近似について説明する。

均質で等方的な媒質での変位を (u, v, w) とすれば，3次元弾性体の運動方程式は，

$$\rho\frac{\partial^2 u}{\partial t^2} = \frac{\partial \sigma_{xx}}{\partial x} + \frac{\partial \sigma_{xy}}{\partial y} + \frac{\partial \sigma_{xz}}{\partial z} \tag{7.49a}$$

$$\rho\frac{\partial^2 v}{\partial t^2} = \frac{\partial \sigma_{yx}}{\partial x} + \frac{\partial \sigma_{yy}}{\partial y} + \frac{\partial \sigma_{yz}}{\partial z} \tag{7.49b}$$

$$\rho\frac{\partial^2 w}{\partial t^2} = \frac{\partial \sigma_{zx}}{\partial x} + \frac{\partial \sigma_{zy}}{\partial y} + \frac{\partial \sigma_{zz}}{\partial z} \tag{7.49c}$$

である。ここで，ρ は密度である。σ_{xx}, σ_{yy}, σ_{zz} は以下に示す各方向の直応力である。

$$\sigma_{xx} = \lambda\Delta + 2\mu\frac{\partial u}{\partial x} \tag{7.50a}$$

$$\sigma_{yy} = \lambda\Delta + 2\mu\frac{\partial v}{\partial y} \tag{7.50b}$$

$$\sigma_{zz} = \lambda\Delta + 2\mu\frac{\partial w}{\partial z} \tag{7.50c}$$

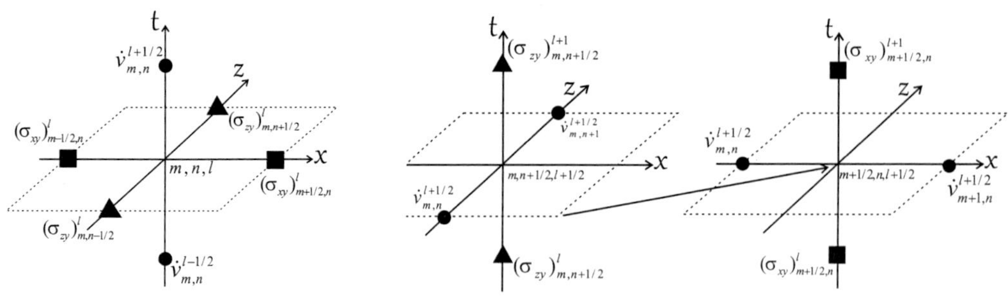

図 7.5　式 (7.48a)～(7.48c) の食い違い格子配置図

ここで，λ と μ はラメの定数，Δ は体積ひずみで，

$$\Delta = \frac{\partial u}{\partial x} + \frac{\partial v}{\partial y} + \frac{\partial w}{\partial z} \tag{7.51}$$

である。また，σ_{ij} $(i \neq j)$ は，せん断応力で次式で表わされる。

$$\sigma_{xy} = \sigma_{yx} = \mu\left(\frac{\partial v}{\partial x} + \frac{\partial u}{\partial y}\right) \tag{7.52a}$$

$$\sigma_{yz} = \sigma_{zy} = \mu\left(\frac{\partial w}{\partial y} + \frac{\partial v}{\partial z}\right) \tag{7.52b}$$

$$\sigma_{zx} = \sigma_{xz} = \mu\left(\frac{\partial u}{\partial z} + \frac{\partial w}{\partial x}\right) \tag{7.52c}$$

上述のように，食い違い格子で差分化するために，速度と応力で運動方程式を書くと，式 (7.49a)～(7.52c) は，以下のように書ける。

$$\rho\frac{\partial \dot{u}}{\partial t} = \frac{\partial \sigma_{xx}}{\partial x} + \frac{\partial \sigma_{xy}}{\partial y} + \frac{\partial \sigma_{xz}}{\partial z} \tag{7.53a}$$

$$\rho\frac{\partial \dot{v}}{\partial t} = \frac{\partial \sigma_{yx}}{\partial x} + \frac{\partial \sigma_{yy}}{\partial y} + \frac{\partial \sigma_{yz}}{\partial z} \tag{7.53b}$$

$$\rho\frac{\partial \dot{w}}{\partial t} = \frac{\partial \sigma_{zx}}{\partial x} + \frac{\partial \sigma_{zy}}{\partial y} + \frac{\partial \sigma_{zz}}{\partial z} \tag{7.53c}$$

$$\frac{\partial \sigma_{xx}}{\partial t} = (\lambda + 2\mu)\frac{\partial \dot{u}}{\partial x} + \lambda\frac{\partial \dot{v}}{\partial y} + \lambda\frac{\partial \dot{w}}{\partial z} \tag{7.54a}$$

$$\frac{\partial \sigma_{yy}}{\partial t} = \lambda\frac{\partial \dot{u}}{\partial x} + (\lambda + 2\mu)\frac{\partial \dot{v}}{\partial y} + \lambda\frac{\partial \dot{w}}{\partial z} \tag{7.54b}$$

$$\frac{\partial \sigma_{zz}}{\partial t} = \lambda\frac{\partial \dot{u}}{\partial x} + \lambda\frac{\partial \dot{v}}{\partial y} + (\lambda + 2\mu)\frac{\partial \dot{w}}{\partial z} \tag{7.54c}$$

$$\frac{\partial \sigma_{xy}}{\partial t} = \frac{\partial \sigma_{yx}}{\partial t} = \mu\left(\frac{\partial \dot{v}}{\partial x} + \frac{\partial \dot{u}}{\partial y}\right) \tag{7.54d}$$

$$\frac{\partial \sigma_{yz}}{\partial t} = \frac{\partial \sigma_{zy}}{\partial t} = \mu\left(\frac{\partial \dot{w}}{\partial y} + \frac{\partial \dot{v}}{\partial z}\right) \tag{7.54e}$$

$$\frac{\partial \sigma_{zx}}{\partial t} = \frac{\partial \sigma_{xz}}{\partial t} = \mu\left(\frac{\partial \dot{u}}{\partial z} + \frac{\partial \dot{w}}{\partial x}\right) \tag{7.54f}$$

これらの式を食い違い格子で差分近似する。図 7.6 に示すように，垂直応力を (i, j, k) の格子点で定義し，それらから半格子ずれた位置でせん断応力と速度を定義する[9]。図 7.6 に示した立方体がひとつのユニットになって連結されて，モデル全体が表現されることになる。ここでは，上記の運動方程式を空間 2 次，時間 2 次の精度で差分近似する。

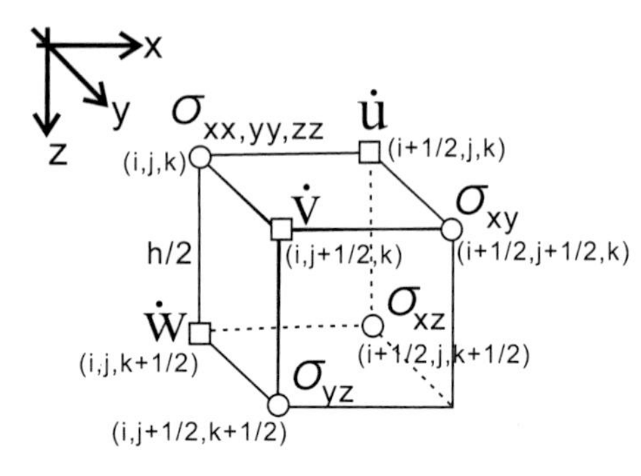

図 7.6　応力と速度の定義点。ラメの定数と密度は ○ の点で定義される。

式 (7.53a) の x 方向の速度の定義点での差分近似は，左辺については，

$$\rho\frac{\partial \dot{u}}{\partial t} = \frac{\rho_{i+\frac{1}{2},j,k}}{\Delta t}(\dot{u}^{\ell+\frac{1}{2}}_{i+\frac{1}{2},j,k} - \dot{u}^{\ell-\frac{1}{2}}_{i+\frac{1}{2},j,k}) \tag{7.55}$$

であり，右辺は，

$$\begin{aligned}\frac{\partial \sigma_{xx}}{\partial x} + \frac{\partial \sigma_{xy}}{\partial y} + \frac{\partial \sigma_{xz}}{\partial z} &= \frac{1}{h}\{(\sigma_{xx})^{\ell}_{i+1,j,k} \\ &-(\sigma_{xx})^{\ell}_{i,j,k} + (\sigma_{xy})^{\ell}_{i+\frac{1}{2},j+\frac{1}{2},k} - (\sigma_{xy})^{\ell}_{i+\frac{1}{2},j-\frac{1}{2},k} \\ &+(\sigma_{xz})^{\ell}_{i+\frac{1}{2},j,k+\frac{1}{2}} - (\sigma_{xz})^{\ell}_{i+\frac{1}{2},j,k-\frac{1}{2}}\}\end{aligned} \tag{7.56}$$

となる。したがって，式 (7.53a) は，

$$\begin{aligned}\dot{u}^{\ell+\frac{1}{2}}_{i+\frac{1}{2},j,k} &= \dot{u}^{\ell-\frac{1}{2}}_{i+\frac{1}{2},j,k} + \frac{\Delta t}{h\rho_{i+\frac{1}{2},j,k}}\{(\sigma_{xx})^{\ell}_{i+1,j,k} \\ &-(\sigma_{xx})^{\ell}_{i,j,k} + (\sigma_{xy})^{\ell}_{i+\frac{1}{2},j+\frac{1}{2},k} - (\sigma_{xy})^{\ell}_{i+\frac{1}{2},j-\frac{1}{2},k} \\ &+(\sigma_{xz})^{\ell}_{i+\frac{1}{2},j,k+\frac{1}{2}} - (\sigma_{xz})^{\ell}_{i+\frac{1}{2},j,k-\frac{1}{2}}\}\end{aligned} \tag{7.57}$$

となる。ここで，密度は (i, j, k) で定義されているので，$(i + \frac{1}{2}, j, k)$ での密度は，両側の 2 点からその逆数を線形補間して求め[4]，

$$\frac{1}{\rho_{i+\frac{1}{2},j,k}} = \frac{1}{2}\left(\frac{1}{\rho_{i,j,k}} + \frac{1}{\rho_{i+1,j,k}}\right) \tag{7.58}$$

となる。同様にして，式 (7.53b), (7.53c) は，

$$\begin{aligned}\dot{v}^{\ell+\frac{1}{2}}_{i,j+\frac{1}{2},k} &= \dot{v}^{\ell-\frac{1}{2}}_{i,j+\frac{1}{2},k} + \frac{\Delta t}{h\rho_{i,j+\frac{1}{2},k}}\{(\sigma_{yx})^{\ell}_{i+\frac{1}{2},j+\frac{1}{2},k} \\ &-(\sigma_{yx})^{\ell}_{i-\frac{1}{2},j+\frac{1}{2},k} + (\sigma_{yy})^{\ell}_{i,j+1,k} - (\sigma_{yy})^{\ell}_{i,j,k} \\ &+(\sigma_{yz})^{\ell}_{i,j+\frac{1}{2},k+\frac{1}{2}} - (\sigma_{yz})^{\ell}_{i,j+\frac{1}{2},k-\frac{1}{2}}\}\end{aligned} \tag{7.59}$$

$$\dot{w}^{\ell+\frac{1}{2}}_{i,j,k+\frac{1}{2}} = \dot{w}^{\ell-\frac{1}{2}}_{i,j,k+\frac{1}{2}} + \frac{\Delta t}{h\rho_{i,j,k+\frac{1}{2}}}\{(\sigma_{zx})^{\ell}_{i+\frac{1}{2},j,k+\frac{1}{2}} - (\sigma_{zx})^{\ell}_{i-\frac{1}{2},j,k+\frac{1}{2}} + (\sigma_{zy})^{\ell}_{i,j+\frac{1}{2},k+\frac{1}{2}} - (\sigma_{zy})^{\ell}_{i,j-\frac{1}{2},k+\frac{1}{2}} + (\sigma_{zz})^{\ell}_{i,j,k+1} - (\sigma_{zz})^{\ell}_{i,j,k}\} \tag{7.60}$$

と差分近似できる。各式の密度は，上述のように近接する 2 点の密度を平均する。式 (7.54a)〜(7.54c) の差分近似は，

$$(\sigma_{xx})^{\ell+1}_{i,j,k} = (\sigma_{xx})^{\ell}_{i,j,k} + \Delta t\left(\frac{\lambda_{i,j,k}+2\mu_{i,j,k}}{h}\right)\{\dot{u}^{\ell+\frac{1}{2}}_{i+\frac{1}{2},j,k} - \dot{u}^{\ell+\frac{1}{2}}_{i-\frac{1}{2},j,k}\} + \frac{\Delta t\lambda_{i,j,k}}{h}\{\dot{v}^{\ell+\frac{1}{2}}_{i,j+\frac{1}{2},k} - \dot{v}^{\ell+\frac{1}{2}}_{i,j-\frac{1}{2},k}\} + \frac{\Delta t\lambda_{i,j,k}}{h}\{\dot{w}^{\ell+\frac{1}{2}}_{i,j,k+\frac{1}{2}} - \dot{w}^{\ell+\frac{1}{2}}_{i,j,k-\frac{1}{2}}\} \tag{7.61a}$$

$$(\sigma_{yy})^{\ell+1}_{i,j,k} = (\sigma_{yy})^{\ell}_{i,j,k} + \frac{\Delta t\lambda_{i,j,k}}{h}\{\dot{u}^{\ell+\frac{1}{2}}_{i+\frac{1}{2},j,k} - \dot{u}^{\ell+\frac{1}{2}}_{i-\frac{1}{2},j,k}\} + \Delta t\left(\frac{\lambda_{i,j,k}+2\mu_{i,j,k}}{h}\right)\{\dot{v}^{\ell+\frac{1}{2}}_{i,j+\frac{1}{2},k} - \dot{v}^{\ell+\frac{1}{2}}_{i,j-\frac{1}{2},k}\} + \frac{\Delta t\lambda_{i,j,k}}{h}\{\dot{w}^{\ell+\frac{1}{2}}_{i,j,k+\frac{1}{2}} - \dot{w}^{\ell+\frac{1}{2}}_{i,j,k-\frac{1}{2}}\} \tag{7.61b}$$

$$(\sigma_{zz})^{\ell+1}_{i,j,k} = (\sigma_{zz})^{\ell}_{i,j,k} + \frac{\Delta t\lambda_{i,j,k}}{h}\{\dot{u}^{\ell+\frac{1}{2}}_{i+\frac{1}{2},j,k} - \dot{u}^{\ell+\frac{1}{2}}_{i-\frac{1}{2},j,k}\} + \frac{\Delta t\lambda_{i,j,k}}{h}\{\dot{v}^{\ell+\frac{1}{2}}_{i,j+\frac{1}{2},k} - \dot{v}^{\ell+\frac{1}{2}}_{i,j-\frac{1}{2},k}\} + \Delta t\left(\frac{\lambda_{i,j,k}+2\mu_{i,j,k}}{h}\right)\{\dot{w}^{\ell+\frac{1}{2}}_{i,j,k+\frac{1}{2}} - \dot{w}^{\ell+\frac{1}{2}}_{i,j,k-\frac{1}{2}}\} \tag{7.61c}$$

となる。これらの式のラメの定数は，各定義点 (i,j,k) での値を用いる。さらに，式 (7.54d)〜(7.54f) の差分近似は，

$$(\sigma_{xy})^{\ell+1}_{i+\frac{1}{2},j+\frac{1}{2},k} = (\sigma_{xy})^{\ell}_{i+\frac{1}{2},j+\frac{1}{2},k} + \frac{\Delta t\mu_{i+\frac{1}{2},j+\frac{1}{2},k}}{h}\{\dot{v}^{\ell+\frac{1}{2}}_{i+1,j+\frac{1}{2},k} - \dot{v}^{\ell+\frac{1}{2}}_{i,j+\frac{1}{2},k} + \dot{u}^{\ell+\frac{1}{2}}_{i+\frac{1}{2},j+1,k} - \dot{u}^{\ell+\frac{1}{2}}_{i+\frac{1}{2},j,k}\} \tag{7.62a}$$

$$(\sigma_{yz})^{\ell+1}_{i,j+\frac{1}{2},k+\frac{1}{2}} = (\sigma_{yz})^{\ell}_{i,j+\frac{1}{2},k+\frac{1}{2}} + \frac{\Delta t\mu_{i,j+\frac{1}{2},k+\frac{1}{2}}}{h}\{\dot{w}^{\ell+\frac{1}{2}}_{i,j+1,k+\frac{1}{2}} - \dot{w}^{\ell+\frac{1}{2}}_{i,j,k+\frac{1}{2}} + \dot{v}^{\ell+\frac{1}{2}}_{i,j+\frac{1}{2},k+1} - \dot{v}^{\ell+\frac{1}{2}}_{i,j+\frac{1}{2},k}\} \tag{7.62b}$$

$$(\sigma_{zx})^{\ell+1}_{i+\frac{1}{2},j,k+\frac{1}{2}} = (\sigma_{zx})^{\ell}_{i+\frac{1}{2},j,k+\frac{1}{2}} + \frac{\Delta t\mu_{i+\frac{1}{2},j,k+\frac{1}{2}}}{h}\{\dot{u}^{\ell+\frac{1}{2}}_{i+\frac{1}{2},j,k+1} - \dot{u}^{\ell+\frac{1}{2}}_{i+\frac{1}{2},j,k} + \dot{w}^{\ell+\frac{1}{2}}_{i+1,j,k+\frac{1}{2}} - \dot{w}^{\ell+\frac{1}{2}}_{i,j,k+\frac{1}{2}}\} \tag{7.62c}$$

となる。ここで，差分式でのラメの定数については，密度の場合と同様にして，4 つの定義点での値を平均化して求める[9]。例えば，$(i+\frac{1}{2},j+\frac{1}{2},k)$ での剛性率は，その点の周辺の剛性率を用いて，

$$\mu_{i+\frac{1}{2},j+\frac{1}{2},k} = \left\{\frac{1}{4}\left(\frac{1}{\mu_{i,j,k}} + \frac{1}{\mu_{i+1,j,k}} + \frac{1}{\mu_{i,j+1,k}} + \frac{1}{\mu_{i+1,j+1,k}}\right)\right\}^{-1} \tag{7.63}$$

となる。

これらの差分式でわかるように，各成分速度は，1/2 格子点だけ定義点がずれている。時間刻みよりも十分長い波長成分であれば，ほとんど問題はないが，厳密には，差分計算の後に平均 (中央差分近似に対応) するなどによって，3 成分で同じ位置での変位にする必要がある。さらに，応力と変位の時間定義点も時間間隔の 1/2 だけずれている。両者が同時に必要な場合にも，厳密には，時刻ずれを線形補間することになる。

7.4 計算の安定条件

上で述べた差分式に基づいて，空間ステップと時間ステップを逐次更新することによって，陽 (explicit) に波動場の計算を行うことができる。こうした時間発展型計算では，どんな場合にも計算が安定しているわけではない。具体的には，振幅が徐々に大きくなり，計算値が計算精度を超えてしまい，計算不能になってしまう現象が起こることがある。安定した時間発展型の計算を行うためには，時間間隔 Δt と空間間隔 h の間にある基準がある。ここでは，Chew[10] を参考にして，差分計算の安定条件について説明する。

まず，1 次元波動方程式の平面波の解を

$$v = A(t)\exp[ikx] \tag{7.64}$$

と仮定する。ここで，k は波数である。この変位を時刻 $t=\ell\Delta t$，空間 $x=mh$ での離散形式を用いて，

$$v^{\ell}_{m} = A^{\ell}\exp[ikmh] \tag{7.65}$$

と書くとする。h は，空間の離散化間隔である。これを 1 次元波動方程式の差分近似式

$$v^{\ell+1}_{m} - 2v^{\ell}_{m} + v^{\ell-1}_{m} = \left(\frac{\beta\Delta t}{h}\right)^2 (v^{\ell}_{m+1} - 2v^{\ell}_{m} + v^{\ell}_{m-1}) \tag{7.66}$$

に代入する。この式の右辺の変位に関する項は，

$$\begin{aligned} &v^{\ell}_{m+1} - 2v^{\ell}_{m} + v^{\ell}_{m-1} \\ &= \{\exp[ikh] - 2 + \exp[-ikh]\}v^{\ell}_{m} \\ &= 2\{\cos(kh)-1\}v^{\ell}_{m} = -4\sin^2\left(\frac{kh}{2}\right)v^{\ell}_{m} \end{aligned} \tag{7.67}$$

となる。ここで，時刻 $\ell\Delta t$ と $(\ell+1)\Delta t$ での変位振幅の関係を $A^{\ell+1} = gA^{\ell}$ とおけば，$|g| \le 1$ となること

が $\ell \to \infty$ で発散しない条件となる。この関係を用いれば，式 (7.66) は，

$$(g-2+g^{-1})v_m^\ell = -4\left(\frac{\beta\Delta t}{h}\right)^2 \sin^2\left(\frac{kh}{2}\right) v_m^\ell \tag{7.68}$$

となる。ここで，

$$\gamma = \frac{\beta\Delta t}{h}, \quad s = \sin\left(\frac{kh}{2}\right) \tag{7.69}$$

とおけば，式 (7.68) は，

$$g-2+g^{-1} = -4\gamma^2 s^2 \tag{7.70}$$

となる。さらに，式を変形すれば，

$$g^2 - 2g + 4\gamma^2 s^2 g + 1 = 0 \tag{7.71}$$

が成り立つことになる。これは，g についての 2 次方程式である。したがって，g は

$$g = (1-2\gamma^2 s^2) \pm 2\gamma s\sqrt{\gamma^2 s^2 - 1} \tag{7.72}$$

と得られる。もし，

$$\gamma^2 s^2 < 1 \tag{7.73}$$

であれば，式 (7.72) の第 2 項は虚数となる。そのときの g の振幅は，

$$|g|^2 = (1-2\gamma^2 s^2)^2 + 4\gamma^2 s^2(1-\gamma^2 s^2) = 1 \tag{7.74}$$

である。すなわち，式 (7.73) の条件下では，$\ell \to \infty$ で発散しないこと (安定条件) が保証されることがわかる。さらに，式 (7.69) に示した s の定義から，$|s|^2 \leq 1$ であるので，式 (7.73) は，

$$\gamma = \frac{\beta\Delta t}{h} \leq 1 \tag{7.75}$$

という条件となる。これは，安定した時間発展計算の時間と空間の離散化間隔および S 波速度の関係を示したものである。この条件をフォン・ノイマンの条件という (たとえば，高見・川村[2])。一般には，地盤モデルの S 波速度と空間離散化間隔が決まれば，時間間隔を次の式に基づいて決定し，差分計算を行うことが多い。

$$\Delta t \leq \frac{h}{\beta} \tag{7.76}$$

上記の条件は，1 次元波動方程式の場合である。2 次元モデルの場合には，波数 k が波数ベクトル (k_x, k_z) となる。したがって，式 (7.65) の指数部が $i(k_x x + k_z z)$ となり，$s^2 < 2$ が安定条件となる。さらに，3 次元の場合の安定条件は，$s^2 < 3$ となる。まとめると，n 次元モデルで安定した計算を行うための時間間隔は

$$\Delta t \leq \frac{h}{\beta\sqrt{n}} \tag{7.77}$$

の条件から決めることができる。

上記の安定条件は，半無限媒質の場合である。不均質な地下構造モデルは，さまざまな S 波速度と P 波速度をもつことになる。その場合には，式 (7.77) の β にモデル内での最大速度 (S 波も P 波も含めて) を用いることになる。さらに，上記の安定条件は，波動方程式の差分近似式に対するものである。実際の地震波伝播のシミュレーションでは，後述するモデルの端部で地表での応力の条件や吸収境界の条件などが用いられることになる。これらの境界では，上記の安定化条件が必ずしも成り立つものではないことに注意が必要である。

7.5　数 値 分 散

差分法では，波動方程式の差分近似の際に高次の項を省略している。そのために，計算結果には，必ず多少なりの誤差が含まれることになる。その影響が大きい場合には，計算波形がひずみ，見かけ上の分散 (以下，数値分散と呼ぶ) が生じることがある。ここでは，Chew[10] を参考にして数値分散による誤差について説明する。

まず，上記と同様に 1 次元波動方程式の平面波解 (式 (7.65)) の時刻 $\ell\Delta t$ での振幅を

$$A^\ell = \exp[-i\omega\ell\Delta t] \tag{7.78}$$

と仮定する。このとき，$g = \exp[-i\omega\Delta t]$ であることに注意して g を式 (7.68) の左辺に代入すれば，左辺は，

$$(e^{-i\omega\Delta t} - 2 + e^{i\omega\Delta t})v_m^\ell = -4\sin^2\frac{\omega\Delta t}{2} v_m^\ell \tag{7.79}$$

となる。したがって，式 (7.68) は，

$$4\sin^2\frac{\omega\Delta t}{2} = 4\gamma^2 s^2 \tag{7.80}$$

となる。さらに，式 (7.69) の γ と s の定義の式を用いて，

$$\sin\frac{\omega\Delta t}{2} = \gamma s = \frac{\beta\Delta t}{h}\sin\left(\frac{kh}{2}\right) \tag{7.81}$$

を得る。この式は，差分近似された波動方程式における角周波数 ω と波数 k の関係を示していることがわかる。位相速度は，ω/k であるので，この差分式による波動場は，本来の S 波速度の β ではなく，周波数によって速度が異なる分散関係をもっていることを意味している。これは，表面波に特徴的にみられる現象である位相速度の分散と類似した効果である (2.5 節を参照)。しかも，この分散関係は，時間と空間の離散化間隔に依存している。こうした数値上に現れる現象を数値分散もしくは格子分散という (たとえば，高見・川村[2])。数値分散は，数値計算上の誤差となるので，対象となる周波数範囲での誤差が無視できる程度に離散化間隔を決めることになる。

ここで，s が十分に小さいと仮定すれば，

$$\frac{\omega\Delta t}{2} = \sin^{-1}(\gamma s) = \gamma s + \frac{\gamma^3 s^3}{6} + \frac{3\gamma^5 s^5}{40} + \cdots \tag{7.82}$$

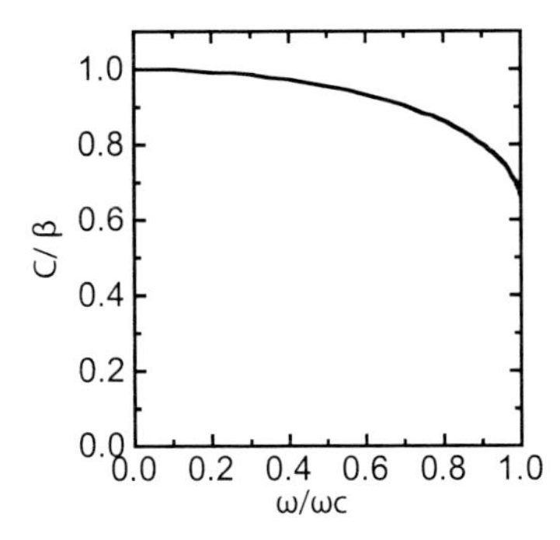

図 7.7　数値分散による位相速度の変化

となる。さらに，高次の項を無視し，式 (7.69) を用いれば，

$$\omega = \frac{2\beta}{h}\sin\left(\frac{kh}{2}\right) \tag{7.83}$$

となる。この式は，$kh \to 0$ で $\omega = k\beta$ となり，連続体の場合と同様となる。また，$\omega > 2\beta/h$ の場合には，この式を成立させる実数が存在しないので，この各周波数よりも高い各周波数の波の伝播をこの差分近似式で評価できないことになる。ここで，$\omega_c \equiv 2\beta/h$ とすれば，式 (7.83) から，

$$\frac{\omega}{\omega_c} = \sin\left(\frac{kh}{2}\right) \tag{7.84a}$$

$$k = \frac{2}{h}\sin^{-1}\left(\frac{\omega}{\omega_c}\right) = \frac{\omega_c}{\beta}\sin^{-1}\left(\frac{\omega}{\omega_c}\right) \tag{7.84b}$$

となる。この波数 k から位相速度 c は，

$$c = \frac{\omega}{k} = \beta\frac{\omega/\omega_c}{\sin^{-1}(\omega/\omega_c)} \tag{7.85}$$

となる。

図 7.7 には，2 次精度での差分近似の場合の数値分散の例が示されている。離散化間隔で決まる ω_c よりも ω が十分に小さければ (十分に低周波数であれば)，数値分散の影響は小さい。しかし，高周波数になるほど，数値分散の影響が大きくなることがわかる。したがって，差分法による波動伝播計算では，計算結果から精度が確保されていない周波数成分をフィルターで除去する必要がある。

具体的な波動伝播の計算をいくつかの空間離散化間隔で行った結果が図 7.8 に示されている。各波形は，均質な媒質での 3 次元弾性体の運動方程式の 4 次精度の差分近似式による速度波形である。左図の P は，1 波長に対するグリッド数を示している。$P = 4.6$ 以上の 3 つの例では，波形の振幅や形状に大きな違いはなく，適切な結果であると考えられる。しかし，$P = 2.87$ 以下では，最大振幅が小さくなり，波形の継続時間が長くなっている。見かけ上，表面波の分散のようになっている。図 7.8 の右は，最大振幅を 1 波長あたりのグリッド数に対して示している。この図からも 4 次精度の差分計算では，数%程度の誤差を許容するのであれば，最低でも 1 波長あたりに 4~5 グリッドが必要であることがわかる。当然，より詳細な振幅の議論を行うために，1 波長あたりの格子点数をより多くする必要があるが，それに伴って計算時間とメモリーが大きくなってしまう。実際には，必要とされる計算精度と計算上の負荷のバランスを勘案して，モデルの離散化間隔と計算条件を決めることが大切である。なお，2 次精度の差分近似のアルゴリズムによる計算では，数%の精度を確保しようとすると，考慮している波動に対して 1 波長あたり 10 格子点は必要となる。この基準を満たしたとしても，差分近似による波動場の計算結果には，離散化による誤差が必ず含まれていることを理解しておくべきである。

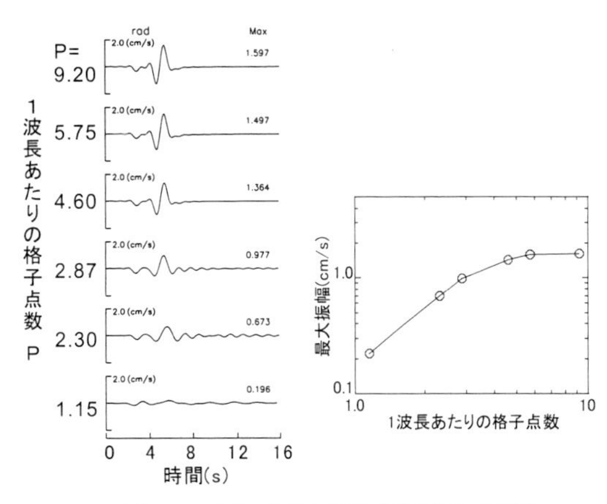

図 7.8　波長あたりの格子点数の変化の影響

7.6　モデルの外周の条件

前節までは，差分格子でモデル化された弾性体内部での波動場の計算に関する説明をした。そのために，差分式の計算では，現在とステップ過去の時間における各格子点での波動場の値が得られているものとしている。しかし，モデルの端部では，一部の格子点がなく，上述の差分式を適用できない。モデル端部の格子点では，特別な取り扱いが必要となる。

7.6.1　地　　表　　面

地震動シミュレーションでは，モデル上端を地表面と想定することが多い。地表面では，応力がゼロとなる条件を満たすことになる。

正方格子での SH 波の 2 次元波動方程式などの差分近似 (式 (7.30)) では，変位が格子点で定義されているので，その位置でのせん断応力がゼロになるように差分近似を考える。図 7.9 のように，地表面に対応する格子点の上に仮想点 ($j = 0$) を設けて，地表面 ($j = 1$,

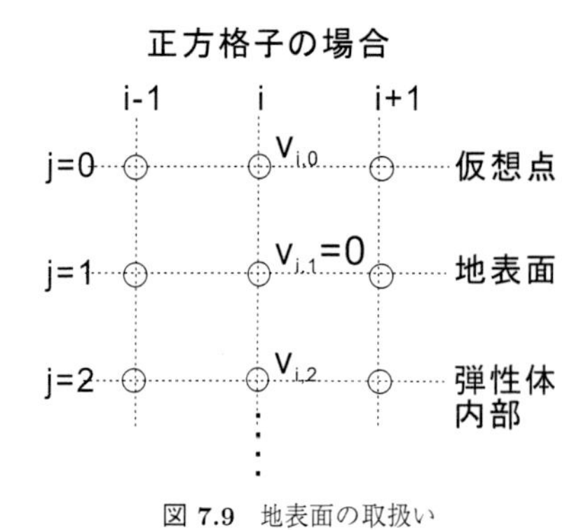

図 7.9　地表面の取扱い

$i = 1, \ldots, M$) で

$$\sigma_{yz} = \mu \frac{\partial v}{\partial z} = 0 \tag{7.86}$$

を満たすことが条件である。この式の差分近似式は,

$$\sigma_{yz} = \frac{\mu}{2h}(v_{i,2} - v_{i,0}) = 0 \tag{7.87}$$

となり,

$$v_{i,0} = v_{i,2} \tag{7.88}$$

を得る。この式で, $v_{i,0}$ を求めた後に, 波動方程式の差分式である式 (7.30) を用いて, この時間ステップでの $v_{i,1}$ を計算できる。$v_{i,1}$ がわかれば, 差分式 (式 (7.30)) を用いて, 内部のすべての変位も計算できる。同様にして P-SV 場での地表面の取扱いも仮想点を地表面の上に設けて計算することができる。

速度と応力で表現した運動方程式の差分近似式 (式 (7.48a)〜式 (7.48c)) では, 食い違い格子を用いているので, 地表面を応力の定義点として, そこでの応力をゼロにすれば, 自動的に地表面の条件が満足されることになる。

7.6.2　非物理的境界

差分法などの領域型の波動伝播計算において最も問題になるのは, モデルの外周にある非物理的な境界の処理である。モデル上端が地表面だとすれば, それ以外の 3 つの外縁部での格子点の取扱いである。これらの境界面では, 理想的には放射条件 (非物理的境界で反射波が生じない) を満たすことが望ましい。そのために, 多くの吸収境界条件が提案されている。ここでは, 最も簡単な波動方程式の片側差分式による方法について説明する。

S 波の 1 次元波動方程式は, 以下のように分解できる。

$$\left(\frac{\partial}{\partial x} - \frac{1}{\beta}\frac{\partial}{\partial t}\right)\left(\frac{\partial}{\partial x} + \frac{1}{\beta}\frac{\partial}{\partial t}\right) v = 0 \tag{7.89}$$

この解は,

$$\left(\frac{\partial}{\partial x} - \frac{1}{\beta}\frac{\partial}{\partial t}\right) v = 0 \tag{7.90a}$$

$$\left(\frac{\partial}{\partial x} + \frac{1}{\beta}\frac{\partial}{\partial t}\right) v = 0 \tag{7.90b}$$

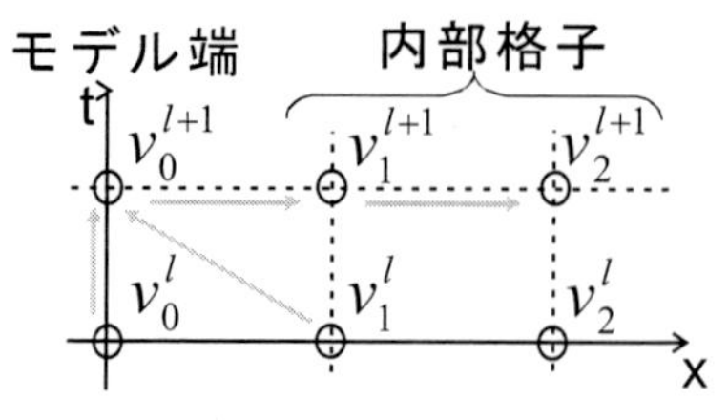

図 7.10　非物理的境界 ($x = 0$) での変位の計算手順

を解けば, 得ることができる。式 (7.90a) の解は, x が負の方向に伝播する波を意味し, 式 (7.90b) はその逆である。したがって, この条件をモデル外周で課すことにより, 非物理的な反射波を消すことができる。すなわち, この吸収境界条件は,

$$\left.\frac{\partial v}{\partial x}\right|_{x=0} = \left.\frac{1}{\beta}\frac{\partial v}{\partial t}\right|_{x=0} \tag{7.91}$$

である。ここで, $x = 0$ はモデル外周の境界を示している。この差分近似式は,

$$v_0^{\ell+1} = v_0^{\ell}\left(1 - \frac{\beta \Delta t}{h}\right) + \frac{\beta \Delta t}{h} v_1^{\ell} \tag{7.92}$$

である。

この差分式の計算手順は, 図 7.10 のごとくである。時刻 $\ell\Delta t$ で, 非物理的境界面での格子点での変位も含めてすべての変位がわかっているとする。つぎに, 時刻 $(\ell + 1)\Delta t$ での非物理的境界面での変位を式 (7.92) より計算する。その結果を用いて, 波動方程式の差分近似式 (たとえば, 式 (7.27)) で媒質内部の格子での変位を計算することになる。

上記の吸収境界条件は, 単純ではあるが, 入射角がゼロ (境界に対して垂直に入射) のときには, 効果的に作用する。しかし, それ以外の角度の入射の場合では, 入射角度に応じた反射波が生じ, 大きな計算誤差になることがある。その例が図 7.11 に示されている。3 次元弾性体の半無限媒質モデル内で深さ 2.8 km の位置に点震

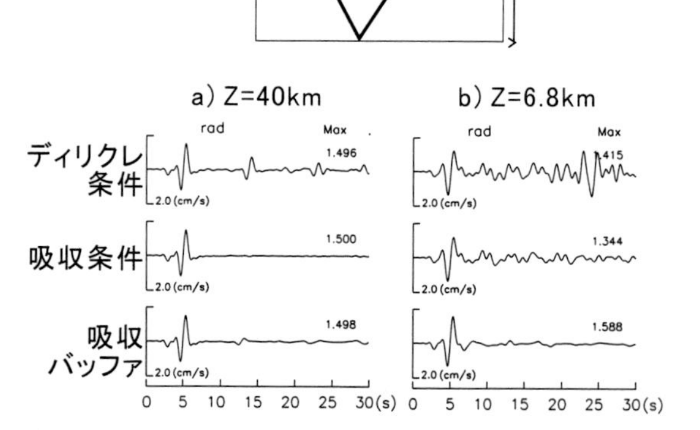

図 7.11　吸収境界の例。下図は計算モデル, 上図は異なるモデル下端の条件での計算結果

源を置いて，モデルの深さ方向の大きさが異なる場合に，下端部の非物理的境界面の吸収境界の式 (7.92) の効果を比較する。比較のために，モデル下端で応力がゼロとなる条件を課した場合 (ディリクレ条件) も計算しているが，当然，そこでの反射波が顕著である。モデルの深さが 40 km と大きい場合 (左) には，下端に達するS波の振幅が小さくなり，さらに，S波は鉛直に伝わる平面波に近くなり，吸収境界がよく機能している。一方，モデル下端までの深さが 6.8 km と浅い場合 (右) には，この境界面に達するS波の振幅も大きく，斜めに入射する成分もあるので，非物理的な後続位相が大きな振幅で生じていることがわかる。

上記の吸収境界式は，数値的にも不安定になることがある。例えば，ポアソン比が高い場合には，時間発展型計算において振幅が発散することがある。より安定した吸収境界として，モデル外周にある幅をもったバッファ領域を設けて，波の振幅を徐々に減衰させるものである[11]。図 7.11 にはこうしたバッファを用いた場合の計算例も示されている。多少の非物理的な反射波がみられるが，バッファ領域を設けることでモデル下端までの深さが浅い場合も深い場合も同程度に非物理的な反射波を吸収していることがわかる。この方法では，バッファ分だけモデル領域が大きくなり，計算量が増えるが，簡単な割には発散等の計算的な不安定さがなく，多くの地震動シミュレーションで使われている。

7.7 波動場の計算例

7.7.1 1次元波動伝播の計算例

差分法による1次元地盤モデルにおけるS波の伝播計算の例を紹介する。モデルは，表 7.1 のように，表層と基盤からなる2層モデルである。深さ 35.5 m に物理的な地層境界面がある。このモデルを 1m 間隔に離散化して，100 点の格子からなるモデルに近似する。モデル上端には自由表面の条件 ($v_1 = v_3$)，最下面には上述の吸収境界条件を課した。この場合には，モデルの1番上の点は，自由表面のための仮想点であり，地表面は2番目の点となる。地層境界は 36 と 37 番目の格子点の間となる。計算は，変位で表現した1次元波動方程式を空間2次，時間2次の精度の差分近似アルゴリズム (式 (7.27)) に基づいて解く。2種類の周期 (0.2 秒と 0.08 秒) をもつ半周期のサイン波をそれぞれ深さ 95 m の地点に入力した。この計算では，1次元モデルが使われているので，平面波に対応するものになる。

図 7.12(a) は，周期 0.2 秒の半周期のサイン波を入力した場合に各深さにおいて計算された波形である。境界面深度が 35.5 m であるので，深さ 30 m と 40 m の間で異なる速度でS波が伝播していることがわかる。この境界面では，反射して基盤内を下方に伝播するS波が生じる。このS波は，モデル最下端に達して吸収境界条件によって吸収されている。また，表層に透過したS波は，自由表面と境界面で挟まれた表層内で重複反射していることがわかる。

つぎに，同じモデルでより短周期の波を入力してみる。図 7.12(b) は，周期 0.08 秒のS波を入力した場合の計算波形を示している。この場合には，表層内では，波長に対して格子点間隔は大きすぎるので，S波速度の小さな表層では，数値分散が生じ，振幅が小さくなり，波形が間延びしていることがわかる。しかも，重複反射

表 7.1 モデルの物性値

S 波速度 [m/s]	密度 [t/m^3]	層厚 [m]
100	1.5	35.5
500	2.0	∞

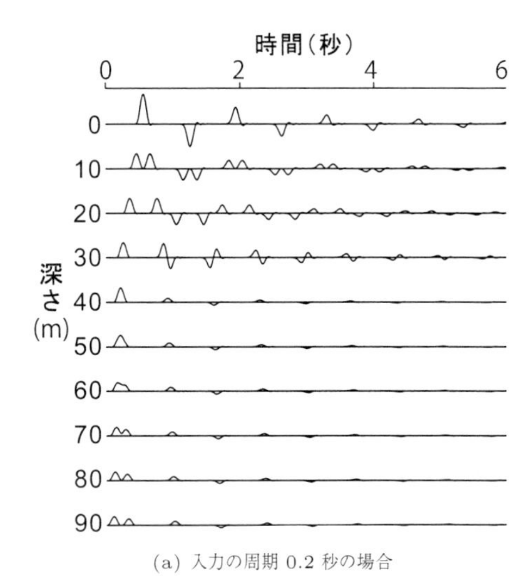

(a) 入力の周期 0.2 秒の場合

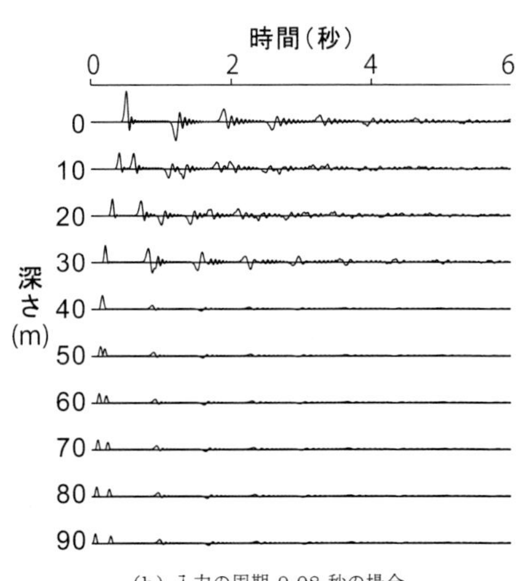

(b) 入力の周期 0.08 秒の場合

図 7.12 1次元波動場の計算例

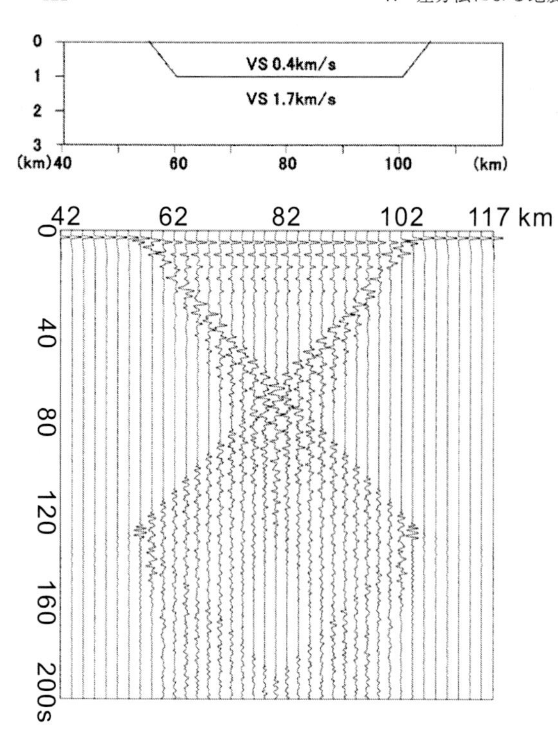

図 7.13　2 次元地下構造モデル (上) と地表面での SH 波の差分計算結果 (下)

の回数が増えると，伝播距離も長くなり，数値分散の影響が大きくなる。しかし，2 層目では，S 波速度が大きく，波長が長くなるので，表層内よりも数値分散の影響が小さい。こうした誤差は，1 波長あたりの格子点数が少ないときに顕著になり，とくに，長時間伝播する波動を計算する際には注意が必要である。

7.7.2　2 次元波動伝播の計算例

2 つ目は，不整形地盤モデルでの 2 次元 SH 波伝播の計算例である。地盤モデルは，基盤と表層からなる 2 層モデルであり，両者の境界面は，図 7.13 の上図に示すように，台形状の盆地構造になっている。SH 波動場の計算では，変位で表現した波動方程式 (7.41) を時間 2 次，空間 2 次の精度で差分近似して解いている。モデルの深さ 2.8 km の位置にサイン波状の平面波を入力して，地表面での波形を計算した。

図 7.13 には，計算波形が示されている。盆地外の地点では，直達 S 波のみであるが，盆地上の地点では，顕著な振幅の後続位相がみられる。直達 S 波の後，数秒間隔で現われる後続位相は，地表と基盤上面の間で重複反射する S 波である。その後，盆地端部から生じる表面波が低速度で伝播している。こうした波は，盆地生成表面波とも呼ばれている。地盤モデルは，左右対称形であるので，この表面波は，左右の盆地端部で生じて伝播し，中央で重なり，他方へ伝播している。さらに，反対側の盆地端部では，この表面波が反射していることがわかる。こうした盆地での表面波の伝播も地震動の複雑さの一因となっている。

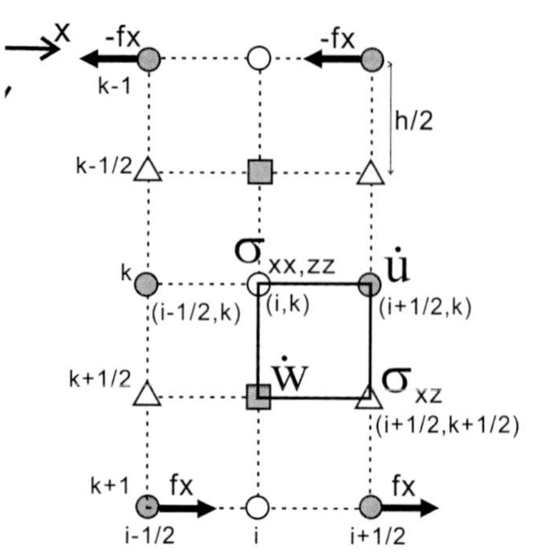

図 7.14　x 方向の 1 組の偶力の差分近似 (M_{xz}) の例

7.8　震 源 の 導 入

地震動シミュレーションの場合には，震源断層に対応する地震波の発生源をモデル化する必要がある。地下の 1 点で地震が起こると仮定すると，遠地での地震波を放射する震源のモデルは，2 つの偶力 (ダブルカップル) によってモデル化される (たとえば，Aki and Richard[12])。差分法による地震動計算においても，ダブルカップルに対応する力を震源に対応する位置に与えることになる。偶力の大きさは，地震モーメント M_o であり，震源深さでの地層の剛性率，最終変位量，断層総面積の積になる。震源では，食い違いがゼロから最終変位量まで有限の時間で変化するので，地震モーメントを用いて，モーメントレート関数 $\dot{M}(t)$ は，

$$\dot{M}(t) = M_o s(t) \tag{7.93}$$

となる。ここで，$s(t)$ は，振幅 1 に正規化した滑り速度時間関数である。さらに，任意の走向，傾斜，滑り角をもつ震源のモーメントレート関数は，9 個の偶力 $M_{i,j}$ (モーメントテンソル) の組合せによって表現される[12]。モーメントテンソルの各成分は，モーメントレート関数と断層の走向，傾斜，滑り角で決まる関数の積となる。

差分計算には，点震源に対応する格子点のまわりに，ひとつの偶力を構成する 2 つの物体力 f^i として配置する。この物体力として，つぎの運動方程式の右辺に加えて，

$$\begin{aligned} \rho \dot{u}_t &= \sigma_{xx,x} + \sigma_{xy,y} + \sigma_{xz,z} + f^x \\ \rho \dot{v}_t &= \sigma_{xy,x} + \sigma_{yy,y} + \sigma_{yz,z} + f^y \\ \rho \dot{w}_t &= \sigma_{xz,x} + \sigma_{yz,y} + \sigma_{zz,z} + f^z \end{aligned} \tag{7.94}$$

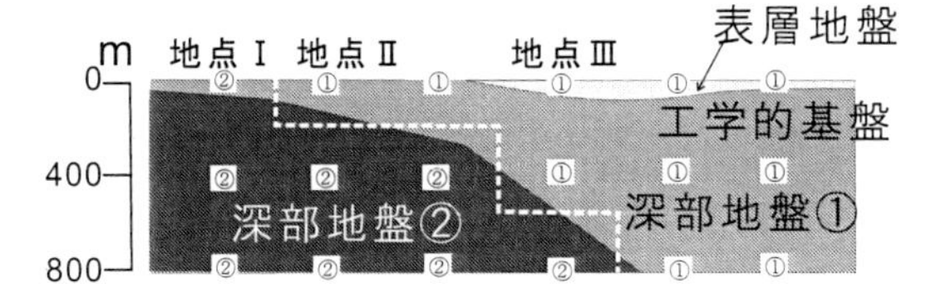

図 7.15 深部地盤の表層部分のモデル化の模式図。白点線が差分格子モデルでの境界面を示す。

を解くことになる。例えば，格子点 (i,j,k) に点震源があるとすると，xz 方向の偶力を直応力の定義点に物体力として差分格子に入れるには，図 7.14 に示すようにモデル化する[9]。この偶力の腕の長さは，$2h$ であり，作用する差分格子群の体積が h^3 であることを考慮して，速度の差分格子点へ加える物体力は，以下のようになる。

$$f^x_{i+\frac{1}{2},j,k+1} = f^x_{i-\frac{1}{2},j,k+1} = \frac{1}{4h^4}M_{xz}(t) \quad (7.95a)$$

$$f^x_{i+\frac{1}{2},j,k-1} = f^x_{i-\frac{1}{2},j,k-1} = -\frac{1}{4h^4}M_{xz}(t) \quad (7.95b)$$

規模が大きい地震による地震動シミュレーションでは，点震源の仮定が難しくなり，震源断層の有限性の影響を考慮しなければならない。そのためには，上記の点震源を複数用意して，それらを断層面に対応する格子点に配置し，各点震源の地震モーメントレート関数に破壊伝播速度に対応した時間ずれを与えることによって複雑な震源過程に断層モデルを差分計算に導入することができる。

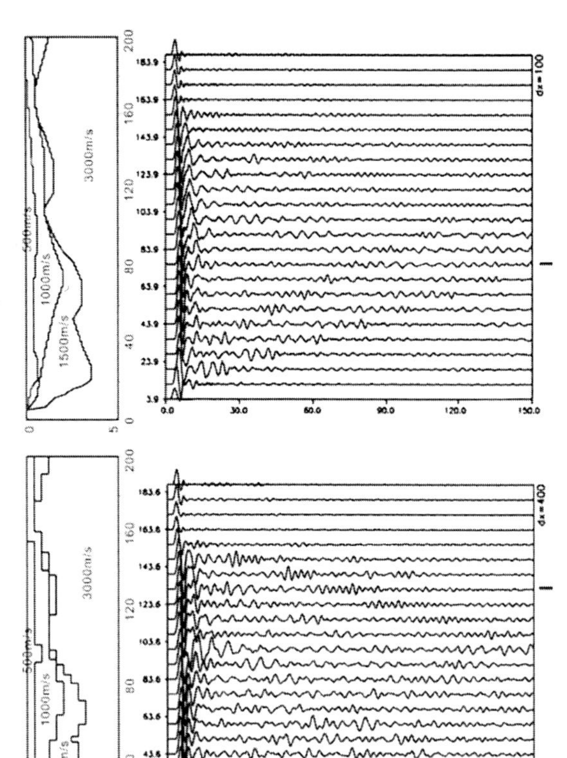

図 7.16 差分格子間隔の差による地震動計算結果の比較。上図は 100 m グリッド，下図は 400 m グリッドで計算した SH 波と差分格子モデルを示す。

7.9 地盤の差分格子化の問題点

差分法に基づく多くの地震動計算では，正方格子や食い違い格子が使われている。それらの格子での地盤モデルの離散化では，地層の境界面は，各格子点の間もしくは格子点上に定義されることになり，階段状に境界面がモデル化される。たとえば，変位で表現した波動方程式の差分近似の場合 (式 (7.27)) では，変位は正方格子点で定義されるので，地層の境界面は，各格子点の中間となる。図 7.15 には，模式的に正方格子での地盤構造のモデル化について示している。地表から深さ 800 m までの地盤を 400 m 間隔の格子で離散化した場合の例である。図の丸数字は，各差分格子が属する地盤を示し，①が深部地盤①，②が深部地盤②の内部の格子点であることを意味している。実際の地盤の地層境界面は，色の濃淡で示されているが，差分格子の中間点としては，破線で示したように階段状に境界面が設定されることになる。地表に近い部分での地盤境界面の形状は，実際のモデルと差分格子モデルで大きな差異がある場所もある。たとえば，地点Iでは，格子間隔よりも薄い厚さの深部地盤①が存在しない差分格子モデルとなる。また，地点IIでは，深部地盤①の厚さが実際より厚めにモデル化される。さらに，地点IIIでは，実際には表層地盤が存在しているが，差分格子モデルには含まれていない。これらのモデルの相違点は，格子間隔を小さくすることによって，ある程度回避できるが，有限要素法などと異なり，本質的に実際の地層境界面での境界条件を厳密に満たすことが難しい。その結果，計算される地震動の結果が格子点間隔によって異なる場合もある[13]。

こうした差分格子サイズによる地震動計算結果の差異の例が図 7.16 に示されている。2 つの地盤モデルは，同じ地下構造図から異なる格子間隔 (100 m と 400 m) で生成した差分格子モデルである。この地盤モデルの基盤から鉛直に SH 波を入射した場合の地表面の計算波形が図 7.16 には示されている。S 波初動部分は，比較的類似した波形ではあるが，後続する位相の形状は，大きく異なっている。地下構造モデルの離散化の仕方によって計算結果が異なる場合があることは，理解しておくべきである。

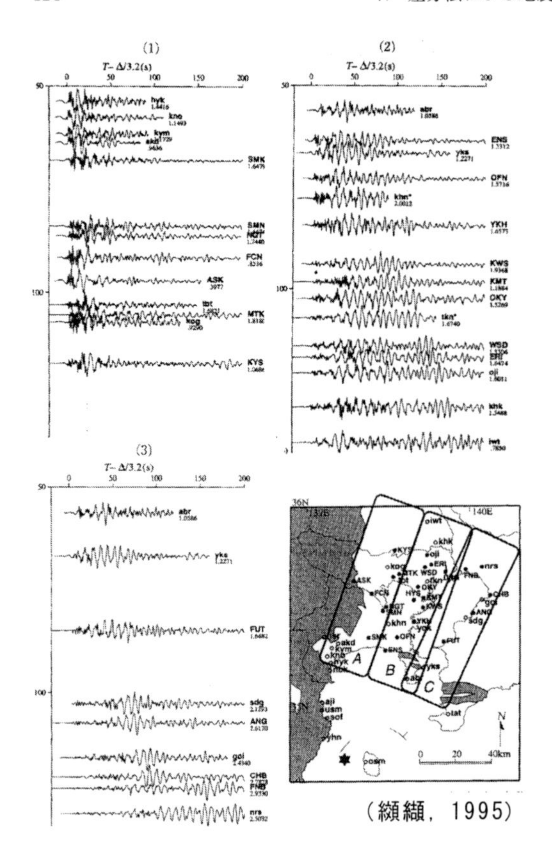

図 7.17　1990 年伊豆大島近海の地震の記録[15]。(1)〜(3) の波形はそれぞれ地図の A〜C のエリアで得られた記録を示す。

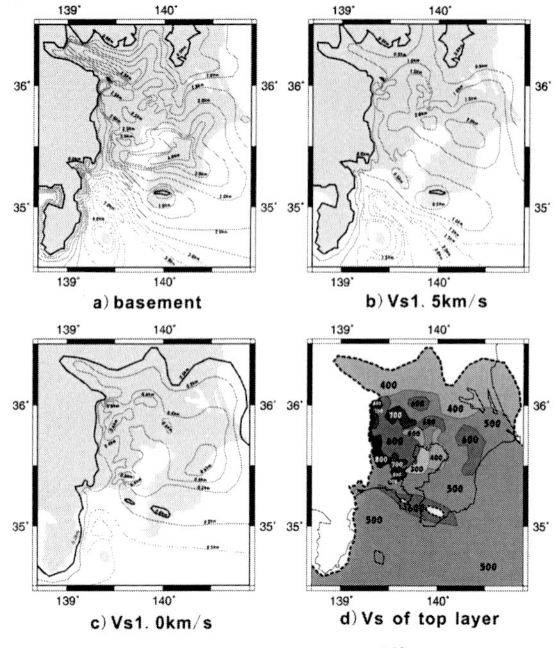

図 7.18　深部地盤のモデル[18]

7.10　関東平野での長周期地震動のシミュレーション

差分法による 3 次元地下構造モデルの影響を考慮した地震動評価は，1990 年代から試みられており[9,14]，過去の被害地震による強震動の再現や想定地震による強震動の予測などの研究や実務での実施例が非常に多くなっている。とくに，大規模平野での長周期地震動の評価の多くは，差分法に基づく計算によるものである。ここでは，差分法による地震動のシミュレーションの例として，関東平野での長周期地震動のシミュレーションの結果を紹介する。

7.10.1　1990 年伊豆大島近海の地震

1990 年 2 月 20 日の伊豆大島近海の地震 (M_j 6.5) は，伊豆半島付近の浅い地震であり，関東平野では顕著な振幅のやや長周期地震動を含んだ記録が得られている。

図 7.17 には，この地震で得られた関東平野南西部から中央部での長周期地震動が示されている[15]。平野南部の油壺 (ABR) や江の島 (ENS) では，継続時間は 40 秒程度であり，M_j 6.5 の地震としては，継続時間は長い。これは，震源付近の相模湾に存在する厚い堆積層による影響である。さらに，平野中央部の観測点では，ラブ波の分散の影響によって継続時間が長くなっている。しかも，こうした長周期地震波は，平野内で直線的に進むわけではなく，伝播経路が曲がりながら伝わる。関東平野でのこうした長周期地震動の増長現象は，多くの浅い地震でも観測されており，堆積層の 3 次元的な影響を受けた表面波であると考えられている[16]。

7.10.2　シミュレーション概要

この地震による強震動の 3 次元差分法によるシミュレーションは，山田・山中[17] や山中・山田[18] などによって実施されている。微動探査などから得られた地震基盤までの S 波速度構造に基づいて 3 次元深部地盤構造モデルを作成し，シミュレーションに用いている。図 7.18 には，山中・山田[18] による地下構造モデルを示している。深部地盤が 3 つの層でモデル化されている。とくに，工学的基盤に対応する表層内部に地域ごとに異なる S 波速度が提案されている。さらに，図には，山中・山田[19] による地盤モデルを用いた結果も含まれている。両地盤モデルとも微動探査に基づくモデルではあるが，2006 年の探査点の数は，2002 年よりも多く，より詳しいモデルと位置付けられる。

図 7.18 の深部地盤構造を含む地下構造モデルは，南

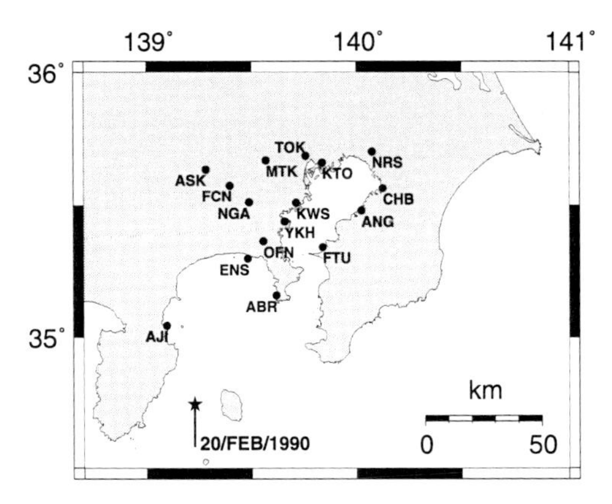

図 7.19　1990 年伊豆大島近海の地震の断層面と強震観測点の位置

北 221 km, 東西 200 km, 深さ 146 km の範囲で食い違い差分格子によって離散化された。深い地層の S 波速度は大きくなるので，空間格子間隔は，深度に応じて変えられている。地表から地震基盤までの深部地盤の部分は，400 m 間隔で離散化された。さらに，表層の S 波速度も 0.4, 0.5, 0.6 km/s の 3 種類として差分格子化された。時間間隔については，前述の安定条件を参考にして，0.02385 秒とされている。運動方程式 (速度と応力で表現) は，空間 4 次，時間 2 次の精度の差分式で近似された。また，震源断層は，逆解析による断層モデルから滑り量と破壊開始時間を得て，断層面上の 266 個の格子点に点震源を配置してモデル化した。なお，この地下構造モデルでの最小 S 波速度は 0.4 km/s となるので，この計算で精度が確保できる周期は周期約 5 秒より長周期帯域となる。そこで，差分計算のあとの速度波形には，周期 5〜20 秒のバンドパスフィルターが適用されている。

7.10.3　シミュレーション結果

図 7.19 には，シミュレーション結果と観測記録との比較に用いた観測点と断層面の位置を示している。また，図 7.20 には，観測速度波形 (OBS) と 2 つの地盤モデルでの計算波形 (2002 および 2006) の比較が示されている。全体的に各観測点での観測波形にみられる顕著な位相や振幅の大きい部分の継続時間が計算により概ね再現されている。江の島 (ENS)–江東 (KTO) の間の観測点では，2002 年の地盤モデルによる計算波形に比べて，2006 年の地盤モデルによる波形は後続する位相の部分で振幅が大きくなり，その様子が観測記録のそれに近くなっている。とくに，横浜 (YKH) や東京 (TOK) や KTO での 2 つの地盤モデルの差は大きく，2006 年の地盤モデルを用いた結果のほうがよく観測波形を説明している。

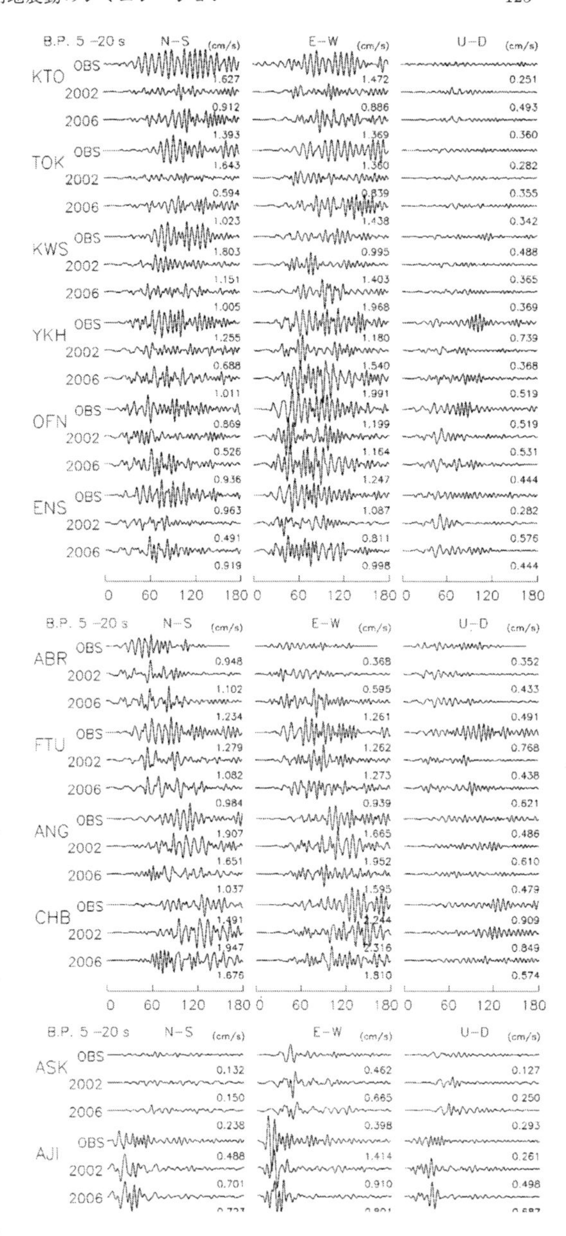

図 7.20　1990 年伊豆大島近海の地震の強震記録とシミュレーション結果の比較。OBS は観測速度波形，2002 と 2006 は山中・山田[18, 19] の地盤モデルを用いた計算による速度波形を示す。

図 7.21 には，東西成分波形の 5%減衰の擬似相対速度応答スペクトルの比較が示されている。上述のように，大船 (OFN), YKH, KTO では，2006 年の地盤モデルを用いた計算波形の応答スペクトルの卓越周期や振幅レベルが観測スペクトルと非常によく一致している。さらに，東京湾からやや西方に位置している淵野辺 (FCN), 長津田 (NGA), 三鷹 (MTK) においても両者の特徴は，ほぼ一致している。このように，2002 年の

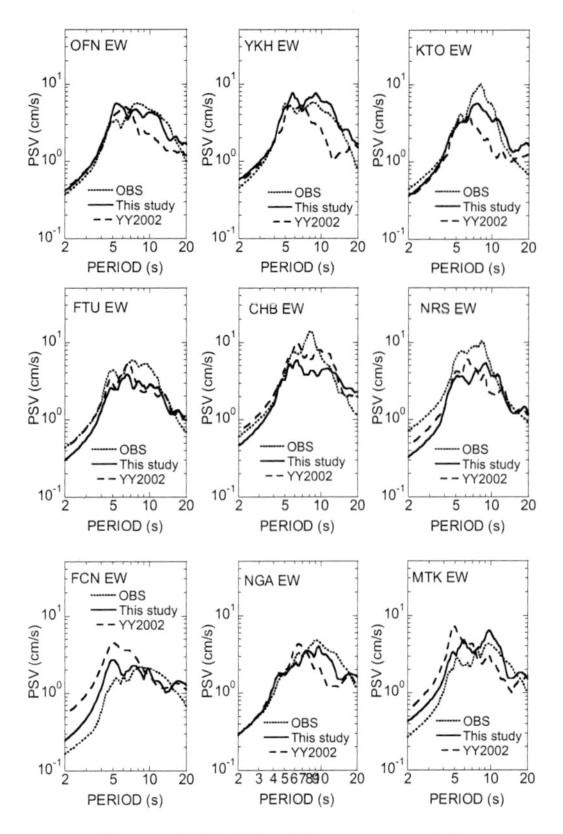

図 7.21　観測と計算の応答スペクトルの比較

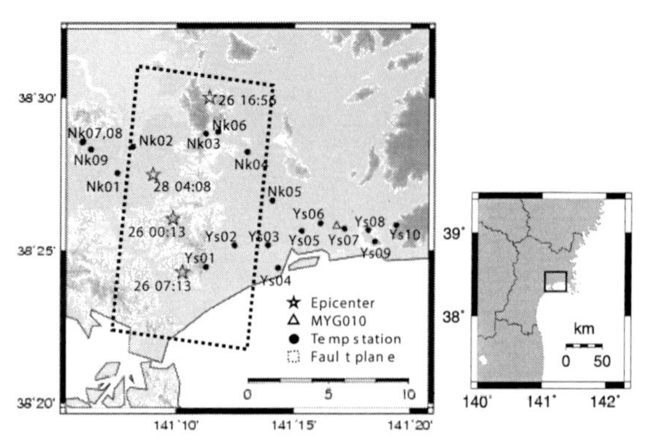

図 7.22　2003 年宮城県北部の地震の断層面と観測点の位置

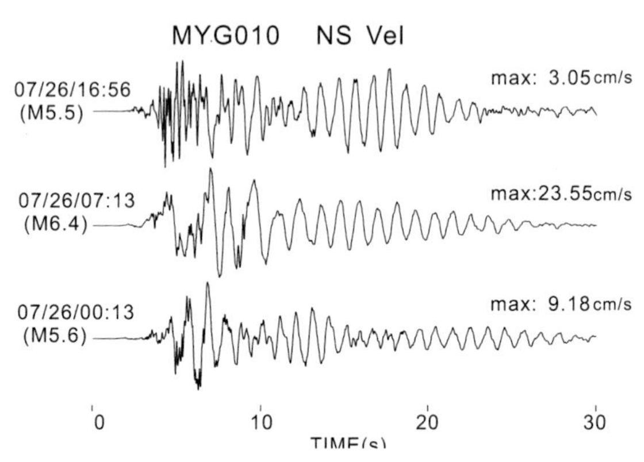

図 7.23　MYG010 での前震，本震，余震による強震記録

地盤モデルに比べて，2006 年の地盤モデルのほうが観測記録の特徴を説明できている。これらの結果は，地盤モデルの構築では多数の探査の結果を加味することが重要であることを実際に示しているだけでなく，強震動評価のための地下構造モデルの妥当性の検証にもシミュレーションが重要であることを示している。

7.11　表層地盤を伝播する表面波のシミュレーション

7.11.1　2003 年宮城県北部の地震の概要

2003 年 7 月 26 日 7 時 13 分に宮城県北部の石巻地域で M_j 6.4 の地震が発生した。この地震は，比較的小さい規模の地震であったが，震源が 10 km 程度と浅かったために，震源直上の宮城県石巻平野西部を中心とした比較的狭い地域で木造家屋などに被害が生じた (たとえば，田中[20])。

図 7.22 には，本震の断層面，強震観測点などの位置が示されている。震源断層から数 km 離れた石巻平野にある強震観測点 (MYG010) での強震記録の南北成分に，S 波初動の到達後に周期約 1 秒で正弦波的に振動する顕著な後続位相がみられた (図 7.23)。この後続位相は，前震や余震の地震記録にも認められ，地下構造の影響によって生じた後続位相であると考えられる。この後続位相を調べるために，余震観測が行われた[21])。7 月 28 日 4 時 8 分に観測された M_j 5.1，震源深さ 14 km の地震では，石巻平野上に直線状に設置された 10 観測点 (図 7.22 の YS 観測点) で図 7.24 のような記録が得られた。MYG010 周辺の余震観測点 YS07 と YS06 では，図 7.23 と同様に周期約 1 秒の正弦波的な顕著な後続位相が確認できる。

7.11.2　シミュレーション概要

この地震による石巻平野での強震動シミュレーションでは，表層地盤と深部地盤の 3 次元的な影響を考慮して周期 0.8 秒までの地震動が差分法で評価されている[22])。

宮城県北部の地震の本震の断層モデルは，Hikima and Kokestu[23]) によるモデルを参考にして，図 7.25 に示すように，北側と南側に 2 つの断層面からなるものとされている。図 7.25 には，各断層における滑り分布が示されている。破壊開始点は，南側の断層面にある。差分計算では，各断層面を 0.5 km 四方の小断層に分割し，合計 720 の点震源として表現している。震源時間関数

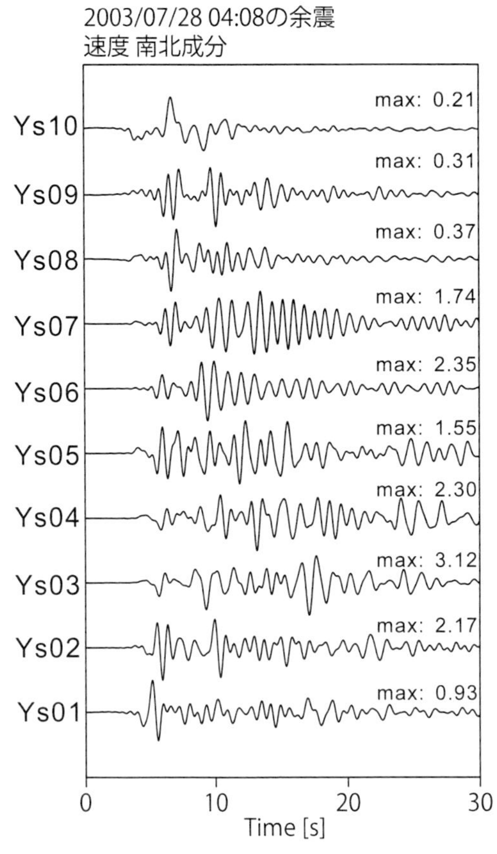

図 7.24 余震観測点での強震記録

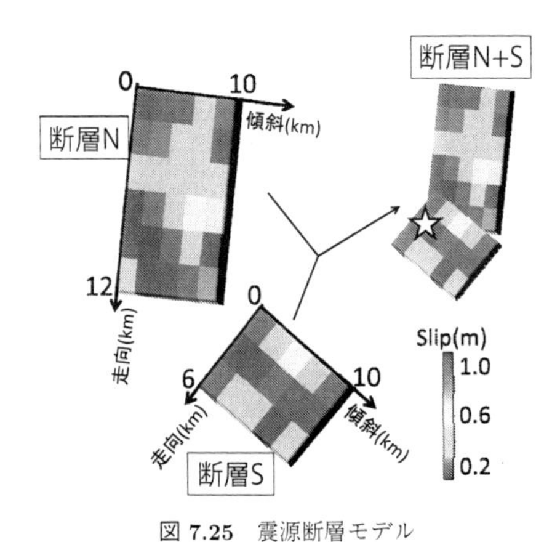

図 7.25 震源断層モデル

は，ライズタイム 1 秒のランプ関数の重ね合わせとし，小断層ごとに配分される地震モーメントを各小断層の中心に集中させて与えられた。

この地域の深部地盤モデル (S 波速度 0.6, 1.0, 1.5, 2.3 km/s をもつ地層) は，重力異常，地震観測記録の分析などの結果から構築され，S 波速度 3 km/s の地震基盤深度分布は，図 7.26 のごとくである。表層地盤については，石巻地区の地質図[24] を参考にして，S 波速度 100m/s, と 300 m/s の 2 層でモデル化されている。

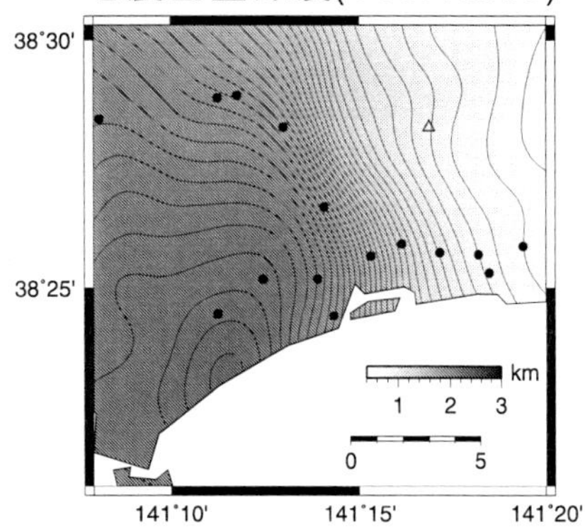

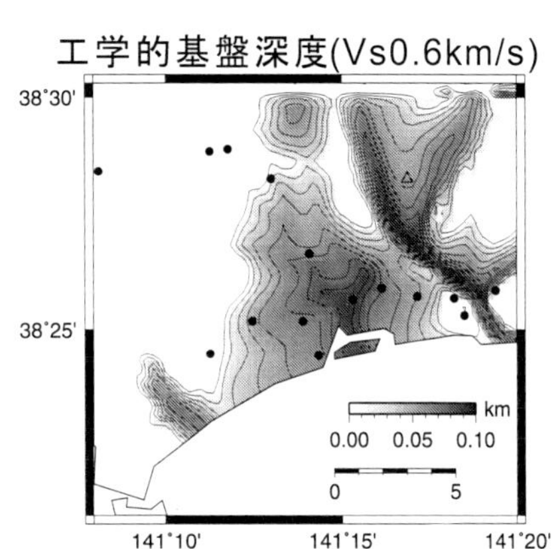

図 7.26 地下構造モデル。上図は地震基盤深度，下図は工学的基盤深度を示す。

S 波速度 600 m/s の工学的基盤上面までの深度の 3 次元分布は，図 7.26 に示されている。表層地盤が厚い地域は，領域中央の石巻平野と東側の旧北上川沿いの地域である。これらの地盤モデルの下に，地殻とマントルの構造を水平成層モデルとして加え，最終的な 3 次元地下構造モデルとしている。

上記の地下構造モデルを食い違い差分格子でモデル化し，速度-応力型の 3 次元弾性体の運動方程式を空間 4 次，時間 2 次精度の差分近似式で計算が行われた。格子間隔は，水平方向で 15 m であり，深さ方向には 3 つのブロックにわけて格子間隔を 15 m, 225 m, 510 m としている。計算では，周期 0.75 秒以上の成分の計算精度が確保され，上記の後続位相について十分に評価ができる範囲である。

7.11.3 シミュレーション結果

図 7.27 には，MYG010 での観測速度波形と計算波形が比較されている。なお，両者には，周期 0.75 秒から 10 秒の帯域のフィルタ処理が施されている。東西成分に関しては，P 波初動付近で両者に差異があるが，それ以降の部分では，後続位相を含めて再現できている。

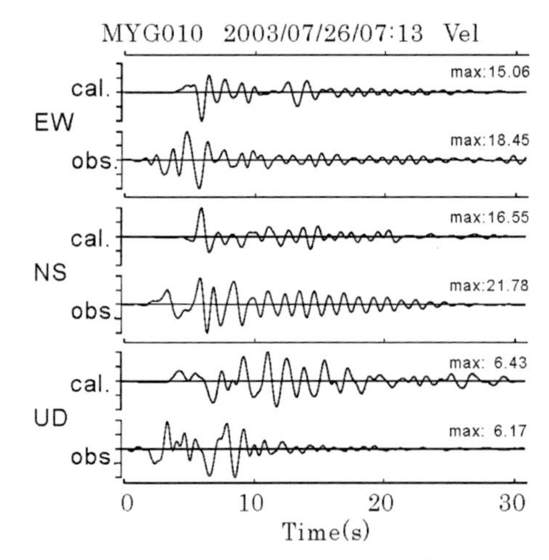

図 **7.27**　MYG010 での観測及び計算速度波形

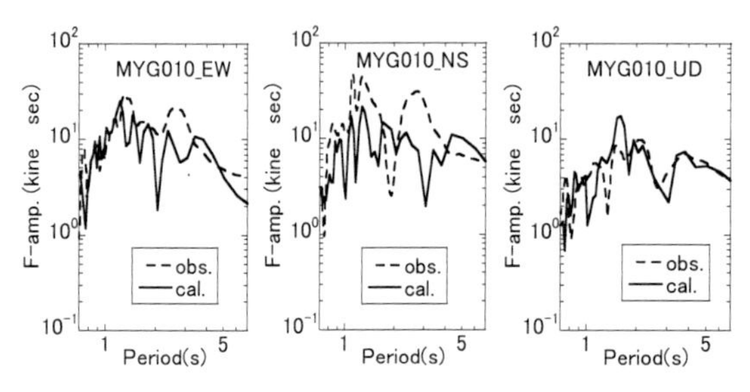

図 **7.28**　MYG010 での観測及び計算スペクトル

南北成分に関しては，10 秒以降の後続位相が正弦波的に振動している様子は，計算結果でも確認できる。上下成分に関しては，計算結果の S 波部分がやや長く継続している。図 7.28 にフーリエスペクトルの比較を示す。東西と南北成分に関しては全体的にやや振幅が小さくなっているが，周期 1 秒前後で卓越する様子が計算結果でも説明できている。上下成分のスペクトルでも全体的には再現できている。

図 7.29 には，後続位相が顕著であった南北成分の最大速度 (PGV) 分布を示す。PGV は，石巻平野中心部で最も大きい。この地域は，断層面のやや東側に位置しており，震源と地盤の両者の影響であると考えられる。また，計算領域の北東部にも PGV がやや大きい地域がある。この地域 (石巻市桃生町) は，本震時における震度 6 弱が観測された場所であり，局所的な地盤構造の影響であるとの指摘もある[25]。

図 7.29 の南西–北東の直線上 10 点での計算速度波形を図 7.30 に示す。震源断層のアスペリティ (滑り量が大きい部分) 直上の TP04 で振幅が最も大きく，TP05 から TP07 にかけて小さくなる。しかし，TP08 から TP10 で再び増幅して，後続位相を明瞭に確認できる。これらの後続位相は，旧北上川の表層地盤において増幅

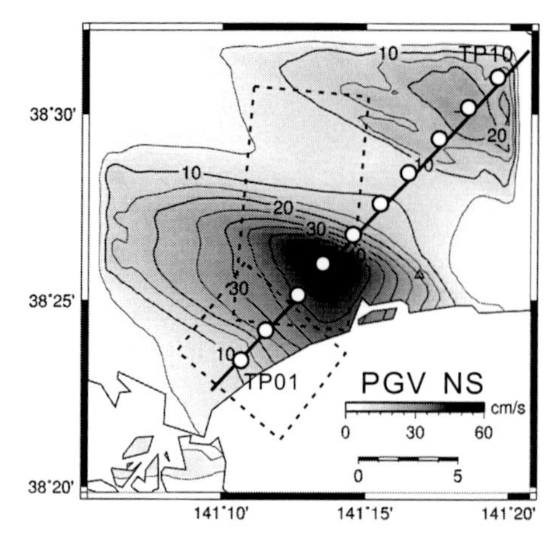

図 **7.29**　南北成分の計算波形の最大速度の分布

された表面波が地表を伝わったものである。このように，本震の地震動の強い地域は，大きく二分され，ひとつが中央で震源のアスペリティと地盤の影響を受けて地震動が大きくなる地域と，もうひとつは北東部の表層地盤による後続位相の出現によって地震動が大きくなる地域である。

このシミュレーションの結果は，周期 1 秒付近の後続位相の評価には，深部地盤と表層地盤の両者を考慮することの重要性を示している。最近の計算機性能の向上によって，差分法などの解析的な手法での強震動評価がより短周期まで実施できるようになっている。表層地盤が厚い地域では，深部地盤だけでなく表層地盤の 3 次元的効果を考慮できる地盤モデルを用いることが重要となる。

文　　献

1) 日本建築学会：地盤震動と強震動予測 —基本を学ぶための重要項目—，178–180, 2016.
2) 高見穎郎・河村哲也：偏微分方程式の差分解法，東京大学出版会，1994.
3) Smith, S.D., *Numerical Solution of Partial Differential Equations: Finite Difference Methods*, 3rd ed., Oxford Univ. Press, 1985.
4) Boore, D.M., “Finite difference methods for seismic wave propagation in heterogeneous materials,” *Methods in Computational Physics: Advances in Research and Applications*, **11**, 1–37, 1972.
5) Kelly, K.R, Ward, R.W., Treitel, S., and Alford, R.M., “Synthetic seismograms: A finite difference approach,” *Geophysics*, **41**(1), 2–27, 1976.
6) 古村孝志：差分法による 3 次元不均質場での地震波伝播の大規模計算，地震，第 2 輯，**61**, 83–92, 2009.
7) Korn, M. and Stoeckl, H., “Reflection and transmission of Love channel waves at coal seam discontinuities computed with a finite difference method,” *J.*

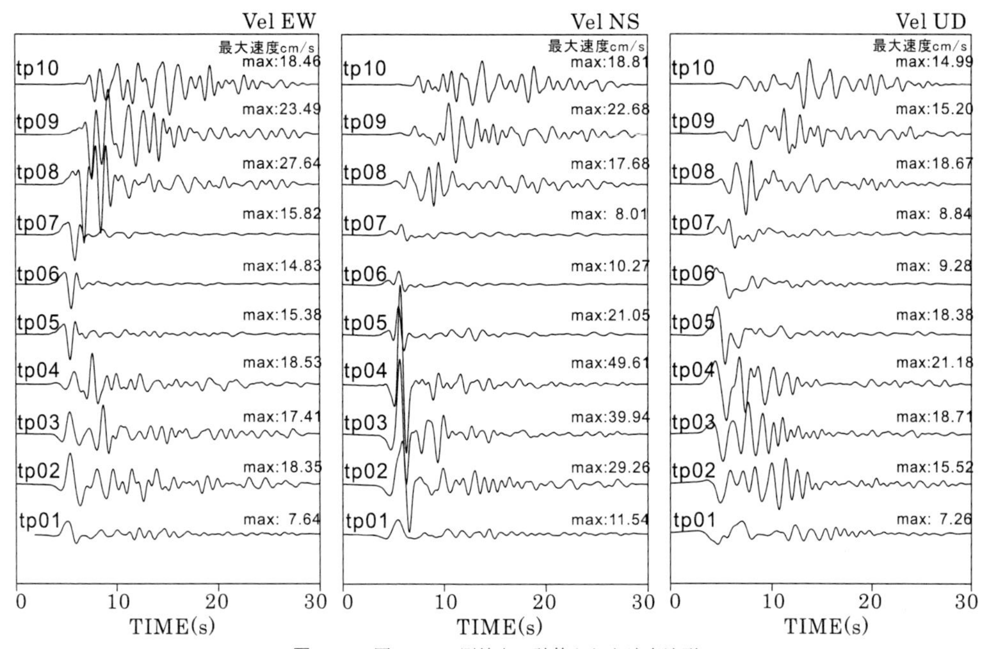

図 **7.30** 図 7.29 の測線上で計算された速度波形

Geophysics, **50**(3), 171–176, 1982.

8) Virieux, J., "SH-wave propagation in heterogeneous media: Velocity-stress finite-difference method," *Geophysics*, **49**(11), 1933–1942, 1984.

9) Graves, R.W., "Simulating seismic wave propagation in 3D elastic media using staggered-grid finite differences," *Bull. Seismol. Soc. Am.*, **86**(4), 1091–1106, 1996.

10) Chew, W.C., *Waves and Fields in Inhomogeneous Media*, Van Nostrand Reinhold, 239–244, 1990.

11) Cerjan, C., Kosloff, D., Kosloff, R., and Reshef, M., "A nonreflecting boundary condition for discrete acoustic and elastic wave equations," *Geophycics*, **50**(4), 705–708, 1985.

12) Aki, K. and Richards, P.G., *Quantitative Seismology —Theory and Methods*, Volume I, 557pp., W.H. Freeman and Company, San Francisco, 1980.

13) 山田伸之・山中浩明：表層部分に注目した地震動シミュレーションのための関東平野の 3 次元 S 波速度深部地盤モデル，物理探査，**65**(3), 139–150, 2012.

14) Sato, T., Graves, R.W., and Somerville, P.G., "Three-dimensional finite-difference simulation of long-period strong motions in the Tokyo Metropolitan area during the 1990 Odawara Earthquake (Mj 5.1) and the Great 1923 Kanto Earthquake (Ms 8.2) in Japan," *Bull. Seismol. Soc. Am.*, **89**(3), 579–607, 1999.

15) 纐纈一起：首都圏の地下構造，物理探査，**48**(6), 504–518, 1995.

16) Koketsu, K. and Kikuchi, M., "Propagation of seismic ground motion in the Kanto basin, Japan," *Science*, **288**, 1237–1239, 2000.

17) 山田伸之・山中浩明：関東平野における地下構造モデルの比較のための中規模地震の地震動シミュレーション，地震，第 2 輯，**56**, 111–123, 2003.

18) 山中浩明・山田伸之：強震動評価のための関東平野の 3 次元 S 波速度構造モデルの構築，物理探査，**59**(6), 549–560, 2006.

19) 山中浩明・山田伸之：微動アレイ観測による関東平野の 3 次元 S 波速度構造モデルの構築，物理探査，**55**(1), 53–65, 2002.

20) 田中礼治：被害の概要，2003 年宮城県北部の地震災害調査報告書，日本建築学会，151-159, 2004.

21) 山中浩明・元木健太郎・駒場信彦・上村康之・村山雅成：宮城県北部地震の震源域の地盤構造と地盤増幅特性について，2003 年宮城県北部の地震による地震災害に関する総合的調査研究，57–70, 2004.

22) 新色隆二・山中浩明：表層地盤の 3 次元的影響を考慮した 2003 年宮城県北部地震の震源域における地震動のシミュレーション，物理探査，**66**(3), 139–152, 2013.

23) Hikima, K. and Koketsu, K., "Source processes of the foreshock, mainshock and largest aftershock in the 2003 Miyagi-ken Hokubu, Japan, earthquake sequence," *Earth Planets and Space*, **56**(2), 87–93, 2004.

24) 滝沢文教・神戸信和・久保和也・秦光男・寒川旭・片田正人：石巻の地質，地域地質研究報告 (5 万分の 1 図幅)，地質調査所，83, 1984.

25) 小田義成・戸田雄太朗：東北地方太平洋沖地震による石巻市桃生町の局所的な建物被害と微動 H/V, 物理探査，**64**(6), 445–454, 2011.

索　引

著者略歴

盛川　仁（もりかわ・ひとし）

1967年　奈良県に生まれる
1995年　京都大学大学院工学研究科博士後期課程単位認定退学
2012年　東京工業大学大学院総合理工学研究科人間環境システム専攻教授
2016年　東京工業大学環境・社会理工学院土木・環境工学系教授
現　在　東京工業大学環境・社会理工学院土木・環境工学系教授
　　　　博士（工学）
［2章，3章，4章，5.3節担当］

山中浩明（やまなか・ひろあき）

1960年　東京都に生まれる
1989年　東京工業大学大学院総合理工学研究科博士課程修了
2011年　東京工業大学大学院総合理工学研究科環境理工学創造専攻教授
2016年　東京工業大学環境・社会理工学院建築学系教授
現　在　東京工業大学環境・社会理工学院建築学系教授
　　　　工学博士
［1章，5.1〜5.2節，6章，7章担当］

地盤と地盤震動
—観測から数値解析まで—

定価は表紙に表示

2019年6月10日　初版第1刷
2020年1月25日　　　第2刷

著　者　盛　川　　　仁
　　　　山　中　浩　明
発行者　朝　倉　誠　造
発行所　株式会社　朝　倉　書　店

東京都新宿区新小川町6-29
郵便番号　162-8707
電　話　03(3260)0141
FAX　03(3260)0180
http://www.asakura.co.jp

〈検印省略〉

印刷・製本　デジタルパブリッシングサービス

ISBN 978-4-254-26172-1　C 3051　Printed in Japan